JN114081

食物と栄養学基礎シリーズ **12**

第三版

# 給食経営管理論

吉田 勉 監修

名倉秀子 編著

学文社

# 監修のことば

　「食物と栄養学基礎シリーズ」を学文社から企画するに際し，参考とすべき資料のひとつとして『管理栄養士国家試験出題基準（ガイドライン）改訂検討会報告書』（平成 22 年）をも検討した所，監修者の研究領域からはかなり離れた距離にある幾つかの領域が存在することがわかった。そして特に，その領域に含まれている『給食経営管理論』に関しては，従来の枠に囚われることなく新しい思考回路で考えて頂ける方に編者をお引き受け頂けると有難いと考えた。そこで，この分野に疎いシリーズ監修者として，かっての職場の同僚など気心を理解できる先生方に相談した所，給食経営管理分野での研究教育に長年の業績を積まれていることに加えて極めて新鮮な感覚で活躍されていて，この分野では最適任者のお一人とされる十文字学園女子大学・名倉秀子教授に本書の編者をお願いできることとなった。

　一方，編者の呼びかけに応えて本書の執筆に参加下さった方々は，これまた，各部門の専門領域に亘る分野について，日夜，熱意ある研究・教育に精励されている有能な先生方によって構成されている。従って当然ながら，それぞれ各執筆者の担当分野に関して，特色ある内容が基礎から展開部までわかりやすく説明されている本書が完成したのである。

　今後，本書が給食経営管理分野の新方向への発展への道を開く教科書となるものと期待している所で，管理栄養士（栄養士を含む）のようにこの分野の知識を必要不可欠とする学生・教職員は勿論のこと，広くこの方面に関心を抱く方々にも興味をもって読んで頂けるように工夫されているので，本書が各方面に受け入れられて利用されることを期待するものである。ここに，学内外の公務で日夜ご多忙な中にも拘わらず，編集の労をお取り頂いた名倉教授に改めて感謝申し上げるとともに，出版に対し各種ご苦労願った学文社の田中千津子社長および編集部の諸氏に謝意を表する。


　2013 年 9 月

監修者記す

# 編者のことば

　人々の健康志向あるいは生活習慣病予防としての食への興味，関心の表れが給食施設の食事に向けられている。某社員食堂や某大学の食堂が三ツ星レストランのごとく人気を集め，そのメニュー本が書店に並んでいる現象がみられる。給食施設で提供される食事は，安全・安心で，栄養管理がなされていることが魅力であり，さらに経済的な配慮があることにも注目され，期待されている。

　また，健康日本21（第2次）では，栄養・食生活に関する生活習慣および社会環境の改善に関する目標設定に，給食利用者に応じた食事・栄養のPDCAサイクルを実施する特定給食施設の増加があげられている。特定給食施設の管理栄養士・栄養士の配置率は70.5％（平成22年度）であるが，その配置率の向上も求められている。

　管理栄養士養成課程の専門科目として「給食経営管理論」が位置づけられてから10年が経過した。教育目標は，「給食運営や関連の資源（食品流通や食品開発の状況，給食に関わる組織や経費等）を総合的に判断し，栄養的，安全面，経済面全般のマネジメントを行う能力を養う。マーケティングの原理や応用を理解するとともに，組織管理などのマネジメントの基本的な考え方や方法を修得する。」とある。一方，栄養士養成課程の「給食の運営」の目標では，「給食業務を行うために必要な，食事の計画や調理を含めた給食サービス提供に関する技術を修得する。」とある。これらを合わせ，給食業務の基本的な理解，給食のマネジメント能力を高めるための知識の理解が求められる。

　管理栄養士・栄養士が活躍する特定の多数人に対して継続的に食事を供給する給食施設は，病院，介護老人保健施設，老人福祉施設，児童福祉施設，社会福祉施設，学校，事業所，自衛隊，矯正施設などに分類され，それぞれの施設の経営理念に基づいた給食業務のマネジメントが必要とされる。施設の利用者が満足する食事の提供は，給食の各管理業務がPDCAサイクルで実施され，経営理念に基づくマネジメントが成り立っていると考える。

　給食経営管理論では，国民の健康維持・増進のために，給食利用者に応じた食事の提供のための知識と技術を修得できる内容になっている。

　本書の執筆者は，管理栄養士養成課程で教育・研究されている者により構成した。また，多くの文献や資料を引用，参考にさせていただき，諸先生方に深く感謝申し上げる。本書をご利用いただいた方からのご叱責，ご教示を賜れば幸いである。

　最後に，本書の出版にあたり，ご指導賜りました監修の吉田勉先生，原稿を精査して下さった学文社の田中千津子社長，編集部のスタッフのみなさんに深謝する。

2013年11月　　　　　　　　　　　　　　　　　　　　　　　　名倉　秀子

## 第二版刊行に際して

2013 年に初版刊行から 3 年が経過し，社会の情勢はめまぐるしく変化している。この変化に対応して「管理栄養士国家試験出題基準（ガイドライン）改定検討会報告書」(2015年)，「日本人の食事摂取基準（2015 年版）」，「日本食品標準成分表 2015 年度版（七訂)」が示され，さらには保険・医療・福祉・教育などに関連した法・制度の改正も行われてきた。そこで，栄養や食に関わる社会制度の変化に対応させて，修正・追加を行った。

改訂に際して大変お世話になった学文社の田中千津子社長および編集部の諸氏に深謝申し上げる。

2016 年 3 月

名倉　秀子

## 第三版刊行に際して

管理栄養士・栄養士の活躍する場は保健，医療，介護，福祉，教育など多様な分野に広がり，社会的な役割が大きなものになっている。また，社会的・経済的な変化やさまざまな研究成果に応じて，管理栄養士・栄養士の業務に関わる法・制度の改正等が行われている。第二版刊行以降には，日本人の食事摂取基準（2020 版），日本食品標準成分表 2020 年版（八訂）がそれぞれ示された。さらに，診療報酬も 2020 年に一部改定，介護報酬では2021 年 4 月に一部改定した。このような社会制度の変化に対応させ，修正・追加を行った。

改定に際して，大変お世話になった学文社の田中千津子社長および編集部の皆様に深謝申し上げます。

2022 年 3 月

名倉　秀子

# 目　次

☞ コラム 6　栄養素の調理過程での損失，吸収率に対する考慮… 49

## 4　給食の品質管理

☞ コラム 7　新調理システムの導入を考える ……………… 56

## 5　給食の生産（調理）管理

## 6　給食の会計管理

# 1　給食と経営管理

## 1.1　給食の概要

　給食のはじまりは，給食を「食事を支給する」という意味でとらえると，奈良時代にさかのぼる。その時代に管理栄養士・栄養士のような専門職はないであろうが，鎌倉時代の道元は『典座教訓』の中で修行僧の食事（調理）担当者の心得を記述し，食材料の扱い方から喫食者を考えた調理法などを記している。このように，日常の生活の中で多くの人に食事を提供することは，800年前頃から始まっていることが明らかになっている。

　ここでは，法的根拠に基づいて提供される食事，すなわち栄養士法や健康増進法などの栄養に関連する法令に基づく給食について述べる。

### 1.1.1　給食の定義（栄養・食事管理と経営管理）

　**給食**\*とは特定の多数の人に継続的に食事を提供することである。人は生きていくために食べ物や水を摂取することが必要であり，それぞれの生活環境に合わせて調理・加工した料理を組み合わせて食事として摂っている。基本的な生活の場である家庭の食事は，家族によって調理，配膳され，喫食される。生活の場が家庭から離れた場合では，給食施設や飲食店など家庭外で調理・提供された食事を喫食する。給食施設と飲食店は「家庭以外で食事が提供される」という視点では同じである。しかし，給食施設の食事は，同じ生活環境（施設）にいる多くの人々（仲間）と毎日喫食する点が，飲食店とは異なる内容である。さらに，食事の質（内容）をみると，給食施設は適切な栄養管理および栄養情報の提供など，栄養に関しての配慮もなされている。たとえば，学校の給食は同じ学校で共に学ぶ児童・生徒に学校内で昼の時間帯の食事として毎日提供され，さらに学習の教材としても価値がある。ファミリーレストランの食事は同席者の特定がなく，毎日決まった時間帯の食事

*給食　特定集団を対象にした栄養管理の実施プロセスにおいて食事を提供すること，または食事そのものとされている。しかし，外食産業統計調査では，給食主体部門の中に集団給食と営業給食（飲食店等）の2分類の給食がある。さらに，日本産業標準分類には料理品小売業の中に集団給食が分類されている。給食の定義はさらに精査される必要がある。

━━━━━ コラム1　修行僧の食事（給食）━━━━━

　『典座教訓』は，道元が禅宗の寺院の食事係（典座）の心得を通して禅の精神を著した書籍である。料理に用いる食材料や調理道具を丁寧に扱い，喫食者のことを考えながら整理整頓をしてムダのない調理作業をする。何より大切なことは，「三心」として次のようなことを示している。「喜心」は作る喜び，もてなす喜び，そして仏道修行の喜びを忘れないこころ。「老心」は相手の立場を想って懇切丁寧に作る老婆親切（老婆が子や孫に対して抱く慈しみ）のこころ。「大心」はとらわれやかたよりを捨て，深く大きな態度で作るこころ。

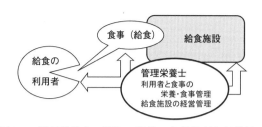

**図 1.1** 管理栄養士の関わる栄養・食事管理と経営管理

でないことからも異なっていることが理解できよう。

　管理栄養士は利用者のために栄養管理された食事の提供を行い，同時に所属する給食施設の経営管理の業務を遂行しており，いつも給食，利用者，給食施設の経営状況に目を配っている。その関係を**図 1.1** に示した。給食施設の食事提供では，栄養・食事管理と経営管理を行いながら運営されている。

　給食は，継続的であるために**栄養・食事管理**が必要とされる。給食を利用する人にとって，食事は家庭で喫食する時と同様に安全性，経済性，嗜好性，栄養性，文化的な要素が要求される。衛生的な配慮，適切な価格，嗜好の考慮，栄養的な配慮，食事歴や食情報等が食事に反映されなければならない。特に，栄養的な配慮は，健康生活の確保に直接的に結びつくことであるために最も重要なこととされる。栄養・食事管理の詳細は第 3 章に記述した。

　給食の**経営管理**は，特定の多数人に食事を提供するために必要とされる。つまり多数の人の食事は，給食の食材料の量が家庭レベルの少量に収まらず食品製造工場レベルの大量となり，調理というより加工・生産するという概念が成り立ち，生産規模を踏まえた管理方法を取り入れ，運営することが必要とされる。このような給食の生産には，組織を形成する調理作業の「人」，食材料の「物」，集金や支払の「金」，給食に関わる「情報」などの資源を管理し，各種法規の「ルール」に則ることが重要となる。生産管理では効率性，安全性を求めるためのシステムづくりも大切となり，適切なシステム構築が求められる。経営管理の詳細は第 2 章に記述した。

### 1.1.2　給食の意義と目的

　給食には，利用者の健康の保持，増進が求められている。利用者の身体状況によっては，疾病の治療，生活習慣病の予防，身体の成長，生活の質の向上が求められる。利用者にとって給食は，健康の保持，増進が確保される食事の提供，食事や食生活における栄養の情報そして知識の獲得につながる栄養教育を受ける機会になっている。このように，給食を通して質の高い食生活を獲得し，利用者の健康管理，健康づくりにつなげることを管理栄養士・栄養士は常に意識しなければならない。

### 1.1.3　特定多数人への対応と個人対応

　食事は一人ひとりの栄養状態のアセスメントに基づき提供されるため，それぞれ食事の質が異なっていても不思議ではなく，むしろ当然である。多数の人の食事を提供する給食施設が質の異なる多種類の食事を提供するには，**給食の資源**（人，物，金，情報）を有効に活用して初めて可能となる。しかし，

現実には調理作業員数，設備の種類，調理方法などに多くの制約があり，**個人対応**にも限界が生じる。そのような中で，食事の内容や形態が疾病に関わる場合では，さまざまな方法により個人対応の食事提供に向け努力している。また，健常者の集団の給食は，エネルギー量や栄養素量の類似する2〜3グループに分割し，栄養管理を行いながら食事の提供が実施される。さらに，利用者に適切な栄養摂取量を学習させ，食事や料理を利用者自身が選択できるような個人対応の食事を実施することも考えられる。給食の利用者が健康の保持，増進を意識した食生活を理解し，身体状況が良好となるような食事の選択方法を身に付けた場合に，その給食の目標が達成される。

### 1.1.4　給食における管理栄養士の役割

給食は栄養・食事管理が必要とされることから，**健康増進法***第21条の第1項で管理栄養士の配置を規定し，健康増進法施行規則第7条の1項と2項で詳細な施設の内容を示している（**表1.1**）。また，健康増進法第21条の第2項で管理栄養士・栄養士の配置努力を示し，その詳細な内容を**健康増進法施行規則**第8条に示している。このように給食施設の管理栄養士・栄養士は，施設の設置者（経営者）が適切な栄養管理をするために雇い，配置される。したがって管理栄養士の役割は，給食を利用する特定多数の人々の栄養状態に応じた給食と栄養改善上の必要な指導による健康の保持増進とその施設の経営管理の遂行といえる。

給食施設における管理栄養士は，義務教育で獲得した基礎学力に管理栄養士養成課程で専門知識の専門性を得，さらに社会人基礎力を積み上げ統合させながら給食利用者の健康管理に貢献することが望まれる。給食の運営，経営管理業務ではテクニカル・スキル（業務遂行能力），ヒューマン・スキル（対

*健康増進法　国民の健康増進の推進のための基本的な事項を定め，栄養改善のために措置を行うことにより国民保健の向上のために制定された法律。国民は生涯にわたって健康の増進に努めなければならないとしている。特定給食施設，国民健康・栄養調査，特別用途表示，栄養表示基準などが示されている。

**表1.1**　特定給食施設における管理栄養士・栄養士の配置規定

**健康増進法**
第21条
1　特定給食施設であって特別な栄養管理が必要なものとして厚生労働省令で定めるところにより都道府県知事が指定するものの設置者は，当該特定給食施設に管理栄養士を置かなければならない。
2　前項に規定する特定給食施設以外の特定給食施設の設置者は，厚生労働省令で定めるところにより，当該特定給食施設に栄養士又は管理栄養士を置くように努めなければならない。
施行規則第7条
1　医学的な管理を必要とする者に食事を供給する特定給食施設であって，継続的に1回300食以上又は1日750食以上の食事を供給するもの
2　前号に掲げる特定給食施設以外の管理栄養士による特別な栄養管理を必要とする特定給食施設であって，継続的に1回500食以上又は1日1500食以上の食事を供給するもの
施行規則第8条
栄養士又は管理栄養士を置くように努めなければならない特定給食施設のうち，1回300食以上又は1日750食以上の食事を供給するものの設置者は，当該施設に置かれる栄養士のうち少なくとも一人は管理栄養士であるように努めなければならない。

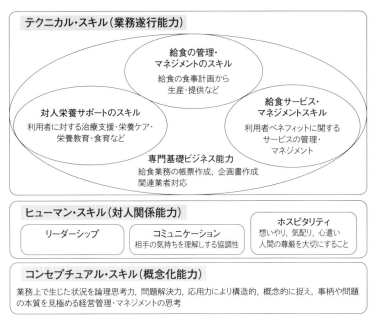

テクニカル・スキル（業務遂行能力）

給食の管理・
マネジメントのスキル
給食の食事計画から
生産・提供など

対人栄養サポートのスキル
利用者に対する治療支援・栄養ケア・
栄養教育・食育など

給食サービス・
マネジメントスキル
利用者ベネフィットに関する
サービスの管理・
マネジメント

専門基礎ビジネス能力
給食業務の帳票作成，企画書作成
関連業者対応

ヒューマン・スキル（対人関係能力）

リーダーシップ

コミュニケーション
相手の気持ちを理解しする協調性

ホスピタリティ
想いやり，気配り，心遣い
人間の尊厳を大切にすること

コンセプチュアル・スキル（概念化能力）
業務上で生じた状況を論理思考力，問題解決力，応用力により構造的，概念的に捉え，事柄や問題
の本質を見極める経営管理・マネジメントの思考

図 1.2　給食経営管理論分野における管理栄養士業務に必要なスキル

人関係能力），コンセプチュアル・スキル（概念化能力）が必要とされ，特に経営管理の業務が多くなるに従い，後者のコンセプチュアル・スキルの比重が高くなる（図 1.2）。コンセプチュアル・スキルは給食施設の給食運営管理を数年経験し，多種多様な改善活動により高まるものであるが，新人であっても日々の業務の中で思考力，状況判断能力，問題解決能力の向上を意識することで，養うことができる。

## 1.2　給食に関わる法令

　給食に関わる法令は，給食施設の意義，管理栄養士・栄養士の配置規定，給食を運営するにあたり費用の算定，安全な食事提供のためのマニュアル，外部委託による給食の運営，給食施設の設備に関する事項など多数あり，それぞれの施設で必要に応じて確認する必要がある。

### 1.2.1　健康増進法における特定給食施設の位置づけ

　特定給食施設は，**健康増進法**第 20 条第 1 項に「特定かつ多数の者に対して継続的に食事を供給する施設のうち，栄養管理が必要なものとして厚生労働省令で定めるものをいう」と定義されている。この**厚生労働省令**\*で定めるものとは「継続的に 1 回 100 食以上または 1 日 250 食以上の食事を供給する施設とする」と健康増進法施行規則第 5 条に記述されている。

　特定給食施設を開設する時は，設置者が施設の所在地の都道府県知事宛て

\*厚生労働省令　省令とは，厚生労働省の大臣が法律もしくは政令を施行するための命令のひとつである。ここでは，健康増進法に対する健康増進法施行規則のことを指す。

---

**コラム2　社会人基礎力と管理栄養士**

　企業は「指示待ち人間」「マニュアル人間」「一匹オオカミ」を嫌うことが多い。指示待ちでなく自分から①「前に踏み出す力」を磨き，マニュアル頼りでなく②「考え抜く力」により自分なりに工夫し，一匹オオカミとならずに③「チームで協力する力」を発揮することを望んでいる。この3つの能力を，職場や地域社会で多様な人々と仕事をしていくために必要な基礎的な力として「社会人基礎力」とよんでいる（経済産業省，2006）。管理栄養士・栄養士として給食の仕事に携わるとき，この3つの能力が専門能力と共に必要となる。大学の講義や実験・実習のあらゆる場面で3つの能力を意識して学び，身につけるとよい。

に各事項を届け出る義務が課せられている（**表1.2**）。

また，特定給食施設における**栄養管理の基準**[*1]は下記の
5項目あり，詳細な内容が健康増進法施行規則**第9条**[*2]に
規定されているので参照するとよい。

### (1) 身体の状況，栄養状態，生活習慣の把握

利用者の身体の状況，栄養状態，生活習慣を把握して，
定期的に適当なエネルギー量と栄養素の量を把握し，それぞれの目標量を設
定する。目標量に基づいた食事の提供を実施する。また，利用者の食事摂取
量も把握し，総合的に利用者の栄養状態を評価する。この時に，給食の品質
が良質であったかについても評価し，管理する。

### (2) 食事の献立

給食の利用者の身体の状況，栄養状態，生活習慣，日常の食事摂取量，嗜
好性を考え合わせて献立を作成する。日本の特有の食文化も併せて献立に反
映することも必要である。日本には，伝統的な年中行事を始めとして，通過
儀礼時の食事，食味における東の味と西の味つけなど，多様な食文化があり，
それらを献立，食事に反映し，利用者の食歴と合わせた食事の品質管理をす
ることが求められる。

### (3) 栄養に関する情報の提供

栄養に関する情報として，料理の組合せを示した献立，その献立のエネル
ギー量，たんぱく質，脂質，食塩などの栄養成分の表示をする。他に，利用
者に必要な栄養に関する知識や情報の提供を実施する。アレルギー物質を含
む食品の表示も大切な情報のひとつとなる。

### (4) 書類（帳票）の整備

給食運営の内容を把握するために，献立表をはじめとする食事提供に関わ
る各種書類を適正に作成し，施設に備え付けておく。一部の書類は，各種法
令により作成が義務付けられ，提出を求められることもある。給食事業を外
部に委託する場合では，委託契約書も整えておく。

### (5) 衛生管理

給食の運営に関連する食品衛生法，**大量調理施設衛生管理マニュアル**などの
法令に基づいた衛生管理を実施する。

### 1.2.2　特定給食施設における給食経営管理

特定給食施設では，適切な栄養管理がなされた給食が提供される。栄養管
理の方針は，特定給食施設の所属している組織体の経営理念に基づいて決定
される。**表1.3**のように特定給食施設には，その組織体の目的があり，それ
に応じた給食を運営し，経営管理する。たとえば，医療施設である病院では
疾病の治癒のための食事，高齢者・介護福祉施設では家庭への復帰のための

**表1.2　特定給食施設の設置者の届け出事項**

| |
|---|
| 1　給食施設の名称・所在地 |
| 2　給食施設の設置者の氏名・住所 |
| 3　給食施設の種類 |
| 4　給食の開始日または開始予定日 |
| 5　1日の予定給食数と各食ごとの予定給食数 |
| 6　管理栄養士，栄養士の員数 |

**\*1 栄養管理の基準**　健康増進法
に基づく特定給食施設の設置者が
実施しなければならない栄養・食
事管理における基準のこと。

**\*2 第9条**　法第21条第3項の厚
生労働省令で定める基準は，次の
とおりとする。
1　当該特定給食施設を利用して
食事の供給を受ける者（以下「利
用者」という。）の身体の状況，
栄養状態，生活習慣等（以下「身
体の状況等」という。）を定期的
に把握し，これらに基づき，適当
な熱量及び栄養素の量を満たす食
事の提供及びその品質管理を行う
とともに，これらの評価を行うよ
う努めること。
2　食事の献立は，身体の状況等
のほか，利用者の日常の食事の摂
取量，嗜好等に配慮して作成する
よう努めること。
3　献立表の掲示並びに熱量及び
たんぱく質，脂質，食塩等の主な
栄養成分の表示等により，利用者
に対して，栄養に関する情報の提
供を行うこと。
4　献立表その他必要な帳簿等を
適正に作成し，当該施設に備え付
けること。
5　衛生の管理については，食品
衛生法（昭和二十二年法律第
二百三十三号）その他関係法令の
定めるところによること。
　さらに，上記の運用の詳細につ
いては，「特定給食施設における
栄養管理に関する指導及び支援に
ついて」（平25・3・29健が発0329
第3号）の「第二　特定給食施設
が行う栄養管理に係る留意事項に
ついて」の中に示されているので
参照する。
1～5に加えて6項目が示されて
いる。
6　災害等の備えについて
　災害に備え，食料の備蓄や対応
方法の整理など，体制の整備に努
める。

食事のように，3食の食事には栄養管理の他に利用者の QOL の向上も求められている。また企業では，その企業の経営理念が給食の経営管理に反映される。

給食経営管理は，生産された給食をとおして，利用者，給食施設の設置者，給食を生産作業する人の三者のニーズが満たされ，より質の高い給食の生産・提供，そして利用者の健康の維持・増進につながる活動と考える。

具体的管理業務には，給食の栄養的な質に直接結びつくものとして，献立管理，生産管理，提供管理，食材料管理がある。さらに，人事・労務管理，施設・設備管理，安全・衛生管理，原価・会計管理，情報管理も食事提供に必要である。これらの管理業務は，外食産業の経営管理でも遂行され，システム化がなされている。また，品質管理とは，給食（食事）の質とサービスの質の両者の管理を意味している。以上のような管理業務を法令に基づきながら遂行し，給食運営をマネジメントすることが求められている。

＊PDCA サイクル　3.1.2 p.31 参照。

給食運営のマネジメントは，各管理業務を **PDCA サイクル**＊で構成していく。計画（Plan），実施（Do），評価（Check），改善（Act）を繰り返していくことを基本とするが，現時点で給食を提供している場合には実施（D）→評価（C）→改善（A）→計画（P）へと展開することもあり，計画から始めることに固執する必要はない。どこから始めようとも，PDCA サイクルの視点で日々の業務を遂行していくと，必ず組織の経営理念にわずかながら近づき，利用

**表 1.3**　特定給食施設とその例および法的根拠

| | 医療施設 | 高齢者・介護福祉施設 | 児童福祉施設 | 障害者福祉施設 | 学校 | 事業所 |
|---|---|---|---|---|---|---|
| 施設の例 | 病院 | 介護老人保健施設 | 児童養護施設 | 障害者支援施設 | 小学校 | 会社 |
| 上記施設の目的 | 病気の予防から早期発見，病気ではその治療，さらには社会復帰まで，健康について一貫した医療活動を行う。 | 介護を必要とする高齢者の家庭への復帰を目指すために，医師による医学的管理の下，看護・介護のケア，作業療法士や理学療法士等によるリハビリテーション，また，栄養管理・食事・入浴などの日常サービスまで併せて自立の支援をする。 | 18 歳未満の者が何らかの理由により保護者と共に家庭で生活ができない場合に児童を入所させ，養護し，自立を支援する。 | 常に介護を必要とする人に，入浴，排泄及び食事等の適切な介護，健康管理，リハビリテーション等の身体機能または生活能力の向上のための支援等，その他の必要な日常生活上の支援を行うとともに昼間，創作的活動の機会を提供する。 | 心身の発達に応じて，義務教育として行われる普通教育のうち基礎的なものを行う。 | 何人かの人が同じ目的のためになんらかの事業を行い経済活動をする。 |
| 法的根拠 | 医療法，健康保険法 | 老人福祉法，介護保険法 | 児童福祉法 | 障害者総合支援法 | 学校給食法 | 労働安全衛生法 |
| 給食サービス内容 | 1 年中，1 日 3 回 | 1 年中，1 日 3 回および間食 | 1 年中 | 1 年中，1 日 3 回および間食 | 長期休みを除く 1 年中，昼食 | 休日を除く毎日，昼食のみが多い |
| 利用者 | 患者 | 高齢者 | 18 歳未満の人 | 障害者 | 小学生 | 18 歳以上の健常者 |

6

者のニーズに応えていくことになる。

**【演習問題】**

**問1**　健康増進法に基づく，特定給食施設と管理栄養士の配置に関する組合わせである。正しいのはどれか。1つ選べ。　　　　　　（2020年国家試験）
　(1)　1回300食を提供する病院——配置するように努めなければならない
　(2)　1回300食を提供する特別養護老人ホーム——配置しなければならない
　(3)　1回500食を提供する社員寮——配置するよう努めなければならない
　(4)　1回750食を提供する介護老人保健施設——配置しなければならない
　(5)　1回1,500食を提供する社員食堂——配置するよう努めなければならない
　**解答**　(4)

**問2**　給食施設の種類と給食の目的に関する組合わせである。最も適切なのはどれか。1つ選べ。　　　　　　（2020年国家試験）
　(1)　学校　——　食に関する正しい理解の醸成
　(2)　事業所　——　日常生活の自立支援
　(3)　保育所　——　治療の一環
　(4)　介護老人保健施設　——　心身の育成
　(5)　病院　——　生活習慣病の予防
　**解答**　(1)

**問3**　特定給食施設において，定められた基準に従い適切な栄養管理を行わなければならないと，健康増進法により規定された者である。正しいのはどれか。1つ選べ。　　　　　　（2018年国家試験）
　(1)　施設の設置者
　(2)　施設の施設長
　(3)　施設の給食部門長
　(4)　施設の管理栄養士
　(5)　施設の調理長
　**解答**　(1)

**問4**　給食を提供する施設の種類と給食運営に関わる法規の組合せである。正しいのはどれか。1つ選べ。　　　　　　（2021年国家試験）
　(1)　児童養護施設　——　学校給食法
　(2)　乳児院　——　児童福祉法
　(3)　母子生活支援施設　——　労働安全衛生法
　(4)　介護老人保健施設　——　老人福祉法
　(5)　介護老人福祉施設　——　医療法
　**解答**　(2)

**【参考文献】**
健康増進法：https://elaws.e-gov.go.jp/document?lawid=414AC0000000103

# 2 給食経営管理の概念

*1 経営管理　事業を継続してゆくために各業務の計画や方針に沿って管理し，統制することを指す。

*2 経営　会社などの営利組織や医療・福祉法人，行政などを含む公共・非営利事業組織が，おかれた状況のもとで，目標や成果を定め，人を使い，生産設備を用いるなど経営資源（人・物・資金など）を効率良く活用した業務により，目標を達成させるプロセスを指す。

*3 管理　本章においては，「すでに存在する要素に対して決まった方法を実施すること」とした。「管理」は英訳で「Management」で解釈には諸説あるが，「管理」と「マネジメント」は同意ではないものと考える。給食施設では，利用する利用者の特徴を踏まえて，設備や献立の形式，調理員数，調理方式，提供方式などさまざまな面で衛生上の配慮のための作業がある。この業務は，衛生管理の基準のルールに沿って，献立計画から調達，調理，配食，清掃に至る給食業務を決まった手順で行っているかを監視し，基準と比較し良否を記録し対応する。

*4 マネジメント　本章においては，「目標に到達するためにやるべきことを考え行動すること」とした。衛生業務を例にすると，衛生管理をマネジメントすることは，安全な食事を提供するという目標達成からみて「曖昧な手順」や「衛生知識不足」などの要素について，リスクや問題点を抽出し，適切な衛生管理のためのシステムを設計し，必要とする調理員の能力や手順，評価指標などを定めて運用し，改善してゆくこと。

*5 M&A（mergers and acquisitions）　会社を買い取り（合併や買収），その会社の強みを自社の事業に取り込み，活かすこと。

*6 生活の質（quality of life）倫理，合理性，法律，自然法，宗教，道徳に渡る文化的など多様な側面をもつ概念である。本章では，「人が人間らしく，本人が心地よく望む生活を送る」とした。

## 2.1　経営管理の概要
### 2.1.1　経営管理の意義と目的
### (1)　経営管理の意義と目的

**経営管理**[*1]の意義は，安定した経営を維持し，事業の継続を可能にすることである。**経営**[*2]が安定していることは，経営体力があるということで，更なる良いサービスの維持・向上の力をもつことを指す。

給食施設では，付加価値の高い「食事提供を伴った栄養管理（サポート）事業」を継続的に行うために，安定経営を維持・**管理**[*3]し**マネジメント**[*4]することが経営管理の意義である。

### (2)　医療，福祉，学校組織における「経営」の認識

病院，社会福祉施設，学校など非営利組織においては，「経営」ではなく「運営」ということばを使うことが多い。非営利組織は，提供する商品やサービスに対する対価の支払いを，税金や国の社会制度（医療制度，介護制度など）から受けており，営利を目的にしないという医療法人，福祉法人などの設置条件などに合う表現をするためである。

営利・非営利を問わず組織の経営（運営）は複雑であり，経営感覚なくして安定して経営（運営）することは難しい。また，給食を主体業務とする給食事業は，給食単独で収入を得て会社を維持することが難しく，多業態，または他業態との **M&A**[*5] により収益を確保し経営を維持している企業も多い。非営利組織においては，収入源を税金や診療報酬に頼る部分が多いため，国の財政や政治，世界経済にも左右されることがあり，組織の安定経営（運営）は保障されているものではない。すでに国や地方公共団体の財政難は，助成金や医療・介護の報酬額を左右し，医療や福祉の質に影響を及ぼしている。医療法人や福祉法人の中には，安定した経営（運営）のために，経営の視点を取り入れ，効率的かつ生産的な運営を実践する組織も多くなっている。

### (3)　給食経営管理における等価交換の考え方

**図2.1** は給食経営管理における等価交換の考え方を示したものである。

医療，介護，福祉，教育，福利厚生を目的とする施設の給食の目的は，大きく捉えると「食を通して施設を利用している人々の**生活の質**[*6]を維持・向上させること」である。管理栄養士・栄養士（以下，管理栄養士）は「人が人間らしく，本人が心地よく望む生活を送る」ための目標達成を目指し，経

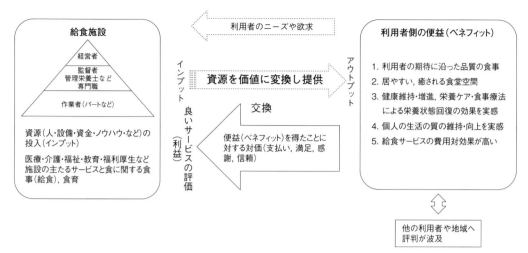

**図 2.1**　給食経営管理における等価交換の考え方

営者，専門職，作業者で構成される組織活動として，食事提供を含めた健康
維持・増進，疾病予防，食育など食生活の支援を行っている。

　「利用者が求める」給食の価値は多様である。利用者ニーズ[*1]を把握し，
食事や栄養指導などのサービスを提供した時，利用者側ではさまざまな便益[*2]
を得る。しかし，提供側にとっての価値が必ずしも利用者の便益であるとは
限らない。利用者にとって給食を食べた時に認識する「期待どおりのおいし
さ」や，「満足感」だけでなく，「癒される食堂空間の品質」などは便益の一
部である。利用者は，便益の高さに相応した支払い，満足，感謝，信頼など
の対価を給食施設に提供する。これらを等価交換[*3]という。

　給食の経営による対価は，良い食事やサービス，環境に対する成果の評価
である。対価は，給食提供数の減少や材料費・人件費の高騰，診療報酬の改
定などに対する保険であり，今後の良い労働環境を生みだすための原資でも
ある。

### 2.1.2　経営管理の機能と展開

#### (1)　経営管理を機能させる組織階層

　組織に所属する管理栄養士が専門的な役割を果たすには，組織の一員とし
ての自らの組織構造における立ち位置と役割を理解することや，その立場で
与えられた職務・権限の中で目標達成に向けた業務を行うことが必要である。

　一般的な組織の人的階層構造と役割は，トップマネジメント，ミドルマネ
ジメント，ローワーマネジメント，ローワーカーの4階層で構成されている
（**表 2.1**）。マネジメントのレベルにも階層構造があり，トップマネジメント
は全体の経営継続の意思決定を行い，現場レベルの意思決定はミドルマネジ
メント，業務プロセスの技能的な意思決定はローワーマネジメントが権限を

*1 ニーズ　生活する上で顕在化
した商品やサービスを求める気持
ち，要求のこと。

*2 便益（ベネフィット）　利用
者が商品やサービスを利用（購
入）することで感じる利点（得ら
れる利益）などを指す。

*3 等価交換　適切なコスト，時
間，労力を使って顧客に提供した
商品やサービスの価値は，顧客が
購入によりベネフィットに等しい
価値（貨幣など）のものを相互に
交換すること。

**表 2.1** 組織の人的階層構造と役割

| 階層構造と役職名 | マネジメント範囲 | 目標設定の期間 |
|---|---|---|
| **トップマネジメント**<br>（上級経営者層）：<br>施設長，取締役 | 全社的に経営が継続できるような企業の方向性や，進路を示す方針や指針，経営判断（戦略的）などの意思決定 | 長期 |
| **ミドルマネジメント**<br>（中間管理者層）：<br>栄養部長，科長 | 部門管理のための現場レベルの対象（戦術的）の意思決定 | 短・中期 |
| **ローワーマネジメント**<br>（管理・監督者層）：<br>栄養係長，主任，班長 | 業務プロセスの技能的意思決定 | 短期 |
| **ローワーカー**<br>（作業者層）：<br>　一般作業員，<br>　調理従事者 | | |

**表 2.2** 組織の原則

| | |
|---|---|
| 階層性の原則 | 経営組織の人的階層構造はピラミッド型の組織があり，トップからローワーにおいて上下関係が成立していることを指している。組織内では上司に従う。 |
| 命令の一元化 | 職務上の指示・命令は，常に1人の上司から行われ，指示・命令された相手に必ず報告すること。 |
| 管理・統制の原則 | 1人の管理者が効率よく部下を管理できる人数を制限したもので，3～6名が適当といわれる。上司の能力，部下の能力，仕事の性質，管理方法により決定する。 |
| 権限委譲の原則 | 部下に職務を任せる際には，職務に発生する意思決定を委任し，管理者は例外事項の管理をする。 |
| 専門化の原則 | 組織は専門的な業務を分けると，効率的に行える。専門化は，活動目的，用いる手段，給食の利用者，食事の提供場所などにより分ける。 |

もって行っている。

組織を機能させるには，長期，中期，短期など期間を区切った目標（期間目標）を立て，それぞれの役割を担うことが必要である。目標の設定期間は組織の階層により異なる。トップマネジメントは長期構想までを見通して目標を設定する。ミドルマネジメントは短・中期について設定する。ローワーマネジメントは短期目標を立てて行動するなど，視野の範囲が異なる。階層構造は，階層ごとに管理・統制のルールがあり，組織に所属する者はこの原則に沿って，それぞれの職務を行う（**表2.2**）。

新任の管理栄養士は，ローワーカーとして給食部門の給食づくりを行い，業務経験を積むと部門内の部下の管理・監督をするローワーカーマネジメントと

なることが多い。さらにミドルマネジメントとして栄養部門長や給食部門長などの経営者層になり，栄養部門と管理者層，他部門との調整を行い，管理者層の一員として施設の経営に参画するようになる。

経営のトップとして管理栄養士の専門性を発揮する役職といえば，病院の栄養科長や保育所長（保育士免許も取得の場合）など組織のトップとなる場合が多い。また，管理栄養士として起業し，給食業務や小売業などに対するコンサルティングを行うこともある。

このように管理栄養士は，トップマネジメントとしての業務やミドルマネジメント，ローワーマネジメント，ローワーカーなど，組織の規模や経験に応じた職位相当の責任と**権限**[*1]をもって業務を行う立場になる。

経営理念は，経営者だけでなく，組織に属する者すべてが理解し実践する。給食の経営管理においては経営者の考え方を共有し，組織全体の経営目標の実現に向けて給食の経営を管理・**統制**[*2]する視点と，給食部門内の給食運営業務に伴う経営管理を行う視点である。これら2つの視点を併せ持ち，利用

**\*1 権限**　個人がその職位でもつ権利・権力の範囲。

**\*2 統制**　経営のプロセスについて，組織の方針を基準に指導や制限を行い，総合的にマネジメントをすることである。＝マネジメント。

者満足が高く品質の良い食事（給食）やサービスを継続するために，経営管理を行い，安定した経営を維持することが必要である。

### (2)　経営管理の機能

経営管理の機能は，経営者が経営理念として示す「地域に根差した食を提供する」や「安全・安心な食生活で家族を健康にする」などの価値を実現化するための手順を指す。組織階層別にみると，トップマネジメントは，ミドルマネジメントに対し，事業体全体の使命，目的と目標，方針，手順などの方法を示す。ミドルマネジメントは，施設内の異なる部門の専門性を踏まえた部門内の経営目標を立てる。各部門で目標や方針を決定し，実現のための計画を作成する。継続的な実行のためには担当者の指導が欠かせない。その指導の下で作業を行い，成果を評価し，改善の必要があるか検討する。新たな改善策の実行サイクルに着手する。

経営管理の機能は，各部門の各階層のメンバーが目標を達成できたか成果を評価した上で，最終的には経営者が経営理念の実現ができているかを総合的に評価する一連の活動のプロセスである（図2.2）。

### (3)　経営管理の評価

継続的に経営を維持している事業体は，効率も効果も適切な事業運営を行っている。経営の効果と効率は，経営のプロセスと結果の評価（外部評価と内部評価）を行い，確認する。評価は，企業イメージや品質の良い食事など定性的な指標と，採算性を評価する利益率などの定量的な指標を用いる。給食部門では，品質（食事だけでなく健康改善状況やサービスを含む），利用者満足，**ムリ・ムダ・ムラ***のある業務の改善状況など多種の報告による評価を行う。

＊ムリ・ムダ・ムラ　ムリをすると事故が起きやすくなる，ムダは時間とコストを浪費する。ムリやムダを繰り返すなどのムラが調理作業の効率化を妨げ，事故の原因にもなるということ。

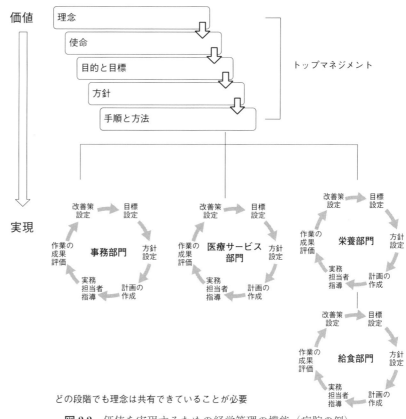

どの段階でも理念は共有できていることが必要

**図 2.2**　価値を実現するための経営管理の機能（病院の例）

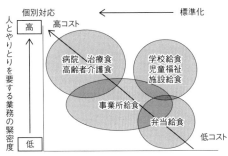

給食施設の食事の個別対応の度合い

出所）サービス・インテンシー・マトリックスの理論を給食に置き換えて作成
参考文献）ジェームズ・トゥボール著，小川順子監訳：サービス・ストラテジー，ファーストプレス（2007）

**図 2.3** 給食施設の食事の個別対応の度合いと人とやりとりを要する業務の緊密度

### （4） 経営管理の展開
#### 1） 食事（給食）とサービスコストの特性

図 2.3 は，給食施設の食事の個別対応の度合いと，人とやりとりを要する業務の緊密度を給食施設の種類別に示したものである。

給食の利用者が何よりも興味を示すのは食事内容であり，標準化された食事から個別に対応した食事の特徴は，それぞれのサービスの成果といえる。また，個人の心身の状況や栄養状態に対応した食事提供のためには，栄養アセスメントや日々の会話など，人とのやりとりにより情報を得る。

個別対応した食事を提供するには，食事の種類や使用する食材の種類，調理や事務作業が増え，そのための人手が必要となる。斜線は，食事の業務プロセスや人とのやりとりの度合いが高くなるほど，同時にコストもかかることを示している。

健常者対象の弁当給食や学校給食は，個別栄養指導の頻度や個別対応食数は少なく，給食調理員数も少ないため，調理員 1 人あたりの労働生産性は 50 食，100 食を上回るなど低コストで実施できる。一方，病院などの食事療法を伴う急性期疾患に対応するチーム医療や治療食，高齢者福祉施設の介護保険に関わる栄養ケア・マネジメントと個別対応食は，経験のある管理栄養士の人件費や栄養教育にかかる費用，治療食や栄養補助食品の利用，介護食にするための手間など人件費や食材費のコストが高くなる。

以上のように給食の食事やサービスを計画する場合，資金回収の目標を立て，どの資源をどのように使い，価値に変換すると資金の収支はどうなるかという経営的視点を明確にし，経営側の予算執行の了解を得てこそ，業務が円滑に実施できる。

#### 2） 継続的な循環過程—マネジメントサイクル

給食運営の業務プロセスは，計画段階の目的を達成するために目標・計画（plan）を立て，資源をインプットし実行する（do）。実行過程で得られた**アウトプット**[*1] の成果は，評価基準とのギャップを比較し，点検・検証（check）する。評価基準に達していない場合は，見直しを行い，新たに立てた目標に沿った計画を実行する（act）循環サイクルである。これを**マネジメントサイクル**[*2] という（**図 2.4**）。

### 2.1.3　給食の資源

仕事は，目的達成に向けた行動に必要な要素を組み合わせて変換させることで成果を得る。この時の要素を資源という。

*1 アウトプット（成果）　インプットで投入した資源が変換されて得られる成果物。

*2 マネジメントサイクル　目的，目標を明確にした計画（plan）を立て，実行（do）した後，結果を評価（check）する。そこで改善すべき問題点の改善策を立て，次の実行サイクルを行う（act）という循環過程のこと。PDCA サイクルともいう。

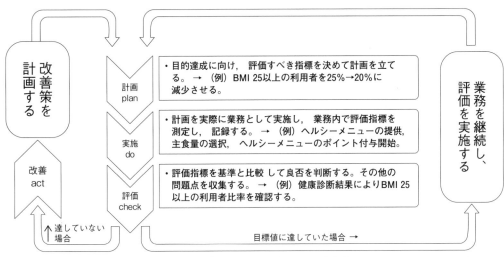

**図 2.4**　マネジメントサイクルの考え方

表 2.3 に，給食の資源の区分と項目を示した。資源は大項目を人（man）・物（machine, material, method）・金（money）・情報（information）・時間（time）・ブランド（brand）に分けられる。

給食の生産現場では，適切な従業員数の「人」，給食に見合った調理機器や食器などの「物」，「金」である食材料費を資源として，給食が出来上がる。また，施設が継続的

**表 2.3**　給食の資源

| 大項目 | 中項目 | 小項目（例示） |
|---|---|---|
| 人<br>（man） | 社員 | 栄養士・管理栄養士，調理師，事務員，販売員，パート |
| | 利用者 | 価値を共創する給食のサポーター的な利用者，家族，住民 |
| 物<br>（material） | 機械（machine） | 調理機器，調理器具など |
| | 材料（material） | 食材料，ラップ，白衣，食堂の椅子，食器など |
| | 方法（method） | 調理方法，調達システム，給食にかかる制度など |
| 金<br>（money） | 資金 | 食材料費，給食費，水光熱費，給与，運営予算，その他費用 |
| 情報<br>（information） | 知識，経験 | 食事経験，料理の知識，栄養・健康の知識 |
| | メディア | 健康・栄養情報番組，CM，ソーシャルメディアなど |
| 時間<br>（time） | 時間，納期 | 提供時刻，調理時間，作業時刻，配送時間，リードタイム，対応スピード |
| ブランド<br>（brand） | 老舗・<br>ロイヤルティ<br>（loyalty） | 健康イメージ，信頼，ここはおいしい，ここなら大丈夫，安心 |

---■●━ **コラム 3　エリアマネージャーのマネジメント** ━●■---

　給食業務の受託企業が，複数の営業地域の食堂運営を行う場合，経営本部との連絡を遂行する役割に「エリアマネージャー」という肩書の社員が配置されている。経営本部は，経営方針を各受託施設の店舗の社員に浸透させ，年間のサービス目標や売上げなどの数値目標を示しつつ，各店舗の経営を支援する。エリアマネージャーは，担当エリアの各店舗の経営目標達成に向けた方針を提示し，マネジメントサイクルをまわす活動を実施する。その活動を受けて各給食現場の社員は，個々人，部門単位で，目標の達成に向けた給食施設の業務計画を立て，マネジメントサイクルがまわるように設定し実施する。エリアマネージャーは現場社員と共に課題解決を行い，目標の成果が得られるように現場と経営本部をつなぐマネジメントを行う。

に人に信頼され，良いサービスを継続するには，「情報」「時間」「ブランド」の資源もインプットする必要がある。

### 2.1.4　給食運営業務の外部委託

#### (1)　増加する給食運営業務の外部委託

経営者は，良いサービスの提供のために資金を借り入れ，設備など先行投資を行い，利益で返済していることが多い。これをすべて自己資金の現金でやりとりをする経営は少なく，利益を借金の返済に投入しながら新しい業務をやっている。コストはできるだけその企業の主たる業務に投入し，他の会社に任せても不利にならない業務は，外部の専門会社に委託し，主軸となる業務を重点的に行えるようにしている。

給食施設が外部の専門会社（コントラクト・フードサービス＝給食受託会社）に給食業務を依頼することを**委託**[*1]（アウトソーシング）という。依頼に応じ，給食業務を引き受け実施することを**受託**という。

**表2.4** に 2010（平成22）〜2012（平成24）年の調査報告書による給食施設の外部委託率を示した。給食の委託は，すべての施設の種類でみられ，事業所の委託率が97.4％と最も高い。また，病院が67.9％，高齢者福祉施設が51.9％，学校も31.1％を示し，今後も増加の傾向である。

#### (2)　委託の方法

給食業務の委託形態は，大きく分けて給食業務全般を委託する**全面委託**[*2]と，洗浄，調理，盛り付けのみなど，給食業務の一部を委託する**部分委託**[*3]がある。業務内容は契約（**食単価制契約**[*4]，**管理費制契約**[*5]など）によって締結される。

給食業務の委託のメリットは，施設の主力業務に人件費や設備費などの資金を集約的に投入でき，調理従事者のシフトなど人事管理の一部が軽減できることなどが挙げられる。また，経営面からいえば，栄養部門の職員の退職時までに現金で保有すべき退職金引当金の保管をする義務がなくなり，経営実務に使うことができない現金を保管することなく運用できる。給食受託会社は給食の専門会社のため，給食サービス，献立，調理技術，調達システムなどさまざまなノウハウ[*6]を発揮した品質の高い食事（給食）の提供が可能であり，さらに多くの栄養・調理専門職種の人材を適材適所に適時配置でき，業務の迅速化など，多様な食事

*1 委託　自社の運営に必要な業務のうち，他社に依頼してさしつかえない業務を替わりに代行してもらうこと。

*2 全面委託　給食業務を委託した場合，経営から給食の提供等，すべての業務を代行して実施していること。

*3 部分委託　給食の委託形態で，洗浄のみや食材調達のみなど，部分的な業務を代行した受託をしていること。

*4 食単価制契約　給食業務を給食専門会社に委託する際，委託側と受託側の間で，提供する1食分の食事単価を決めて契約する方式。

*5 管理費制契約　給食業務を給食専門会社に委託する際，材料費と管理費（食事単価のうち材料費以外にかかる費用）を一定額決めて契約し，委託側から受託側に月々に一定額支払う方法。

*6 ノウハウ　専門的な技術，手法，情報，経験をさす。

**表2.4**　給食施設の外部委託率

| 施設の種類 | 外部委託率 | 調査年度 | 調査資料名 |
|---|---|---|---|
| 事業所 | 97.4% | 平成24年 | 職場給食の経営指標と価格，旬刊福利厚生，No.2114，p.5（2012） |
| 病院 | 67.9% | 平成24年 | 医療関連サービス実態調査（医療関連サービス振興会） |
| 高齢者福祉施設 | 51.9% | 平成22年 | 介護老人福祉施設等平成22年度収支状況等調査（全国老人福祉施設協議会） |
| 学校 | 31.1% | 平成22年 | 学校給食実施状況調査（文部科学省） |

出所）複数資料を参考に作成

（給食）の種類やサービスが提供できる。

## 2.2　給食経営と組織

### 2.2.1　組織の構築

　組織は，仕事と人をつなげるために作られている。そのつながり方を示したものを**組織構造***1 という。事業体の組織図により，業務を行う上で上位下位の指示命令系統や，責任体制，業務の機能を読みとることができる。

　組織の業務は，役割を分担するために部門というグループに分類されている。分類は施設の種類によるが，①給食業務や調達，営業などの職能別，②地域別，③病院や福祉，事業所などの対象施設の種類別，④給食や特殊食品製造，関連ソフト開発などの市場別，などがある。

　病院の栄養部門の組織図（例）を示す。**図 2.5** のライン組織は，組織のトップを栄養部（科）長とし，栄養係長を通して，各管理栄養士に直線的に指示される。給食部門との指示命令の伝達は，窓口となる管理栄養士Bにより行い，給食部門スタッフからの報告は必ずその管理栄養士Bに届けられる。栄養科長からの指示が下位層の部下に向かい，**トップダウン***2 で行われる伝統的なスタイルである。

　**図 2.6** は，ライン＆スタッフ組織の例を示した。業務の機能はライン部分とスタッフ部分に分けられる。ライン部分は，組織の事業として食事や栄養管理サービスを提供する主力業務である。スタッフ部分は，人事や総務，経理，営業などである。スタッフ部分はライン部分の業務を支援し，助言を行う。栄養部の主な指示・命令の流れはライン組織同様である。事務部門は，栄養部（科）長と栄養係長の間につながっており，事務部門からみた助言をするなどスタッフの役割を果たしている。病院は，入院時の食事や栄養管理サービスが診療報酬による支払いとなるために，収支情報の共有など関係を密にし，助言を受けながら，業務を行う組織形態とする。

### 2.2.2　給食組織と関連分野の連携

#### (1)　部門間連携の必要性

　すべての業務を行い，成果を得るためには，人や設備，ノウハウなどの資源投入を行い，目的を達成しなければならない。しかし，栄養部門の資源には限界もある。

　たとえば高齢者福祉施設の場合，利用者

*1 組織構造　階層構造になっている組織形態のこと。ライン組織やライン＆スタッフ組織がある。

*2 トップダウン　組織の上層部が意思決定し，その実行を下部組織に指示する管理の方法。

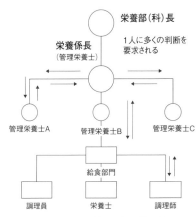

責任と権限の関係が明確な組織の形
単一の命令系統
直属の上司のみから命令を受ける

**図 2.5　ライン組織**

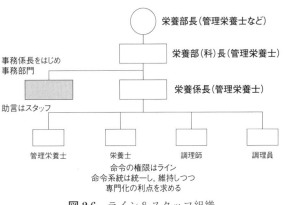

命令の権限はライン
命令系統は統一し，維持しつつ
専門化の利点を求める

**図 2.6　ライン＆スタッフ組織**

個々人の心身の状況や食事の対応方法にともない，管理栄養士が利用者，介護方法，食事形態，心理，倫理的配慮などあらゆることを判断することは難しい。そこで，本人の意向も含め最も良い生活の配慮が部門間連携により意思決定され，対応が各職種で行われる。食事をする行為を多職種の専門性により判断し，利用者便益を考え，給食の提供方法なども含め話し合うことが，利用者本位の給食の実現には欠かせない。

### (2) 他業界と連携する栄養・食事部門の柔軟な思考

栄養・食事部門は，給食受託会社，食品納入業者，厨房設備会社，IT ソフト会社など外部の業界との接点が多い。給食管理業務は，献立管理，食数管理，調達管理に時間がかかる。調理作業では下処理，療養食づくり，ひと口大やソフト食づくり，配膳，配食なども同様である。これらの業務には，外部に委託できる業務と，管理栄養士でなければ利用者への便益が減少してしまう業務に分けられる。まず，管理栄養士として時間をかけるべき業務と，管理栄養士以外でも可能な業務を区別することが必要である。業務の種類を実働とマネジメントに分け，システムを作り，管理栄養士としての専門業務を抽出してみる。給食業務は，勘や慣れにより実施されてきた専門業務の手順を整理すると省力化できることがある。管理栄養士の専門業務に十分携われるよう，IT 業界の技術を受けることや，多職種とともに業務システムを見直すなど，慣例にとらわれずにより良い方法を構築し，常に評価，改善を繰り返すことが必要である。

近年，事業所給食は直営ではなくアウトソーシングが多くなった。しかし，給食受託会社は経済の低迷や少子高齢化により事業所給食利用者数が減少し，施設側の資金力の低下に伴い，契約の利益率が低く，給食の受託事業だけでは経営が難しい場合が多い。そのため給食受託会社のなかには，減少する給食利用者数への対策として，さまざまな業態による戦略的経営を行うこともみられる。サービスの対象を給食利用者に限定せず，専門的な知識を活用し，安全で新鮮な食材の栽培から販売，レストラン事業，栄養管理サービス，物流ルートを利用した配食サービスなど，幅広く一般消費者を対象としたサービスを展開している。給食施設側の管理栄養士は，経済活動の動向を常に把握し，これからの給食の発展に向けて活用可能な資源になりうるかどうかも見据えて受託会社を選定するなど，企業の能力を横断的に判断する能力を身に付けることが求められる。

### 2.2.3 リーダーシップとマネジメント

組織における業務は，管理者の指導の下で作業・実施担当者による職務が遂行されている。その際，部門や組織の上位者は部下を束ねるリーダーシップがスムーズな組織活動を作り出す。

　管理栄養士は，栄養部門，調理部門を束ねるマネジメント役である。リーダーシップの機能を良く理解したうえで，上司・同僚・部下（内部）と接し，給食受託会社の人に対しても同様の配慮を必要とする。

　指示・命令は，上司と部下という職務上の階層による強制力で，考えや方針を受け入れさせることがある（**ポジション・リーダーシップ**[*1]）。しかし強制しても人は動かない。意欲をもって，指示・命令されたことを遂行できるよう部下の心を動かす，または影響力を与える人格や人柄も必要である（**パーソナル・リーダーシップ**[*2]）。部下が「一肌脱いで」自発的に業務に取り組むことが，利用者に多くの便益をもたらすことにつながるのである。

　職場でのリーダーは，リーダーであると同時に上司のフォロワーでもある。職場のコミュニケーションは，職務の上位に位置して部下に適切な指導を行うリーダーシップと，業務を遂行し，報告・連絡・相談を行う部下としての役割の**メンバーシップ**，そして同僚として支援する**フォロワーシップ**のバランスで成り立っている。管理栄養士は組織における立ち位置を認識し，リーダーシップだけでなく，フォロワーシップも重視することが必要である。

### 2.2.4　従業員の満足を高める業務のしくみと利用者満足度向上の連鎖

　職場環境や仕事の仕方は，従業員満足度向上のために重要な要素である。従業員の満足度を高めるマネジメントにより，質の高い給食やサービスを利用者に提供することができ，その結果利用者からの信頼を獲得し，収益を継続的に向上させる状態が継続する連鎖のことを，サービス・プロフィット・チェーンという。

　**図 2.7** は，給食施設におけるサービス・プロフィット・チェーンを示したものである。施設の業務内容・意思決定の方法などの環境整備により，従業員は職場に対するロイヤルティ（loyalty）をもつことになり，施設内部の従業員サービス品質を向上させることにつながっている。従業員の満足や会社へのロイヤルティは，生産性や，食事やサービスなどのサービス品質を向上させる。従業員はそれぞれの努力の成果を確認できることで，自己実現の可能性を感じ，働く満足を得る循環が発生する。その結果，食事や接遇を含む対人サービスのレベルが向上し，利用者の満足度は高くなる。継続的な給食の利用は健康回復や満足の継続をもたらし，ロイヤルティとして施設に愛着をもった利用者を増加させることになる。継続的に給食を利用する中で，口コミで菜や弁当などの中食を利用していた友人を食堂に呼ぶ，入園希望の保護者を創出するなど，利用者数の安定確保・増加に貢献し，売上げの維持・拡大につなげられる循環になる。

*1 ポジション・リーダーシップ
組織階層の「階層性の原則」に従い，上位から下位による力で，組織をまとめる力。

*2 パーソナル・リーダーシップ
個人的な資質としてもつ，周辺の人をまとめる力。

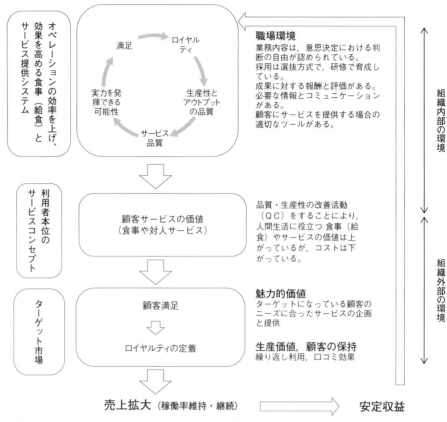

出所）尹五仙：美容サービス業におけるサービス品質向上の課題—サービス・プロフィット・チェーンの視点から，社会システム研究，23，95-117（2011）

**図 2.7　給食のサービス・プロフィット・チェーン**

## 2.3　給食とマーケティング

### 2.3.1　マーケティングの原理

#### （1）　マーケティングの定義

　マーケティングは，製品を一方的に売る（selling）のではなく，利用者について十分理解し，利用者に合った製品やサービスなどから価値を提供することである。具体的には自然に手に取りたくなる，利用したくなる，買おうと思う利用者の内側の願望を引き出し，製品やサービスとして創造することで対価を得る循環プロセスの総合的な活動を指す。

　マーケティングは，営利を目的にする活動と捉えられているが，現在では，組織全般が行う活動を利用者（給食利用者など）や住民などの生活を最も良い状態にするためのものでもある。病院などの非営利組織の活動にも適用されている。

　病院に入院する患者をマーケティングの視点でみると，患者は病気を治療する目的で入院をするが，患者のニーズは病気の治療だけではなく，入院中

の生活の満足，ホスピタリティを期待して施設を選択しているのである。入院後すぐ栄養アセスメントを受け（**ビフォー・サービス**[*1]），患者のニーズ（食事療法と日常的な志向）を取り入れた（押しつけではない）個人の栄養管理プログラムを管理栄養士と共に創る。そのプログラムは患者が参加する。患者は食事（給食）や，接遇や栄養教育などの対人サービスを利用した結果，目的が達成されれば利用者の満足度は高くなる。再び疾患が悪くならないような支援は**アフター・サービス**[*1]である。個人プログラム作成までのプロセスや給食利用の間に，管理栄養士やスタッフなどとのコミュニケーションが生じ，どれだけ自分に対応してくれたのかという努力がわかる。マーケティングの目標は，病院のサービスに信頼を厚くし，患者がその努力に対する感謝の気持ちをもち，「良い病院」のサポーターになる人を増やすことである。

病院生活では，食事を最も楽しみにしている患者が多い。食事を味わって満足する人もいれば，体調が良くなくても回復への希望をもって努力して食べている人もいる。管理栄養士は，その期待に寄り沿い，患者の便益として給食の価値，**欲求**[*2]やニーズを満たすことができることを伝えて給食の利用を促し，栄養管理として栄養改善の結果（アウトプット）を目指すプロセスを計画し，評価指標（**アウトカム**[*3]）を得る。

マーケティングはアメリカやヨーロッパで発展した学問のため，聞き慣れないカタカナ用語を使用することが多い。始めは馴染まないが，組織の一員として，他の職種や取引の業者とも仕事をする関係上，マーケティングは経営管理における事務組織や経営者側など組織内部でも共通認識で使用すべき分野であり，業務に活用することが望ましい。

### (2) 利用者と作る給食の価値

近年のマーケティングは，組織と利用者の関係を構築することに重点を置くことが多い。**表2.5**は，顧客関係性を第1段階から第4段階と，その進化の段階を示したものである。

明治時代の給食は，官営富岡製糸場や軍隊などで「賄い飯」として，「生きるための最低限の栄養補給」目的の単一定食のメニューの少品種・大量生産が行われてきた。しかし，その後，食生活が多様化し，食事に対するニーズも複雑になり，小集団化した利用者にメニューを増やすなどの多品種・少量生産が長い間行われている。現在の給食は，多くの利用者のニーズに沿って提供される料理に個別対応できるよう**マス・カスタマイズ**[*4]されている。第4段階は，人口減少，少子高齢化などを受けて，細やかな対応でニーズを利用者と共に創る**共創**[*5]型の生産方法に変化している。

### (3) 給食に対する利用者ニーズと満足

利用者はニーズを満たしても満足しないことがある。食事に対するニーズ

*1 ビフォー／アフター・サービス　商品やサービスを購入する前に購入意欲を高める情報提供（商品のPR）や，購入後のアフター・サービスなどを指す。利用者は納得して商品やサービスを購入し，購入後も提供側と安定した関係を作ってゆくこと。

*2 欲求　欲求は，潜在化したニーズであり，本人も気がついていない。これを欲求ということもある。欲求は顧客の自記式アンケートなどでは引き出しにくい。

*3 アウトカム　インプットしたことの結果を評価するための指標（測定指標）を指す。

*4 マス・カスタマイズ　低コストで生産性が高い大量生産のようではあるが，一つの料理の工程から複数の料理に展開するなど個々の利用者ニーズに合う商品やサービスを生み出すこと。

*5 共創　利用者がサービスに参加し，自身が欲しいメニューを提案するなど，サービス提供側とともに作るサービスプロセスを指す。

表 2.5　給食の利用者ニーズと給食提供側との関係性の進化

| | 利用者ニーズ | 利用者との関係 | 生産方法 | 事業所給食の例 |
|---|---|---|---|---|
| 第 1 段階 | 単一 | 生きるための最低限の栄養補給 | 少品種・大量生産 | 工場の労働者への賄い飯 |
| 第 2 段階 | 複数・多様化 | マーケットをよく見てニーズに合わせて与える | 多品種・少量生産 | 定食，麺・丼メニューの展開 |
| 第 3 段階 | 自由な購買 | 利用者側に立ち購買（食べたい）を引き出す | マス・カスタマイズ | カフェテリア |
| 第 4 段階 | ニーズを自ら創る | 細やかな対応で共に創る | 共創型 | 利用者からのメニュー提案，SNS（ソーシャルネットワーキングサービス）を活用した栄養教育や嗜好調査 |

は，食べる側のニーズが顕在化しているように見えるが，満足してしまうと次の欲求を満たす新たな価値を作り出すことが必要になる。ニーズを満たすためには，利用者の無意識下の欲求（潜在化しているニーズ）を顕在化し，長期的に欲求に応え続けられる仕組みをつくること（**ニーズの創発化**）が必要である。

　日々の食生活は，いつでもどこでも食べ物を入手できる。給食の対象者が給食を選択して食べることには，食事の機能（栄養補給など）だけを求めることではなく，食事が示唆する「意味」を求めている。たとえば**TFT活動** *によるヘルシー定食を選択した利用者は，自分は少ないエネルギーの食事で健康になり，アフリカの難民の子どもの 1 食を救済することに役立っていることを想像し，潜在化していた欲求が顕在化した行動になり，食事の「意味」を明確にするツールになっている。

　これまで，給食は食事の品質向上主義で利用者を満足させる戦略にしのぎをけずってきた。そのため「おいしい食事（給食）」という言葉が戦略になってきた。おいしいかどうかは利用者である食べる側の条件により異なる。その条件には，生理的身体状況，食文化，経験知や事前情報，化学的な味や人とのコミュニケーションが挙げられる。これらの条件がさまざまに作用して「おいしい」となることが知られている。

　給食の食事そのものの品質を高めることは当然のことである。食事の満足や感動は，食を囲み人が集まって生じるコミュニケーション，従業員の態度や言葉なども含む。食事（給食）時間は，食べるだけでなく，サービススタッフや介護士などとの接点があり，食事時間で感じた印象が給食の品質やサービスの評価やサービスの印象を左右し（サービス・エンカウンター），利用者による施設の評価に影響する。管理栄養士は，食事のエンドユーザーである利用者に，どのようにサービスがなされているかを確認する必要がある。食堂での観察は，個々の利用者が食事をどう感じ，どのように口に運んでいるかなどを観ることで，食事提供に責任を担う者の最終評価のモニタリング

* TFT（TABLE FOR TWO）活動
我が国では職員食堂や学生食堂で TFT ブランドのヘルシーメニューを選択すると，開発途上国の子どもたちが，時間と空間を越え食事を分かち合うというコンセプトの支援活動を指す。

の場である。

### (4)　食事やサービスの設計における利用者の食後満足の認識の変化

事前に収集された情報により，製品やサービスの満足の認識はねじ曲げられることがある（知覚矯正仮説）。

給食に置き換えれば，施設利用者は食事への興味が高いため，食事前にすでにメニューや施設設備，サービスについて口コミなどさまざまな情報を得て食事への期待の高さが変動しているといえる。給食の評価は，その期待の高さ（低さ）をもって食事をした結果であり，実際の評価と異なる満足を認識する傾向が見られる。具体的には，図2.8に示す。食事前の期待が低い状態（Aの位置）で食事を食べると，実際の評価は一定でも，食後の満足は下げられて認識し，期待がある程度高い場合（Bの位置）では，食後の満足は実際より高く認識される。しかし，期待を高めすぎる（Cの位置）と，実際とのギャップが大きく評価されて，満足の認識は大きく低下する（図2.8）。

### (5)　マーケティングの機能

マーケティングの機能には，組織内の生産や営業，開発，財務，人事などの機能を統合する役割がある。その組み合わせ方を考える方法がマーケティング・ミックスである（表2.6）。製品づくりを主とした売り手側の視点を示した「4P」と利用者側の視点の「4C」がある。これらの実現に向けてそれぞれの要素を組み合わせて望ましい対応方法を考える。

「4P」の場合，その要素に「product（給食）」「price（価格）」「place（場所や流通）」「promotion（プロモーション）」がある。給食の視点では「product（製品）」は，出来映えにかかわる食事の品質と，給与栄養量や献立の組合せなど給食の目的を反映した食事の品質を指す。

price（価格）は，企業の売上げ

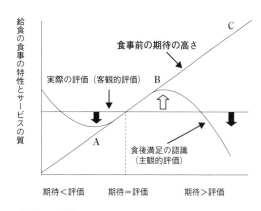

出所）嶋口充輝：利用者満足型マーケティングの構図，77，有斐閣（2000）の「図8　知覚矯正のメカニズム」を基に作成

**図2.8　食事前の期待と食後満足の認識の変化**

**表2.6　マーケティング・ミックスの2つの視点**

| 売り手側の視点（4P/7P） | 利用者側の視点（4C） |
|---|---|
| **product（製品）**<br>食事の品質，出来映え，給食の目的を反映した食事品質 | **consumer（消費者のニーズやウォンツ）**<br>食の満足や実感，健康増進の実感，食事療法の効果 |
| **price（価格）**<br>コスト思考型価格設定，需要考慮型価格設定，競争型価格設定 | **customer cost（顧客コスト）**<br>お手頃価格 |
| **place（場所・流通）**<br>立地，在庫，流通（物的・商的） | **convenience（利便性）**<br>すぐ食べられる，待たない，食べたい時に利用できる |
| **promotion（プロモーション）**<br>広告・パブリシティ | **communication（コミュニケーション）**<br>信頼できるスタッフと会話，接遇 |
| **personnel（人）**<br>管理栄養士・栄養士，調理員，他の施設スタッフ，利用者 | |
| **process（プロセス）**<br>生産・納品スケジュール，栄養アセスメント，食育 | |
| **physical evidence（物的証拠）**<br>安全・安心の保証，トレーサビリティー，おちついた食事環境 | |

や利益に直接関係するものであり，設定の方法により，利用者に対してのメッセージの与え方が異なる。価格の設定は，給食の原価に見合った採算考慮の適正価格の設定（コスト思考型価格設定）や，利用者が適正と感じる需要を考慮した価格設定（需要考慮型価格設定），競合企業と比較した価格設定（競争型価格設定）が行われる。

「place（場所・流通）」は，立地（競合する店舗の有無など）や在庫（材料や製品を一時的にストックするスペースや量，品ぞろえ，それらに対する販売で現金化される資産）など場所に関連するものと，流通という調達，加工，配送などの物的な流通，商品取引や販売でのコミュニケーションを含む商的な流通が含まれる。

「promotion（プロモーション）」は，献立や栄養量の掲示や，郷土食フェアのお知らせ，ソーシャルネットワークによる利用者との価値共創の場を設置するなど，給食のよい部分のアピールや，信頼を利用者に発信する機会となるしくみづくりなどに必要な要素である。

一方，「マーケティングの4C」は，給食なら利用者の視点でニーズや欲求を満たす食の満足の実感や健康増進の実感を得るための要素である「consumer（利用者ニーズ）」，利用者からみた食事の品質とコストパフォーマンスをさす「customer cost（顧客コスト）」，食べたい時にすぐ食べられる「convenience（利便性）」，スタッフとの楽しいやりとりの「communication（コミュニケーション）」がある。

しかし給食部門での栄養・食事（給食）サポートと対人サービスは，これらの理論のみでは要素が不足する。そこで，給食では，「サービス・マーケティングの7P」をあてはめると説明の幅が広がる。「サービス・マーケティングの7P」は「マーケティングの4P」に，下記の3つの要素を加えた理論

---

**コラム4　食べる側の心理と創るサービス環境**

「あの施設は食事がまずい」と言われることがある。しかしその原因を探ってみると，食事の質は他の施設と変わらない場合がある。おいしさを左右する要素は味だけではない。食事を食べる前に，すでに他部門で受けた対応等で不信感が芽生え，食事をマイナス志向で食べたとしたら，どんなに質が良い食事でも，期待はすでに低下し，おいしいとは感じられなくなる。1人の利用者には，介護・看護・事務職などの施設スタッフにより多くのサービスが提供されている。同じサービスでも受ける側の好みや感じ方で印象は異なる。1人のサービススタッフの言動が，利用者の感情と認識を不快な感情に創り上げてしまうこともある。心地良い食事サービスのためには，①五感で感じる料理の品質，②食堂の間取りやレイアウト，サービス機器の機能性，③メニューやカウンターの案内表示，サービス手順の配慮などの要素をうまく組み合わせることが重要である。給食におけるサービスの品質は，利用者目線の食事とサービスを，提供可能なプロセスで，スタッフ全員の理解と合意を得たうえで提供し，施設全体としてのサービスを向上させることが必要である。

により，利用者によい食事とサービスが提供できる。

①「personnel（人）」：食事の質を左右する管理栄養士・栄養士，調理員，他の施設スタッフの知識や技術などの専門能力や，組織人としての人間性を指す。また，利用者も意見や提案などにより良いサービスづくりを共に創るメンバーに含まれる。

②「process（プロセス）」：食材料の発注・納品スケジュールや給食業務の作業システム，栄養教育，食育，栄養アセスメントなど業務の過程を指す。

③「physical evidence（物的証拠）」：給食の食材料に対する安全，トレーサビリティーなどの心理的安心を担保することや，ゆったりとした食事ができる食堂スペースや配色，備品，衛生的な環境などを指す。

マーケティングの機能とは，施設の種類や対象者の特性などから，「4P」「4C」「7P」の機能を組み合わせて，利用者特性に合わせたマーケティングを実践することである。

## （6）マーケティングに影響するサービス・プロセスマネジメント

### 1）給食で提供するサービスの種類

サービスにはさまざまな種類がある。マーケティングの効果は，どのサービスを提供するかにより異なる。**表2.7**は栄養・食事サービスのカテゴリーを示したものである。サービスの行為は，有形，無形に分類できる。そのサービスの対象を人または物に分けることができる。さらに「人に作用するサービス」と「人の心に作用するサービス」に分けられる。

「人を対象とするサービス」は，給食施設では，利用者が食事や喫茶，健康増進，食事療法など施設のサービスシステムに参加し，給食施設で食事をしない限りは便益を受けられないものである。これは利用者自身がサービスの構成要素であるという特徴がある。「人の心に作用するサービス」は，栄養教育や食育，広告やメディア，食事の時のコンタクトなどである。利用者の心に作用すると，態度や行動に影響を与える。栄養アセスメントや栄養補給計画には個人の生活などの情報や，栄養指導，食事時の声掛けなど個人の心理の深層に触れることがあるため，サービス提供側は強い倫理感と管理が求められる。また，サービスを提供される対象が物の場合は，食材，食器，厨房機器など有形の資産を対象に作用するサービスと，検査データ

**表 2.7　栄養・食事サービスのカテゴリー**

| | | サービスを提供される対象 | |
|---|---|---|---|
| | | 人 | 物 |
| サービスの行為の特性 | 有形 | 人に作用するサービス（人の身体を対象とするサービス）<br>食事（給食）・喫茶，健康増進，食事療法 | 物に作用するサービス（有形資産を対象とするサービス）<br>食材，食器，介護用食品，厨房機器，メンテナンス |
| | 無形 | 人の心に作用するサービス（人の心を対象とするサービス）<br>栄養教育・食育，広告・メディア，ソーシャル・ネットワーク，食事の時の声掛け，個別対応の直接のやりとり | 情報に作用するサービス（無形資産を対象とするサービス）<br>検査データ，献立データ，マーケティング・リサーチ，書籍，CD-ROM |

出所）ラブロック，C.H. & J. ウィルツ著，白井義男監修，武田玲子訳：サービス・マーケティング，42，ピアソンエデュケーション（2008）一部改変

━━━━━━━━━━━━ コラム5　心がつながるとうれしい，おいしい ━━━━━━━━━━━

　食事の場は多くの人では食堂に期待をもって訪れ，食事の時間は心安らぐ場であることが満足度を高める要因となっている。高齢者福祉施設の清潔な食堂での例である。「食欲がなく，今日の給食には嫌いなものもあるから食べない」という入所者がいた。管理栄養士は調理場で少し手直しを行い，「○○さんのために作ったんですよ」と声をかけるとにこやかに喫食する利用者さんがいる。自分に対するたわいない会話や心配りなどによって喫食意欲が出ることもある。あなただけに（only for you）という気持ちは，集団に居る個人である自分に対応してくれたというつながりを認識した時の気持ちであり，うれしいものである。管理栄養士はできるだけ食事の場に行き，顔のみえる食事の場の関わりを大切にし，信頼を築くやりとりが入所者の食事の満足度を高める。

や献立データなど無形の資産としての情報を対象とするサービスに携わる業務に分類できる。しかし，「物に作用するサービス」の食材は食器に盛るだけでなく，「人に作用するサービス」の食事となって人の身体を対象にしたサービスになる。「情報に作用するサービス」は，すべて機械ができるわけではない。そのため，「情報に作用するサービス」の検査データは，栄養教育や食事の時の声掛けなど「人の心に作用するサービス」と合わせて「情報に作用するサービス」となる。

### 2）　利用者の心に残るサービス

　人間の心は，食事の味をも変える力がある。食事の印象は，食堂の職員の会話や対応，食堂環境の中で利用者が食事と接する瞬間に決定づけられる。これを**サービス・エンカウンター（真実の瞬間）**\*という。

### 2.3.2　給食におけるマーケティングの活用

　管理栄養士は，激しい競争や急激な環境変化に素早く対応しなければ生き残れない時代である。「生き残り策，成長戦略」ということを感じさせない非営利組織もあるが，「経営を持続する努力」が必要でないわけでなく，気が付いていないだけで状況は同じである。

　マーケティングの本質的役割は，顧客の求める商品やサービスを提供するしくみを作ることである。**図2.9**は，事業所給食を例にしてマーケティング理論を活用した場合の業務の流れ（マーケティング・プロセス）を示した。マーケティング理論を活用した業務は，大きく分けて①分析，②計画，③実行，④評価の4つで構成されている。企業は，市場（消費者の集まり）の求めているニーズを探し出し，他社にない自社の強みを生かした製品やサービスを提供しマッチングした時，企業としての評価を高めることができる。

　①では，外部環境分析，内部環境分析により他社に真似できない強みを探し出し，マーケティング・リサーチで顧客を知ったうえで自社でしかできないニーズを探る。ニーズがない場合は，新しいニーズを創り出し市場を見つけ出すことも行う。

\*サービス・エンカウンター（真実の瞬間）　接客などの現場で企業（従業員）が利用者（顧客）と接するわずかな時間に，利用者が現場スタッフの接客態度や店舗設備の状態などから，給食と施設全体を評価する場面をさす。
　そこで良いサービスが受けられると利用者による評価はとても良くなる。

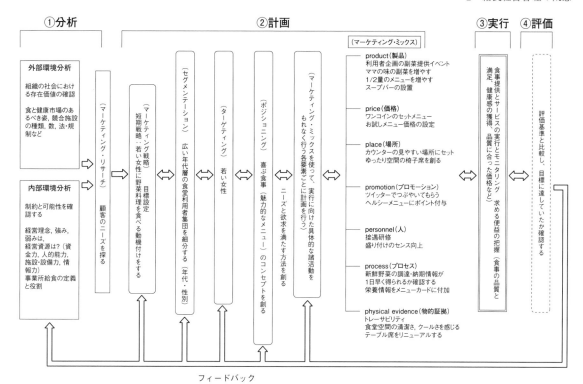

出所）青木高，太田壽城監修，牧川優編著：健康・スポーツの経営学，129，建帛社（1998）を参考に作成

**図 2.9 マーケティング理論の活用例**

②の計画ではマーケティング戦略として，短期戦略を「若い女性に野菜料理を食べる動機付けをする」と設定し，セグメンテーション（食堂利用の集団の分類基準を年代と性別に），ターゲティング（若い女性），ポジショニング（喜ぶ食事（魅力的なメニュー）のコンセプトを創る）を行う。さらに，マーケティング・ミックスの手法により，実行に向けた具体的な諸活動をもれなく行うために各要素について計画を行う。

③では，食事とサービスにおいて食事の品質の把握に加え，利用者が求める便益であったかの把握が必要である。販売数や利用者の感想などをモニタリングしながら実行する。

④の評価は，モニタリングで得られた結果（評価基準）と比較し，目標がどの程度できていたかを確認する。未達成の目標に対するプロセスの改善策は，再び①〜④の手順にフィードバックしてゆく。

## 2.4 給食システム

### 2.4.1 給食システムの概念

システムとは，ある特定の目的を達成するために人為的に配列され，関係づけられた諸能力の集合である。

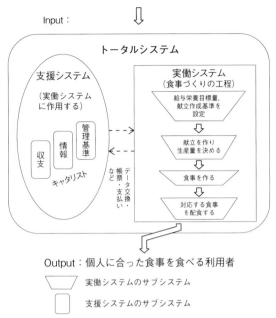

目的：給食を利用するそれぞれの人に対し,
その時にふさわしい食事を提供する

Input：

トータルシステム

支援システム
（実働システム
に作用する）

収支　情報　管理基準

キャタリスト

データ交換・帳票・支払いなど

実働システム
（食事づくりの工程）

給与栄養目標量,
献立作成基準を
設定

献立を作り
生産量を決める

食事を作る

対応する食事
を配食する

Output：個人に合った食事を食べる利用者

▽　実働システムのサブシステム

□　支援システムのサブシステム

**図 2.10**　給食システムの考え方

*1 **実働システム**　システムの構成において，資源を投入し，変換されモノが作られてゆくシステムをさす。給食システムでは，食事づくりの工程を表す。

*2 **支援システム**　実働システムが進行する時，進行する活動に作用する情報やデータなどをやりとりするシステムを指す。食品が料理となる食事（給食）作りを進めることは，実働システムであり，予定献立に使う食材費で予定価格を計算したり，基準となる原価率などと比較することは支援システムである。

*3 **キャタリスト（触媒）**　給食システムは実働システムの進行プロセスに，情報，支払い，管理基準などをやりとりしながら進める。これらの項目を化学反応で例えると触媒のようなので，キャタリストという。

図 2.10 は給食システムの考え方を示したものである。給食システムの目的は「給食を利用するそれぞれの人に対し，その時にふさわしい食事を提供する」である。システムは，その目的を果たすために必要な給食づくりの機能の**実働システム**[*1] の配列と，実働システムに作用する**支援システム**[*2] の諸機能との関係を示している。

給食システムは，実働システムの食事づくりが稼働するプロセスの必要なところに支援システムを作用させる構造になる。給食を通して利用者の栄養管理や教育を行う目的を達成させる場合，利用者情報や栄養教育は，栄養ケアシステムや栄養教育システムでの情報が支援システムを経由して実働システム内に入る。栄養基準決定，給与栄養目標量設定や食形態の決定など実働システムに作用させる管理基準や情報，収支は支援システムの**キャタリスト**[*3] である。

管理栄養士の業務には，栄養や食事（給食）の管理・マネジメントを行い，利用者の QOL を向上させ目標を達成させるために食の支援を行うことが高度の専門性である。

実働システムイメージが明確でなければ，何を管理するかわからず，問題発見や改善などマネジメントにはならない。したがって管理栄養士が実働システム（給食づくり）を十分理解することで，管理業務やマネジメント業務が成立することが，給食システムの構造からも明確である。

### 2.4.2　トータルシステムとサブシステム

支援システムの情報にある給与栄養目標量，価格，重量など各業務での判断基準により実働を管理する。

（例）　献立作成実働システムの動き

鮭切身 70g ── たんぱく量の判断 ┬─ 少ない ── 鮭一切と副菜にしらすあんを選ぶ
　　　　　　　　　　　　　　　　└─ 多い ── 副菜には魚肉は入れない

この実働は，①基準を用いた管理，②栄養アセスメントデータや個人の要望などの個人情報，③資金のやりとりなどの支援システムを作用させながら進める。実働システムおよび支援システム内の構造は，それぞれの機能の小さなシステムが連続した配列になっている。この小システムをサブシステムという。**図 2.11** は，献立から調理作業を決めるまでの実働システムのサブシ

ステム内の配列の**準備システム**[*1]と**実行システム**[*1]の関係を
示したものである。

　期間献立を作った後に調理作業手順を作る。「① 期間献立
を作る」システムの実行がなければ「② 調理作業手順を作
る」システムは動かない。「① 期間献立を作る」システムは
「② 調理作業手順を作る」システムの準備システムである。
また，「① 期間献立を作る」システムを受けて「② 調理作業
手順を作る」システムは，実行システムである。さらに次（下
位）の「③ 作業に必要な調理員を配置する」システムを実
行システムとすると，上位の「② 調理作業手順を作る」シ
ステムは準備システムとなる。すなわち，上位システム（準
備システム）を受けて機能する下位システム（実行システム）
は，上位の準備システムが正しく機能していないと，下位の
実行システムの機能にトラブルが起こる。

　たとえば，食札情報をまとめるサブシステムに不備がある
と，各料理の仕込み量と実際の食数にズレが生じ，配膳時に
盛りつけられる料理の数が合わなくなる。食札情報をまとめて食事の種類別
に総食数を算出する上位のサブシステムは，料理の仕込み数を決めるサブシ
ステムの準備システムである。料理の仕込み数を決める下位のサブシステム
は，調理作業工程を決めるサブシステムの準備システムになる。

　このように，一つひとつのサブシステムはそれぞれの目的を果たす機能で
あり（**部分最適**[*2]），それらのシステム全体が機能すると（**全体最適**[*2]），シス
テムの最終目的である「給食を利用するそれぞれの人に対し，その時にふさ
わしい食事を提供する」ことを果たすシステムとなる。この考え方を**トータ
ルシステム**という。また，トータルシステムについて，各サブシステムを実
行する人や機器，情報，管理する内容や人など示し，1つの流れとして業務
連鎖を**オペレーション**という。

　給食システムの特徴は，モノづくりの実働システムと並行して，食事を食
べる人の「身体」情報や食習慣，尊敬，尊厳などの「人の生活や文化，心」
を扱うシステムが相互に関連した配列で構築されていることである。

## 2.5　給食の会計

### 2.5.1　予算・決算と年間会計事務の流れ

　給食は，利用者に対し計画に沿って立てられた献立を作業指示に沿って食
材を購入し，適切な人数の調理員を雇用し，電気や水道，ガスなど水光熱費
を使って食事を準備する。それらの費用は，予算でまかなう。

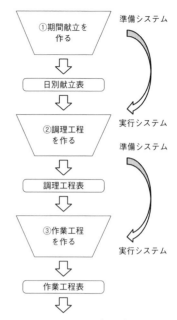

**図 2.11**　サブシステム内の準備システムと
実行システムの関係

[*1] 準備システム／実行システム
システムの連続性の考え方で，1
つのサブシステムはその上位のサ
ブシステムを準備システムとし，
下位を実行システムとしている。

[*2] 部分最適／全体最適　システ
ムの適切性を表すもので，一部の
システムが正しく機能しているこ
とを部分最適という。すべてのサ
ブシステムが正しく最適に機能し
ていることで，システム全体が機
能する。このことを全体最適とい
う。

*1 予算　次年度に使う資金を見積もった上で，目標に向けた資金計画を指す。

給食は予算により運営される。予算がなければ設備投資はできず食材も買えず調理員も雇えない。給食の資源として**予算**[*1]の確保は重要である。

給食部門では，年間収支を帳簿に記載された支出と収入などの実績から，次年度の目標にかかる経費なども考慮して見込み額を推定し，予算額を決定する。予算案は部門長から経営会議にかけられ，上級経営者層の最終決済を得た後決定となる。決定した予算は，次年度の予算書となる。

*2 決算書　どのような収支で経営をしたか書かれた事業体の家計簿である。財務3表には，貸借対照表，損益計算書，キャッシュフロー計算書がある。

予算は1年を期間とするが，1週間，1ヵ月，四半期，半期などその都度の使用状況をチェックする。1年間の資金の使い方は最終的に**決算書**[*2]として経営側に報告を行う（**図2.12**）。食材料日計表や食品受け払い簿，売上伝票，食数表などの帳票は，毎日の納品，在庫管理だけでなく，原価管理の実績を記録する帳簿である。

### 2.5.2　給食の収入源

給食サービスに対する対価は，利用者の自己負担に加え，企業からの補助，健康保険や介護保険による診療や介護サービスに対する報酬などを，国，県，市町村などから施設に直接支払う形態になっているものが多い。

**表2.8**は給食施設の収入の算出方法の例を示したものである。1食単価と利用者数の実績で総収入金額を推定している。この収入が確保されることを前提にするので，次の年度も給食利用者の確保の努力が必要である。また，損失が出ないように費用もチェックするなど，給食の原価管理は欠かせない。

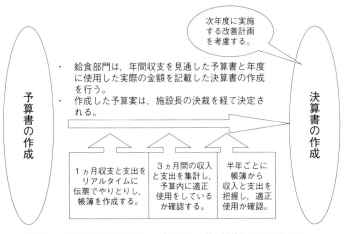

予算書は，年度当初に給食部門の収入と，支出の見込み額を事例別にまとめたものである。

**図2.12　給食予算と決算**

**表2.8　給食の収入源**

| 施設の種類 | 算出方法 |
|---|---|
| 事業所給食 | 利用者1人当たりの平均食単価×利用者数，利用者数，利用者の動向などの実績と次年度の利用傾向の情報を入手する，または実績から推定する。 |
| 学校給食 | 児童・生徒数×年間給食実施数，教育委員会からの金額の提示などを参考に給食委員会で最終決定する。 |
| 保育所給食 | 保育費の中に給食の費用が含まれている。 |
| 高齢者福祉施設給食 | 介護を受けていない高齢者の場合は調理費用と食材料費×利用者数×実施日数，介護保険による療養食サービスを受けている場合は，療養食提供回数×点数×人数 |
| 病院給食 | 健康保険の中の入院時食事療養制度による1人当たりの単価×食事提供回数×入院者数 |

**【演習問題】**

**問1**　マーケティングの4Cと事業所給食での活用方法の組合せである。最も適当なのはどれか。1つ選べ。　　　　　　　　　　　（2021年国家試験）

（1）顧客価値（Customer Value）：利用者がメニューの特徴を確認できるよう，SNSで情報を発信する。

（2）顧客価値（Customer Value）：利用者が食塩摂取量を抑えられるよう，ヘルシーメニューを提供する。

（3）顧客コスト（Customer Cost）：利用者が選択する楽しみを広げられるよう，メニュー数を増やす。

（4）利便性（Convenience）：利用者が話題の人気メニューを食べられるよう，イベントを実施する。

（5）コミュニケーション（Communication）：利用者が健康的な食事を安価に利用できるよう，割引クーポンを発行する。

　**解答**　（2）

**問2**　特定給食施設における経営資源に関する記述である。資金的資源の管理として，最も適当なのはどれか。1つ選べ。　　　　　　（2020年国家試験）

（1）盛付け時間短縮のための調理従事者のトレーニング

（2）調理機器の減価償却期間の確認

（3）業者からの食材料情報の入手

（4）利用者ニーズの把握による献立への反映

（5）調理従事者の能力に応じた人員配置

　**解答**　（2）

**【参考文献】**

芦川修貮，古畑公編：栄養士のための給食計画論（第3版），学研書院（2010）

香西みどり，小松龍史，畑江敬子編：給食マネジメント論，東京化学同人（2005）

日本給食経営管理学会監修：給食経営管理用語辞典，第一出版（2011）

P・F・ドラッカー著／上田惇生編著：マネジメント基本と原則，ダイヤモンド社（2010）

嶋口充輝：利用者満足型マーケティングの構図，有斐閣（2000）

伏木亨：人間は脳で食べている，ちくま新書（2005）

ラブロック，C. & J. ウィルツ著／白井義男監修，武田玲子訳：ラブロック＆ウィルツのサービス・マーケティング，ピアソン・エデュケーション（2008）

# 3　栄養・食事管理

## 3.1　栄養・食事管理の概要

### 3.1.1　栄養・食事管理の意義と目的

　栄養・食事管理とは，利用者の身体状況，栄養状態，生活習慣などを定期的に把握する栄養アセスメントにはじまり，これらに基づく栄養ケア計画，計画に沿った食事の生産・提供，**品質管理**（QC：quality control），栄養教育，評価，改善までのプロセス全体の活動をさす。利用者に適した栄養量の提供と食事摂取，その評価を，栄養素レベル，食事レベルで管理する業務である。

　栄養・食事管理の目的は，対象者の栄養状態の保持と改善，QOL（quality of life：生活の質）の向上，健全な食生活のための啓発であるが，これらの目的は給食施設の種類によらず共通である。提供する食事により利用者個人の健康の維持・増進，疾病予防，あるいは疾病の治癒・回復を図り，さらに健康や栄養に関する情報提供を行って望ましい食習慣に導き，QOL の向上を目指す。一方，給食施設が属する組織にはそれぞれ，施設の理念や目標がある。給食もまた，施設の理念，使命や目標に沿ってその品質を決定し，運営しなければならない。

### 3.1.2　栄養・食事管理システム

　特定給食施設における栄養・食事管理は，健康増進法第21条に定められており，その詳細は健康増進法施行規則第9条「**栄養管理の基準**」に記載されている。給食の運営プロセスの中で「栄養管理の基準」に基づいた栄養管理を展開するためには，**栄養・食事管理システム**を構築し，業務を体系的に行う必要がある。特に栄養・食事管理は，給食経営管理業務の中枢的な役割を担うため，食材管理，生産管理，品質管理などの他の**サブシステム**と連動させ，各管理業務が適正に行われるようなシステムの構築が求められる。

　栄養・食事管理システムは，利用者にとって最適な栄養・食事計画を立て，栄養ケアを行い，それを評価するための「栄養ケアシステム」と，食事の生産・サービスを効率的，効果的かつ安全に行うための「食事提供システム」に大きく分けることができる。給食施設における栄養ケアは，適切な食事の提供があってはじめて成り立つものであるため，両者を連動的にとらえて管理を行う（**図3.1**）。

　**図3.1** は，給食における栄養・食事管理のフローを示したものである。目的・目標を達成するために，①計画を立て（Plan），②実行し（Do），③結

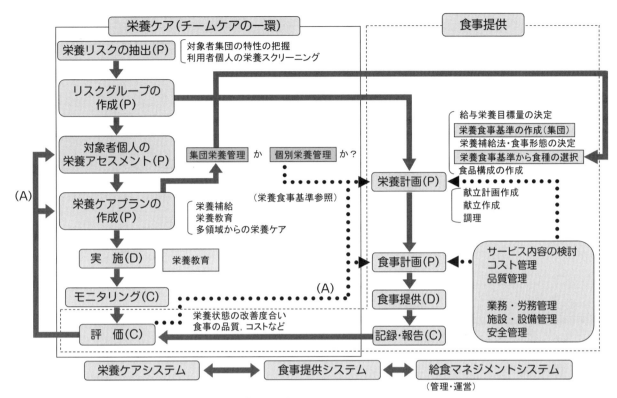

出所）小松龍史ほか編著：改訂 給食経営管理論，75，建帛社（2011）を一部改編

**図 3.1　給食における栄養・食事管理の流れ**

果を評価し（Check），④ 次の計画へ改善して結びつける（Act）という 4 段
階の循環過程は，**PDCA サイクル**とよばれるマネジメントの手法である。給
食経営管理では，トータルシステムおよびすべてのサブシステムにおいて，
このサイクルを機能させることが重要であるが，栄養・食事管理においても
PDCA サイクルのプロセスに従って管理業務を行う。具体的な内容を以下
に示す。

　①　Plan：栄養リスク者の抽出，リスクグループの作成，栄養アセスメン
ト（身体状況，栄養状態，食習慣など），利用者ニーズの把握，アセスメント
結果に基づいた栄養管理目標の設定，栄養計画の立案（給与栄養量，栄養補
給方法，食事配分など），食事計画の立案（食品構成，献立の設計），栄養教育
計画の立案

　②　Do：食事の生産（調理），食事およびサービスの提供，喫食，栄養教
育

　③　Check：喫食率調査，嗜好調査，満足度調査，給与栄養量（栄養出納
表，栄養状況報告書の作成）などによる評価・モニタリング

　④　Act：計画の見直し，改善

また，給食の運営プロセスに沿った栄養・食事管理業務のシステム化のためには，各業務をいつ，誰が，どのような方法で実施するのか，組織の中で決定・確認しておく必要がある。さらに，栄養管理部門（給食部門）以外の他部門，他職種の協力が必要な事項を明らかにし，施設全体として取り組める体制を整えることでシステムの構築が完成する。

### 3.1.3　給食と栄養教育

　給食の提供と同時にその給食の内容に合わせた正しい情報の提供を行うことで，利用者自身の健康管理や食生活への関心を高め，望ましい食行動へ導く教育の効果を高めることが期待できる。利用者の栄養や健康に対する認識の程度，食習慣などを十分に把握した上で，栄養教育の目的を明確にし，給食との関連をもたせた，受け入れやすく実践しやすい内容や方法を取り入れる。

　また，「栄養管理の基準」に示されている献立表の掲示，栄養成分の表示等は，給食と連動させて実施すべき事項である。特に，カフェテリア方式，バイキング方式の提供スタイルでは，**モデルメニュー**（望ましい料理の組合せ例）の掲示やリーフレットの配付など，事前の栄養教育が必要である。

## 3.2　栄養・食事のアセスメント

### 3.2.1　利用者の身体状況，生活習慣，食事摂取状況（給食と給食以外の食事）

　栄養・食事管理のプロセスを PDCA サイクルで進める際，まず利用者の身体の状況，日常の食事の摂り方などについてアセスメントし，問題点を把握することが出発点である。**栄養アセスメント**とは，健康状態，栄養状態の改善の必要性，そのための食事改善の必要性を明らかにすることを目的とし，利用者の身体計測，臨床検査，食事調査などから得た主観的または客観的情報により，栄養状態を総合的に評価・判定することをいう。栄養管理の目標を設定し，適正な栄養ケア計画を立案する上で，栄養アセスメントはきわめて重要である。

### (1)　集団特性のアセスメント

　給食施設の種類，給食の目的によって必要なアセスメント項目は異なるので，施設の特徴に合わせたアセスメントを実施し，栄養計画に反映させる。給食利用者でもある施設所属者の健康状態の把握は，施設として他部門，他職種が実施することが多い。データの使用について施設長の理解を得るとともに，情報を共有できる協力体制を整えておく必要がある。集団の特性把握に不可欠なアセスメント項目として年齢，性別，身体活動レベル，**体格指数**（**BMI**）がある。個人を対象に実施したこれらの結果をもとに，集団の中で類似の特性をもつ利用者をグループに分け，グループごとに目標を設定し，栄

養計画を立てる。すべての利用者のアセスメント実施が難しい場合であっても，一部の利用者に対して実施した結果を用いたり，類似の集団の既報値を活用したりするなど，資料の収集に努める。

## (2)　個々に対するアセスメント

身体状況を示す簡便な指標として，前述の体重と体格指数（BMI）がある。非侵襲的に（体を傷つけずに）全身の栄養状態が把握でき，エネルギー管理の観点から最も有効な指標であるので積極的に用いる。食事提供後は，提供量，摂取量の妥当性の判定や，栄養計画の見直しに利用する。体格を評価する指標には，このほか**腹囲**や**体脂肪率**などがあり，測定誤差について理解した上で必要に応じて利用することが望ましい。なお，利用者の病状，摂食機能のアセスメントについては後述する（3.2.2）。

## (3)　食事摂取状況のアセスメント

**食事摂取状況**のアセスメントでは，給食に由来するものだけではなく，すべての食事を対象として利用者の1日当たりの習慣的な摂取量を評価することが求められる。それにより，利用者にとって1日に摂取することが望ましいエネルギーおよび栄養素量のうち，どのくらいを給食で提供するべきかを考え，栄養計画に反映させることができる。また，食事の内容や量だけでなく，食事を摂る時間帯などの生活習慣についても把握する必要がある。

食事摂取状況のアセスメントには，食事記録法，思い出し法，食物摂取頻度調査などさまざまな方法があるが，それぞれの長所，短所についても理解しておかなければならない。個人における栄養素摂取量には日間変動があり，そのことが調査結果に与える影響の大きいことにも留意する。また一般的に，やせ気味の人には実際の摂取量より多めに申告する「過大申告」の傾向があり，肥満気味の人には実際の摂取量より少なめに申告する「過少申告」の傾向があるといわれている。

給食からの摂取量（喫食量）は，提供量，**残菜量**[*1]から算出することができるが，提供量にばらつきがないこと，**摂取量調査**[*2]の方法に妥当性があることが条件となる。また，エネルギー摂取量の過不足を評価する場合は，食事摂取状況アセスメントの結果だけでなく体重または BMI の増減から判断するなど，他のデータと組み合わせて総合的に評価する必要がある。

### 3.2.2　利用者の病状，摂食機能

病院や高齢者施設の給食では，個々の利用者の低栄養リスクを早期に発見し，栄養状態の問題点を把握して個別栄養ケアにつなげる必要があるため，効率的かつ詳細な栄養スクリーニングとアセスメントが求められる。現在，多くの病院では，まず体重や食物摂取の変化，消化器症状，簡便な身体計測値などの確認から成る**主観的包括的評価**（**SGA**：subjective global assessment）

*1 残菜量　喫食者による料理別や献立別の食べ残し量。供食重量に対する食べ残し量の割合（残菜重量／供食重量×100）を残菜率（％）といい，栄養管理，品質管理，原価管理などの評価項目のひとつとして活用する。残菜と残食は，本来，異なる意味であり，後者は調理（仕込み）・提供をして残った「食事」を指す。

*2 摂取量調査　個人のエネルギーや栄養素摂取量を把握し，適否を評価することを目的とした調査。病棟などで目測により，「全量摂取」「1/2摂取」「1/4摂取」といった概量を調べる。

を用いてスクリーニング的な栄養評価を行い，高リスクと判断された者には，次に身体計測値，血液生化学検査値，食事調査による摂取量などの**客観的データ栄養評価**（ODA：objective data assessment）によって詳細な栄養アセスメントを実施している。また，高齢者の栄養評価には，**簡易栄養状態評価表**（MNA®：mini nutritional assessment®）などの評価表が広く使用されている。

　利用者の栄養状態は，得られる情報が多いほど現状の把握に有利である。また，食欲，**摂食機能**（咀嚼力，嚥下能力），消化・吸収能力，手指の身体機能などについてもアセスメントが必要である。傷病者では，病気による消化・吸収能力の低下，味覚や食欲の変化のほか，薬の影響などによっても栄養状態は変化するため，SGA などによる経時的なモニタリングに加え，客観的データ（ODA）による的確な栄養状態の評価・判定が重要となる。栄養アセスメントから得られた問題点は医師や他職種と情報を共有し，臨床的に重要度の高い項目を優先して具体的な栄養ケアの目標設定につなげる。また，高齢患者や施設入所者では，歯の欠損，咬合異常などによる咀嚼力低下や，加齢による嚥下反射の低下，脳血管疾患の後遺症，認知症などによる嚥下障害，唾液の分泌低下もみられ，「**摂食・嚥下障害\***」を起こしているケースが多い。そのため，食事量の低下から PEM（protein energy malnutrition：たんぱく質・エネルギー低栄養状態）に陥りやすく，誤嚥性肺炎も起こしやすい（嚥下障害は，疾病や障害により若年者でも起こり得る）。また，手指の運動機能低下や障害により自力での食事が困難な場合もある。管理栄養士・栄養士は，利用者の摂食機能に合った**食事形態**の食事を提供し，栄養ケアを行うため，歯科衛生士や言語聴覚士（ST：speech-language-hearing therapist），作業療法士（OT：occupational therapist）などのコメディカルスタッフとともに，摂食機能の評価にも参加しなければならない。

### 3.2.3　利用者の嗜好・満足度調査

　栄養管理はサービスとしてとらえることができる。利用者の身体状況，食習慣や嗜好に配慮した給食を提供し，その摂取によって栄養状態の維持や改善，食事に対する満足感などの効果がもたらされなければならない。そして，その評価をするのは利用者である。**顧客満足**（CS：customer satisfaction）を含めた利用者側からの評価は，栄養・食事計画やサービスの改善，向上の基礎資料となるため，利用者に対して定期的に嗜好や，食事に対するニーズやウォンツを調査し，提供する食事について多角的に検証する必要がある。

### 3.2.4　食事の提供量

　利用者の性別，年齢，身体活動レベルによって，必要とするエネルギー，栄養素量は異なるため，ふさわしい食事の提供量もさまざまとなる。特定給食施設では，対象が集団であってもその構成員である個人の状態に応じた適

＊摂食・嚥下障害　加齢による機能低下や脳血管疾患の後遺症などによって生じる，食べることに必要な機能に関する摂食障害と，嚥下反射の低下，唾液分泌の低下などによって飲み込みがうまくできない嚥下障害の2つを合わせた呼び方。摂食・嚥下障害により食べ物が気管に入ってしまうことを，「誤嚥」という。

正な栄養管理を実施し，すべての利用者に個々の望ましい食事を提供するように計画することが求められる。

　「**日本人の食事摂取基準**（2020 年版）」は，国民の健康の保持・増進と共に，生活習慣病予防と重症化予防の徹底を図ることに加えて，高齢者の低栄養，フレイル予防を視野に入れて策定されている。対象は，健康な個人並びに集団とするが，フレイル状態や低栄養状態の人および高血圧，脂質異常，高血糖，腎機能低下に関するリスクを有していても自立した日常生活を営んでいる人を含む。食事摂取基準では，確率論的な考え方が用いられており，我々が健康的に生活する上で望ましい栄養摂取量，あるいは目指したい栄養摂取量の「範囲」を推定平均必要量，推奨量，目標量，耐容上限量，目標量の5つの指標を用いて示している（**表**3.1）。また，栄養素によってその範囲（設定項目）はそれぞれ異なっており，「望ましい摂取量の範囲」には幅がある。管理栄養士は，この摂取量の幅を常に念頭に置いた柔軟な対応が必要である。

**表**3.1　日本人の食事摂取基準(2020 年版)での栄養素の指標

| **推定平均必要量（EAR：estimated average requirement）** |
| --- |
| ある母集団における平均必要量の推定値。<br>ある母集団に属する 50％の人が必要量を満たすと推定される摂取量。<br>栄養摂取不足を防ぐための指標。<br>集団では不足が生じる人を少なくするために EAR より少ない人をできるだけ少なくする。 |
| **推奨量（RDA：recommended dietary allowance）** |
| ある母集団のほとんど（97〜98％）の人において必要量を満たすと推定される摂取量。<br>理論的には，「推定必要量の平均値＋2×推定必要量の標準偏差」として算出されるが，実際には推奨量＝推定平均必要量×（1＋2×変動係数）＝推定平均必要量×推奨量算定係数 として算出。<br>栄養摂取不足を防ぐための指標。<br>集団では，摂取量の平均値が RDA と同じであっても 16〜17％の不足者が存在する。 |
| **目安量（AI：adequate intake）** |
| 特定の集団における，一定の栄養状態を維持するのに十分な量。<br>十分な科学的根拠が得られず，EAR が算定できない場合に算定する。<br>栄養摂取不足を防ぐための指標（EAR，RDA が設定できない場合）。<br>目安量付近を摂取していれば，適切な摂取状態にあると判断される。 |
| **耐容上限量（UL：tolerable upper intake level）** |
| 健康障害をもたらすリスクがないとみなされる習慣的な摂取量の上限を与える量。<br>栄養素の過剰摂取を防ぐための指標。<br>通常の食品を摂取している限り，達することがほとんどない量であり，近づくことを避ける量。 |
| **目標量（DG：tentative dietary goal for preventing life-style related diseases）** |
| 生活習慣病の一次予防を目標とした指標。<br>現在の日本人が当面の目標とすべき摂取量。<br>目標量だけを厳しく守るのではなく，対象者や対象集団の特性，長期間を見据えた管理などが必要。 |

出所）厚生労働省：日本人の食事摂取基準（2020 年版），第一出版（2020）および食事摂取基準の実践・運用を考える会編：日本人の食事摂取基準（2020 年版）の実践・運用，第一出版（2020）より

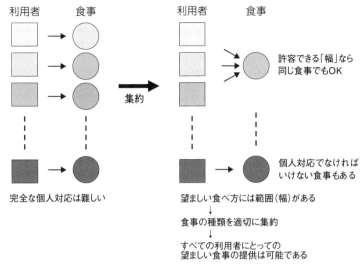

利用者　　　食事

許容できる「幅」なら
同じ食事でもOK

個人対応でなければ
いけない食事もある

望ましい食べ方には範囲（幅）がある
↓
食事の種類を適切に集約
↓
すべての利用者にとっての
望ましい食事の提供は可能である

利用者　　　食事

集約

完全な個人対応は難しい

出所）山本茂・由田克士編：日本人の食事摂取基準（2005年版）の活用
　　　─特定給食施設等における食事計画編，28，第一出版（2005）より改編
**図3.2　特定給食施設における望ましい対応**

## 3.3　栄養・食事の計画
### 3.3.1　給与エネルギー量と給与栄養素量の計画

　栄養・食事計画を立案し，それに沿った食事を調理・提供する際には，食事の種類や内容を取り決めた基準が必要となる。提供する食事から給与するエネルギー，栄養素量の目標値のことを**給与栄養目標量**といい，献立作成時の目標あるいは目安とする。給与栄養目標量は，すべての利用者に対して望ましい適正栄養量を算定しなくてはならない。しかし，特定給食施設において，一人ひとりに完全対応した食事提供を行うことは現実的には困難である。そこで，食事の提供を適正かつ合理的に行うために，利用者個人の身体状況や栄養状態，身体活動レベルなどをアセスメントし，食事摂取基準をもとに個人の栄養必要量を算出して，適切な**許容範囲内**で食事の種類（食事量，食事形態など）をできる限り**集約**する（図3.2）。

　給与栄養目標量の算定方法は，大きく分けて2つある。

### 1)　監督官公庁から示された基準または目標を参照する方法

　たとえば学校給食については，文部科学省から学校給食実施基準の告示や，詳細な取り扱いや内容についての通知が示されている。また，保育所給食は，厚生労働省から出されている「児童福祉施設における食事の提供に関する援助及び指導について[*1]」や，「保育所における食事の提供について[*2]」などの通知を参照する。

### 2)　日本人の食事摂取基準に基づいて算定する方法

　利用者個人の栄養アセスメントの結果から，日本人の食事摂取基準をもとに，個人が必要とする栄養素を算出し，個人が多数集まって「集団」になっていると考え，許容範囲内で集約して給与栄養目標量を算定する。集約は，まずエネルギーベースで行い，給与エネルギー量を算出する。次にエネルギー産生栄養素，ビタミン，ミネラル，食物繊維，食塩などの設定を行う。また，疾患を有する，あるいは疾患に関する高いリスクを有する個人並びに集団に対して，治療を目的とする場合は，食事摂取基準の食事摂取量におけるエネルギー及び栄養素の摂取に関する基本的な考え方を理解した上で，その

*1　令和2年3月31日子発0331第1号／障発0331第8号

*2　平成22年6月1日雇児発0601第4号

疾患に関連する治療ガイドライン等の栄養管理指標を用いる。特定給食施設
における給与栄養目標量の算定手順 Step 1 〜 5 を以下に示す。

### Step 1　対象集団を決定するための対象者特性の把握

栄養・食事計画の対象者の範囲を確定し，対象者の特性や人員構成を確認するに当たって，まず，対象者の①性別・年齢階級，身体活動レベル（**表 3.2**），②身体特性（身長・体重・BMI）の把握は必須項目である。可能ならば知りたい項目としては，③血液生化学データ・疾病者の頻度の分布，④栄養素等摂取常用，食習慣状況，職種等の経年変化，施設の食事の利用状況等のアセスメント事項がある。

**表 3.2**　ある施設における人員構成（例）　　　　　（人）

| 身体活動レベル | 低い（Ⅰ） | | ふつう（Ⅱ） | | 高い（Ⅲ） | |
|---|---|---|---|---|---|---|
| 性別 | 男性 | 女性 | 男性 | 女性 | 男性 | 女性 |
| 18〜29 歳 | 40 | 41 | 29 | 21 | 0 | 0 |
| 30〜49 歳 | 44 | 36 | 34 | 20 | 0 | 0 |
| 50〜64 歳 | 38 | 39 | 29 | 16 | 0 | 0 |
| 小計 | 122 | 116 | 92 | 57 | 0 | 0 |
| 合計 | 387 | | | | | |

### Step 2　推定エネルギー必要量の分布を確認

Step 1 をもとに，対象者の推定エネルギー必要量を確認する（**表 3.3**）。対象者の望ましいエネルギー量の分布状況を確認する（**表 3.4**）。

**表 3.3**　推定エネルギー必要量 [1]　　（kcal/日）

| 身体活動レベル | 低い（Ⅰ） | | ふつう（Ⅱ） | | 高い（Ⅲ） | |
|---|---|---|---|---|---|---|
| 性別 | 男性 | 女性 | 男性 | 女性 | 男性 | 女性 |
| 18〜29 歳 | 2,300 | 1,700 | 2,650 | 2,000 | 3,050 | 2,300 |
| 30〜49 歳 | 2,300 | 1,750 | 2,700 | 2,050 | 3,050 | 2,350 |
| 50〜64 歳 | 2,200 | 1,650 | 2,600 | 1,950 | 2,950 | 2,250 |

注 1）日本人の食事摂取基準（2020 年版）より

**表 3.4**　推定エネルギー必要量の分布

| 推定エネルギー必要量（kcal/日） | 人数 | 該当対象者の特徴 | | |
|---|---|---|---|---|
| | | 性別 | 年齢 | 身体活動レベル |
| 1,650 | 39 | 女性 | 50〜64 | Ⅰ |
| 1,700 | 41 | 女性 | 18〜29 | Ⅰ |
| 1,750 | 36 | 女性 | 30〜49 | Ⅰ |
| 1,950 | 16 | 女性 | 50〜64 | Ⅱ |
| 2,000 | 21 | 女性 | 18〜29 | Ⅱ |
| 2,050 | 20 | 女性 | 30〜49 | Ⅱ |
| 2,200 | 38 | 男性 | 50〜64 | Ⅰ |
| 2,300 | 40（84） | 男性 | 18〜29 | Ⅰ |
| 2,300 | 44 | 男性 | 30〜49 | Ⅰ |
| 2,600 | 29 | 男性 | 50〜64 | Ⅱ |
| 2,650 | 29 | 男性 | 18〜29 | Ⅱ |
| 2,700 | 34 | 男性 | 30〜49 | Ⅱ |
| 合計 | 387 | | | |

### Step 3　エネルギーベースで集約し，給与エネルギー量を算出，設定数の決定

大まかにエネルギーベースで食事の種類をできる限り集約する。すべての対象者に対して適切な**許容範囲**\*内での食事が提供可能かを検討する。提供する食事の種類数は，給食施設の設備条件や，給食システムにより制約を受けるため，それらを考慮し，給与栄養目標量をどのように設定するかを決定する。

\***許容範囲の幅** = 1 日当たり ±200kcal 程度，または ±10％程度。

表3.5　給与エネルギー量の算出例

| ① 推定エネルギー必要量 (kcal/日) | 人数 | ② 荷重平均による代表値 (kcal/日) | 許容範囲 ②-① (kcal) | ③ 集約例1丸め値 (kcal/日) | 許容範囲 ③-① (kcal) | ④ 集約例2丸め値 (kcal/日) | 許容範囲 ④-① (kcal) | ⑤ 推定エネルギー必要量 (kcal/回) | ⑥ 荷重平均による代表値 (kcal/回) | 許容範囲 ⑥/⑤比 (%) | ⑦ 集約例3丸め値 (kcal/回) | 許容範囲 ⑦/⑤比 (%) | ⑧ 集約例4丸め値 (kcal/回) | 許容範囲 ⑧/⑤比 (%) |
|---|---|---|---|---|---|---|---|---|---|---|---|---|---|---|
| | | | | | | | | 1日当たり → 昼食1回あたり（1日の35%） | | | | | | |
| 1,650 | 39 | | 500 | | 50 | | 50 | 578 | | 23 | | 4 | | 4 |
| 1,700 | 41 | | 450 | 1,700 | 0 | 1,700 | 0 | 595 | | 21 | 600 | 1 | 600 | 1 |
| 1,750 | 36 | | 400 | | -50 | | -50 | 613 | | 18 | | -2 | | -2 |
| 1,950 | 16 | 荷重平均値 =2150.1 ↓ 丸め値 2,150 | 200 | | 50 | | 200 | 683 | 荷重平均値 =752.5 ↓ 丸め値 750 | 9 | | 3 | | 9 |
| 2,000 | 21 | | 150 | 2,000 | 0 | | 150 | 700 | | 7 | 700 | 0 | | 7 |
| 2,050 | 20 | | 100 | | -50 | 2,150 | 100 | 718 | | 4 | | -2 | 750 | 4 |
| 2,200 | 38 | | -50 | | 50 | | -50 | 770 | | -3 | | 4 | | -3 |
| 2,300 | 84 | | -150 | 2,250 | -50 | | -150 | 805 | | -7 | 800 | -1 | | -7 |
| 2,600 | 29 | | -450 | | 50 | | 50 | 910 | | -21 | | 2 | | 2 |
| 2,650 | 29 | | -500 | 2,650 | 0 | 2,650 | 0 | 928 | | -24 | 930 | 0 | 930 | 0 |
| 2,700 | 34 | | -550 | | -50 | | -50 | 945 | | -26 | | -2 | | -2 |
| 合計 | 387 | | | | | | | | | | | | | |
| 給与エネルギー量の例 | | A | | B | | C | | ⑤ | D | | E | | F | |

荷重平均による1段階の基準では，1日の許容範囲幅（±200Kcal）を逸脱する者が多数出る。

複数の段階を設けた集約で，1日の許容範囲幅（±200Kcal）に収めることが可能となる。

何段階に集約するかは，利用者の特徴や給食施設の条件などを考慮する。

推定エネルギー必要量に対し，許容範囲が±10％程度になるか確認する。

## Step 4　エネルギー産生栄養素の給与栄養目標量の設定（PFC比率）

食事の種類ごとにエネルギー産生栄養素の給与栄養目標量を決定する。

## Step 5　ビタミン・ミネラル等の設定

食事の種類ごとに対象者のビタミン・ミネラル等の食事摂取基準を確認し，幅をもたせて設定値を決定する。基準値の最も高い人が，推定平均必要量（EAR）を下回らないように注意する。対象者の身体状況により，適切な範囲での調整を行う。

表3.6　給与エネルギー量F(表3.5)を例にした場合の給与栄養目標量の設定

| 推定エネルギー必要量 (kcal/日) | 給与エネルギー量F (表3.5)より (kcal/回) | 人数 | 性別 | 年齢 | 身体活動レベル |
|---|---|---|---|---|---|
| 1,650 | 600 | 39 | 女性 | 50~64 | I |
| 1,700 | | 41 | 女性 | 18~29 | I |
| 1,750 | | 36 | 女性 | 30~49 | I |
| 1,950 | 750 | 16 | 女性 | 50~64 | II |
| 2,000 | | 21 | 女性 | 18~29 | II |
| 2,050 | | 20 | 女性 | 30~49 | II |
| 2,200 | | 38 | 男性 | 50~64 | I |
| 2,300 | | 84 — 40 | 男性 | 18~29 | I |
| 2,300 | | 44 | 男性 | 30~49 | I |
| 2,600 | 930 | 29 | 男性 | 50~64 | II |
| 2,650 | | 29 | 男性 | 18~29 | II |
| 2,700 | | 34 | 男性 | 30~49 | II |

| 栄養素 | | 定食1 | 定食2 | 定食3 |
|---|---|---|---|---|
| エネルギー | (kcal) | 600 | 750 | 930 |
| %Enたんぱく質 | (%) | 17(14~20) | 17(14~20) | 17(14~20) |
| たんぱく質 | (g) | 26 | 32 | 40 |
| %En脂質 | (%) | 25(20~30) | 25(20~30) | 25(20~30) |
| 脂質 | (g) | 17 | 21 | 26 |
| %En炭水化物 | (%) | 57.5(50~65) | 57.5(50~65) | 57.5(50~65) |
| 炭水化物 | (g) | 86 | 108 | 134 |
| ビタミンA | ($\mu$gRAE) | 215 | 315 | 315 |
| ビタミン$B_1$ | (mg) | 0.39 | 0.49 | 0.49 |
| ビタミン$B_2$ | (mg) | 0.42 | 0.56 | 0.56 |
| ビタミンC | (mg) | 35 | 35 | 35 |
| カルシウム | (mg) | 228 | 280 | 280 |
| 鉄 | (mg) | 3.9 | 3.9 | 2.6 |
| 食物繊維 | (g) | 6以上 | 7以上 | 7以上 |
| 食塩相当量 | (g) | 2.3未満 | 2.3未満 | 2.6未満 |

### 3.3.2　栄養補給法および食事形態の計画

　給食の利用者は健常な成人だけでなく，成長期の子どもや高齢者，傷病者などさまざまであり，食欲，栄養状態，消化・吸収能力，摂食能力（咀嚼・嚥下能力），摂食に関係する身体機能などが個々で異なる。利用者の状態に合わせた適切な**栄養補給法**と**食事形態**を選択して栄養を提供しなければならない。

#### (1)　栄養補給法

　栄養補給法は，① **経腸栄養法**と，② **経静脈栄養法**の 2 種類に大きく分けられる（**図3.3**）。① 経腸栄養法は腸を経る（通る）栄養補給法のことであり，さらに口から食物を摂取する**経口栄養法**と，口を介さない**非経口栄養法**とに分類される。

　経口栄養法は，口から食べ，咀嚼・嚥下，消化を経て腸管より栄養素を吸収して体内に取り入れる，最も一般的で生理的な栄養補給法である。一方，非経口栄養法は，咀嚼や嚥下機能に問題があって経口摂取は困難だが，腸管からの吸収能力は保たれている時に，消化吸収しやすく栄養価が高い経腸栄養剤を，チューブ（または胃瘻，空腸瘻）を用いて胃や小腸に直接注入する方法である。経腸栄養剤には，天然濃厚流動食と，人工濃厚流動食（半消化態栄養剤，消化態栄養剤，成分栄養剤）があり，食品扱いのものと薬剤扱いのものがある。病院給食で取り扱うのは，経口栄養法の一般治療食と特別治療食，非経口栄養法の経腸栄養剤のうち，食品扱いのものである。

　経静脈栄養法は，腸を使わず静脈から栄養剤を注入する栄養法で，輸液の投与ルートにより中心静脈栄養法（TPN）と，点滴として知られる末梢静脈栄養法（PPN）に分けられる。

　① 経腸栄養法は，② 経静脈栄養法よりも生理的であり，管理が容易で安全性が高く，コストも安い。また，できるだけ消化管を使って消化・吸収をさせることが，消化管機能と正常な生理作用の退化を防ぐことが明らか

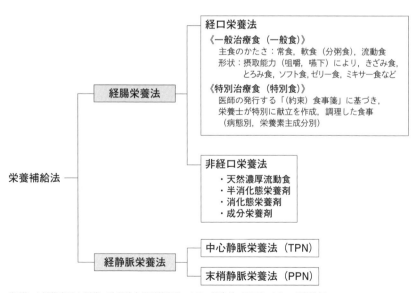

出所）小松龍史ほか編著：改訂給食経営管理論，181，建帛社（2011）より，部分改編

**図3.3**　病院等における栄養補給法および食事形態

になっており，利用者の状況に合わせて可能な限り経腸栄養法を選択することが望ましい。

### (2)　食事形態

食事形態は，食事の ① かたさ，② 形状でいくつかの食種に分類される。

かたさによる分類では，主食のかたさにより常食，軟食，分粥食（七分，五分，三分など），流動食（重湯など）に分けられる（**主食形態別**）。病院給食における「**一般治療食**」の食種はこの主食形態別である。副食も主食に合わせて調理方法や食品の選択に配慮する。**流動食**は流動体で水分が多く，食物残渣（ざんさ）が少なく，消化吸収のよい食事である。見かけは固形でも口腔内で流動体になるゼリーなどの食物も流動食に用いられる。

形状による分類には，きざみ食，とろみ食，ソフト食，ゼリー食，ミキサー食などがある。食種の呼称と形態は必ずしも統一されておらず，施設により異なる。また，使用するとろみ剤（ゲル化剤）によって出来上がりの性状が変わることもある。近年，摂食・嚥下障害者向け食品や料理の物性（かたさ，付着性，凝集性など）を，レベルごとに標準化するための基準（ユニバーサルデザインフード，嚥下食ピラミッドなど）が登場している。利用者の消化吸収能力，摂食機能のアセスメント結果から適切な食事形態を選択して提供することはもとより，調理における品質管理（食種ごとのかたさ，形状などの標準化）も重要である。

### 3.3.3　献立作成基準

栄養計画に基づいた食事内容の設計を行うことを**食事計画**といい，献立作成基準の作成，食品構成の立案，献立計画，提供方法やサービス内容の計画までの業務が含まれる。献立作成基準には，食事の種類（提供する食事区分と回数），献立の種類（単一献立，複数定食献立，カフェテリアなど），料理様式や形態，献立サイクル，献立の展開数などの事項がある。

利用者に満足感を与える食事を提供するためには，給与栄養目標量を満たしながらも，可能な範囲で使用食材や調理法に変化をもたせた献立が求められる。そこで，給与栄養目標量と栄養比率に配慮して，1人1日または1回当たりにどのような食品をどれだけ摂取すればよいかを，食品群別の使用目安量に置き換えた基準を作成し，献立作成に利用する。この食品群ごとの使用量の目安を**食品構成**といい，一覧にしたものが食品構成表である。**食品構成表**は，献立作成を効率的にするとともに，実施給食の評価にも利用することができる。さらに，利用者への栄養教育・栄養指導にも活用できるものである。以下，食品構成表の作成を中心とした献立作成の流れを示す。

### (1)　食品群別荷重平均栄養成分表の作成

**食品群別荷重平均栄養成分表**とは，食品構成の作成や，給食実施後の栄養管

理報告書類の作成に用いる食品群別の栄養成分表のことである（**表3.9**）。

食品の分類には，3群，4群，6群，13〜18群などがあり，目的によって使用する分類数が異なる。各施設で献立作成上，使用しやすいものを用いればよい。また，特定給食施設では行政から栄養管理報告書の作成が義務づけられているため，その様式に合わせた分類数にすると効率的である。食品群別荷重平均栄養成分値を求めるには，次の3つの方法がある。

#### 1）　施設の過去1年間の食品の使用実績から求める方法

食品群別に1年間の各食品の純使用量（可食量）を集計する。次に，各食品の使用構成比率を求め，合計が100％になるように調整する。使用構成比率（％）を食品群の100g中の構成重量（g）として置き換える。この重量に対して日本食品標準成分表を用いて各栄養成分値を算出する。算定に必要な日数は原則1年だが，各施設や季節によって献立に使用する食品の種類や量が異なるため，1年を季節ごとで4期に分け，各季節で食品群別荷重平均栄養成分値を算出するなどの配慮も必要である（**表3.7，3.8**）。

**表3.7　食品群別使用量集計例（魚介類）**

| 食品群 | 食品名 | 使用重量<br>（kg） | 使用構成<br>比率[1]（%） | 使用構成比率<br>の調整（%） | 構成重量<br>（g） |
|---|---|---|---|---|---|
| 魚介類<br>（生） | まだら | 300 | 44 | 45[2] | 45 |
| | しろさけ | 250 | 37 | 37 | 37 |
| | まさば | 50 | 7 | 7 | 7 |
| | メルルーサ | 50 | 7 | 7 | 7 |
| | まあじ | 30 | 4 | 4 | 4 |
| | 合計 | 680 | 99.0 | 100.0 | 100.0 |

注[1]　1％未満を四捨五入した。
　[2]　使用構成比率を100にするため，使用量の最も多いまだらに1を足し，合計を100％になるようにした。

**表3.8　食品群別荷重平均栄養成分表の算出例（魚介類）**

| 食品群 | 食品名 | 構成重量<br>（g）[1] | エネルギー<br>（kcal） | たんぱく質<br>（g） | 脂質<br>（g） | カルシウム<br>（mg） | 鉄<br>（mg） | ビタミン | | | | 食物<br>繊維<br>（g） | 食塩<br>相当量<br>（g） |
|---|---|---|---|---|---|---|---|---|---|---|---|---|---|
| | | | | | | | | A<br>（μgRAE） | B$_1$<br>（mg） | B$_2$<br>（mg） | C<br>（mg） | | |
| 魚介類<br>（生） | まだら | 45 | 32 | 6.4 | 0.0 | 14 | 0.1 | 5 | 0.05 | 0.05 | Tr | (0) | 0.1 |
| | しろさけ | 37 | 46 | 7.0 | 1.4 | 5 | 0.2 | 4 | 0.06 | 0.08 | 0 | (0) | 0.1 |
| | まさば | 7 | 15 | 1.2 | 0.9 | 0 | 0.1 | 3 | 0.01 | 0.02 | 0 | (0) | 0.0 |
| | メルルーサ | 7 | 5 | 1.0 | 0.0 | 1 | 0.0 | 0 | 0.01 | 0.00 | Tr | (0) | 0.0 |
| | まあじ | 4 | 4 | 0.7 | 0.1 | 3 | 0.0 | 0 | 0.01 | 0.01 | Tr | (0) | 0.0 |
| | 合計 | 100 | 102 | 16.3 | 2.4 | 23 | 0.4 | 12 | 0.14 | 0.16 | 0.0 | (0) | 0.2 |

注1）構成重量は，表3.7より。
出所）日本食品標準成分表2020年版（八訂）による算出。

#### 2）　食品群を代表するいくつかの食品から求める方法

新設された給食施設で食品の使用実績がない場合や，献立内容を改善する場合は，食品群を代表するいくつかの食品を選出して適宜その使用比率（％）を設定し，以下，1）と同様に荷重平均値を求める。

表 3.9　食品群別荷重平均栄養成分表（15 群の例）

(可食部 100g あたり)

| 食品群名 | | エネルギー (kcal) | たんぱく質 (g) | 脂質 (g) | カルシウム (mg) | 鉄 (mg) | ビタミン | | | | 食物繊維 (g) | 食塩相当量 (g) |
|---|---|---|---|---|---|---|---|---|---|---|---|---|
| | | | | | | | A (μgRAE) | B1 (mg) | B2 (mg) | C (mg) | | |
| 穀類 | 米類 | 355 | 6.2 | 1.3 | 6 | 0.8 | 0 | 0.10 | 0.00 | 0 | 0.8 | 0.0 |
| | パン類 | 276 | 9.3 | 3.0 | 19 | 0.8 | 0 | 0.10 | 0.00 | 0 | 15.3 | 1.2 |
| | めん類 | 204 | 6.0 | 1.4 | 10 | 0.5 | 0 | 0.00 | 0.00 | 0 | 1.8 | 0.5 |
| | その他の穀類 | 382 | 10.4 | 10.4 | 164 | 2.1 | 1 | 0.20 | 0.00 | 2 | 4.0 | 0.3 |
| いも類 | じゃがいも類 | 113 | 1.4 | 0.1 | 12 | 0.5 | 0 | 0.10 | 0.10 | 27 | 1.5 | 0.0 |
| | こんにゃく類 | 7 | 0.1 | 0.1 | 69 | 0.6 | 0 | 0.00 | 0.00 | 0 | 3.0 | 0.0 |
| 砂糖類 | | 360 | 0.1 | 0.0 | 13 | 0.3 | 0 | 0.00 | 0.00 | 1 | 0.2 | 0.0 |
| 菓子類 | | 0 | 0.0 | 0.0 | 0 | 0.0 | 0 | 0.00 | 0.00 | 0 | 0.0 | 0.0 |
| 油脂類 | 動物性 | 745 | 0.6 | 81.0 | 15 | 0.1 | 510 | 0.00 | 0.00 | 0 | 0.0 | 1.9 |
| | 植物性 | 895 | 0.3 | 97.2 | 2 | 0.1 | 6 | 0.00 | 0.00 | 0 | 0.0 | 0.2 |
| 豆類 | 豆・大豆製品 | 137 | 9.6 | 6.6 | 137 | 1.9 | 0 | 0.12 | 0.05 | 0 | 3.5 | 0.0 |
| | みそ | 217 | 9.7 | 3.0 | 80 | 3.4 | 0 | 0.05 | 0.10 | 0 | 5.6 | 6.1 |
| 魚介類 | | 118 | 19.4 | 3.9 | 25 | 0.5 | 38 | 0.10 | 0.17 | 1 | 0.0 | 0.4 |
| 肉類 | | 198 | 18.9 | 12.5 | 5 | 0.9 | 14 | 0.34 | 0.19 | 2 | 0.0 | 0.1 |
| 卵類 | | 152 | 12.3 | 10.4 | 51 | 1.8 | 160 | 0.06 | 0.43 | 0 | 0.0 | 0.4 |
| 乳類 | 牛乳 | 67 | 3.3 | 3.8 | 110 | 0.0 | 38 | 0.04 | 0.15 | 1 | 0.0 | 0.1 |
| | その他の乳類 | 110 | 4.8 | 7.8 | 150 | 0.0 | 75 | 0.04 | 0.15 | 1 | 0.0 | 0.3 |
| 野菜類 | 緑黄色野菜 | 31 | 1.4 | 0.2 | 43 | 0.8 | 280 | 0.07 | 0.09 | 30 | 2.3 | 0.1 |
| | その他の野菜 | 29 | 1.4 | 0.2 | 24 | 0.4 | 6 | 0.04 | 0.06 | 12 | 2.2 | 0.0 |
| 果実類 | | 57 | 0.6 | 0.3 | 13 | 0.2 | 16 | 0.04 | 0.02 | 29 | 1.1 | 0.0 |
| 海草類 | | 36 | 3.6 | 0.5 | 240 | 6.5 | 110 | 0.08 | 0.21 | 4 | 10.3 | 2.8 |
| 調味料類 | | 98 | 4.1 | 0.9 | 29 | 1.2 | 5 | 0.03 | 0.07 | 1 | 0.9 | 12.3 |
| 調理加工食品類 | | 237 | 2.9 | 10.6 | 4 | 0.8 | 0 | 0.12 | 0.06 | 40 | 3.1 | 0.0 |

参考）松月弘恵ほか編者：トレニーガイド PDCA による給食マネジメント実習, 19, 医歯薬出版（2013）より一部改変

## A　3)　すでに発表されているものを使用する方法

　適切な栄養管理を行うためには，各施設で独自に作成することが望ましいが，施設を指導・監修している行政機関などからすでに発表されている成分表を利用する，あるいは同種・同規模の施設の成分表を利用することも可能である。

### (2)　食品構成の作成

　食品構成の作成に当たって，まず ① エネルギー比率を設定し，② 穀類，③ 動物性食品，④ 植物性食品，⑤ 油脂類，⑥ その他の食品，⑦ 砂糖類の摂取目標量を算定し，⑧ 食品構成表へのまとめを行い，給与栄養目標量との確認を行う（表 3.10〜3.12）。エネルギー比率などの設定は，施設の特性，利用者の嗜好，食材費なども考慮する。食品構成は，献立作成時や料理や食品を組み合わせる上で目安になるものであるが，1 食単位で目標値に合わせることは献立内容に変化を付けにくく現実的でないため，1〜4 週間単位の平均値が目標値に近づくよう調整して献立作成を行う。食品構成表の作成手順と算出例を表 3.11，3.12 に示す。

表 3.10　栄養素比率

| 栄養素 | 栄養素比率（%エネルギー） |
|---|---|
| たんぱく質エネルギー比 | 13〜20（16.5）[1] |
| 動物性たんぱく質比 | 40〜50 |
| 脂質エネルギー比 | 20〜30（25） |
| 炭水化物エネルギー比 | 50〜65（57.5） |
| 穀類エネルギー比 | 45〜60 |

（　）内は範囲の中央値を示したものであり，最も望ましい値を示すものではない。
資料）日本人の食事摂取基準（2020 年版）の実践・運用より改変
注1）たんぱく質エネルギー比は，年齢区分により比率が異なる。

表3.11 食品構成表作成のための食事計画(例)

**Step 1：食事計画**

| 栄養素 | | 栄養素の比率（％） | | 給与栄養目標量（幅）の設定 | | | |
|---|---|---|---|---|---|---|---|
| | | 幅 | 中央値*1 | （算出式） | 中央値 （幅） | | |
| エネルギー | 給与栄養エネルギー量 | | | | 2150 | | kcal |
| | 推定エネルギー必要量 | | | | 2150 | | kcal |
| 穀類 | 炭水化物エネルギー比 | 50～60 | 57.5 | 2150 × 0.575 = 1236.3 ≒ | 1240 | （1075～1400） | kcal |
| | 穀類エネルギー比 | 45～60 | 52.5 | 2150 × 0.525 = 1128.8 ≒ | 1130 | （970～1290） | kcal |
| たんぱく質 | たんぱく質エネルギー比 | 14～20*2 | 17 | (2150 × 0.17) ÷ 4*3 ＝91.4 ≒ | 90 | （75～108） | g |
| | 動物性たんぱく質比 | 40～50 | 45 | 90(g) × 0.45 = 40.5 ≒ | 40 | （36～45） | g |
| 脂質 | 脂質エネルギー比 | 20～30 | 25 | (2150 × 0.25) ÷ 9*4＝59.7 ≒ | 60 | （48～72） | g |

| 期間献立（1週間） | |
|---|---|
| 食事提供回数 | 21 回 |
| 主食の内容と割合 | 米：14 回 パン：5 回 めん：2 回 |
| 主菜の内容と割合 | 魚：7 回 肉：9 回 卵：3 回 豆：2 回 |
| イベント食の有無 | なし |

＊1：給与栄養目標量には幅があるが，食品構成作成時には中央値を参考にする。
＊2：対象となる後世集団の年齢区分や特徴を考慮する。
＊3：たんぱく質のアトウォーター係数＝4
＊4：脂質のアトウォーター係数＝9

表3.12 食品構成表の作成手順と算出(例)

| 手　順 | | | | 食品群名 | | 分量(g) | エネルギー(kcal) | たんぱく質(g) | 脂質(g) |
|---|---|---|---|---|---|---|---|---|---|
| **Step 2：穀類量の算出** | | | | 荷重平均栄養成分表(表3.9)にて算出 | | | | | |
| | 1回使用量(g) | 使用回数(回) | 1日使用量(g)の算出1) | | | | | | |
| 米類 | 100 | 14 | 100×(14/21)×3＝200　**200** | ① 穀類 | 米類 | 200 | 710 | 12.4 | 2.6 |
| パン類 | 90 | 5 | 90×(5/21)×3＝64　≒ **60** | | パン類 | 60 | 166 | 5.6 | 1.8 |
| めん類 | 200 | 2 | 200×(2/21)×3＝57　≒ **60** | | めん類 | 60 | 122 | 3.6 | 0.8 |
| その他の穀類 | 15 | 7 | 15×(7/21)×3＝15　**15** | | その他の穀類 | 15 | 57 | 1.6 | 1.6 |
| | | | | ① 小計 | | | 1055 | 23.2 | 6.8 |
| **Step 3：動物性食品の算出** | | | | | | | | | |
| | 1回使用量(g) | 使用回数(回) | 1日使用量(g)の算出1) | | | | | | |
| 魚介類 | 90 | 7 | 90×(7/21)×3＝90　**90** | ② 魚介類 | 生もの | 90 | 106 | 17.5 | 3.5 |
| 肉類 | 90 | 9 | 90×(9/21)×3＝116　≒ **115** | ③ 肉類 | 生もの | 115 | 228 | 21.7 | 14.4 |
| 卵類 | 65 | 3 | 65×(3/21)×3＝27　≒ **30** | ④ 卵類 | | 30 | 46 | 3.7 | 3.1 |
| 乳類　牛乳 | 200 | 5 | 200×(5/21)×3＝143　≒ **140** | ⑤ 乳類 | 牛乳 | 140 | 94 | 4.6 | 5.3 |
| その他の乳類 | 100 | 2 | 100×(2/21)×3＝29　≒ **30** | | その他の乳類 | 30 | 33 | 1.4 | 2.3 |
| | | | | ②～⑤ 小計 | | | 507 | 48.9 | 28.6 |
| **Step 4：植物性食品の算出** | | | | | | | | | |
| | 1回使用量(g) | 使用回数(回) | 1日使用量(g)の算出1) | | | | | | |
| 豆腐 | 70 | 2 | 70×(2/21)×3＝20　≒ **20** | ⑥ 豆腐 | 豆・大豆製品 | 25 | 34 | 2.4 | 1.7 |
| 大豆製品 | 40 | 1 | 40×(1/21)×3＝6　≒ **5** | | | | | | |
| みそ | 15 | 7 | 15×(7/21)×3＝15　≒ **15** | | みそ | 15 | 33 | 1.5 | 0.5 |
| いも | 80 | 3 | 80×(3/21)×3＝34　≒ **35** | ⑦ いも類 | じゃがいも類 | 35 | 40 | 0.5 | 0.0 |
| こんにゃく | 40 | 2 | 40×(2/21)×3＝11　≒ **10** | | こんにゃく類 | 10 | 1 | 0.0 | 0.0 |
| 緑黄色野菜 | | | **150** | ⑧ 野菜類 | 緑黄色野菜 | 150 | 47 | 2.1 | 0.3 |
| その他の野菜 | | | **200** | | その他の野菜 | 200 | 58 | 2.8 | 0.4 |
| 果物 | | | **200** | ⑨ 果実類 | | 200 | 114 | 1.2 | 0.6 |
| 海草 | | | **2** | ⑩ 海藻類 | | 2 | 1 | 0.1 | 0.0 |
| | | | | ⑥～⑩ 小計 | | | 328 | 10.6 | 3.5 |
| | | | | ①～⑩ までの小計 | | | 1890 | 82.7 | 38.9 |
| **Step 5：油脂類の算出** | | | | | | | | | |
| 油脂類からの脂質量(g) ＝脂質の給与目標量－(穀物＋動物性食品＋植物性食品からの油脂量) ＝60－(7.3＋28.6＋3.5)＝**20.6(g)** →動物性：植物性＝3：7に分ける 動物性油脂量＝20.6×0.3×(100/81.0*2)＝7.6≒8 植物性油脂量＝20.6×0.7×(100/97.2*2)＝14.8≒15 | | | | ⑪ 油脂類 | 動物性 | 8 | 60 | 0.0 | 6.5 |
| | | | | | 植物性 | 15 | 134 | 0.0 | 14.6 |
| | | | | ⑪ 小計 | | | 194 | 0.0 | 21.1 |
| **Step 6：その他の食品の算出** 各施設における菓子類，調味料類（砂糖は含まない），加工食品類の実績値を用いる。 | | | | ⑫ 菓子類 | | 0 | 0 | 0.0 | 0.0 |
| | | | | ⑬ 調味料類 | | 20 | 20 | 0.8 | 0.2 |
| | | | | ⑭ 調理加工食品類 | | 15 | 36 | 0.4 | 1.6 |
| | | | | ⑫～⑭ 小計 | | | 56 | 1.2 | 1.8 |
| | | | | ①～⑭ 小計 | | | 2140 | 83.9 | 61.8 |
| **Step 7：砂糖類の算出** 砂糖からのエネルギー量(kcal)＝給与エネルギー目標量－ (穀物＋動物性食品＋植物性食品＋油脂類＋その他からのエネルギー) ＝2150－(1055＋507＋328＋194＋56)＝10 砂糖量(g)＝砂糖からのエネルギー10(kcal)×(100/360*2)＝2.8≒5(g) | | | | ⑮ 砂糖類 | | 5 | 18 | 0.0 | 0.0 |
| | | | | ⑮ 小計 | | | 18 | 0.0 | 0.0 |
| **Step 8：給与栄養目標量の範囲内にあることを確認** | | | | ①～⑮ 合計 | | | 2158 | 83.9 | 61.8 |
| | | | | 給与栄養目標量 | | | 2150 | 90.0 | 60.0 |

＊1　1日当たり使用量＝1回使用量×期間献立での使用回数×3食（1日3回食）
＊2　エネルギー(kcal)から重量(g)への換算係数として，荷重平均成分表（表3.9）の値を引用

### (3) 献立の作成・運用

#### 1) 献立の意義

栄養計画に基づき立案された献立作成基準が，製品（食事）に反映され，利用者に摂取されなければ，栄養管理の目的を達成することはできない。したがって，食事を通しての栄養計画の具体化は献立の善し悪しにかかっている。

#### 2) 献立の役割

献立表には，**予定献立表**と**実施献立表**がある。予定献立表は，計画どおりの品質の食事を提供し，サービスするために必要な計画書としての機能をもつのと同時に，食材管理（発注計画など）の資料，調理作業計画の資料，調理指示書，栄養教育の資料になる。実施献立表は，予定献立表をもとに実施された献立のことであり，生産（調理）の過程で生じた変更点について，予定献立表に直接修正を加えたものである。実施記録や報告書としての機能をもち，次の献立作成のための資料としても活用する。

#### 3) 献立の種類

献立の種類と特徴について**表3.13**に示す。献立の種類は大きく**単一献立**と**複数献立**に分けられる。単一献立は，主食，主菜，副菜などを組み合わせた定食型の献立を1種類だけ提供する方式である。複数献立には，2種類以上の定食形式と，主食，主菜などの何種類かの単品料理から利用者が自由に組み合わせるカフェテリア方式がある。

**表3.13** 献立の種類と特徴

| 種類 | 単一献立 | 複数献立 | |
|---|---|---|---|
| 形式 | 1種類のみの定食形式<br>（単一定食） | 2種類以上の定食形式<br>（複数定食） | カフェテリア形式<br>（主食，主菜，副菜，汁物などの多数の単品料理から自由に選択する） |
| 給与栄養目標量の設定数 | 1 | 定食の種類数 | ・提供料理の種類数に応じて<br>・利用者のエネルギー必要量の分布範囲に応じて |
| 長所 | ・栄養管理が容易<br>・対象者の仲間意識が強まる<br>・偏食の矯正や栄養教育を行いやすい<br>・業務や経費の管理がしやすく効率的 | ・利用者がいずれかを選択できる | ・利用者が食事を自由に選択できる |
| 短所 | ・利用者が食事を選択できない | ・定食形式の場合は，料理の組合せの自由がない<br>・栄養管理，業務管理，経費管理などの多様化，複雑化（効率よい運営システムの検討が必要） | |
| 献立作成，運用のポイント | ・多数人の嗜好に合う献立にする<br>・単調にならないよう，変化をもたせる | ・選択された食事で栄養の偏りが生じないように，料理の種類や一品に使用する食材や量に配慮する<br>・性別や年齢による嗜好の差を考慮する<br>◎栄養バランスがとれた料理の組合せができるように，栄養教育の実施が必要 | |

#### 4)　献立作成の留意点

　献立の作成には，利用者の特徴（疾病の有無，摂食・嚥下障害の有無など）や施設の設備などによりさまざまな条件や制約があるが，それらをふまえた上で，適切な献立が作成されなければならない。献立を作成する際の留意点を以下に示す。

①　食品構成に基づいて作成し，1週間から10日単位でみた時のエネルギー，栄養素量の平均が給与栄養目標量に適合するように考える。ただし，1日でも給与栄養目標量の±200kcal程度または±10％の範囲を目安にする。また，朝食，昼食，夕食への配分のバランスにも配慮すること

②　利用者の嗜好，食習慣，栄養・健康状態を反映させること

③　衛生管理がなされ，安全であること

④　施設の経営方針に沿い，経費の範囲内であること

⑤　施設・設備の規模や状態，調理機器，給食従事者の技術能力に見合ったもので，ムリ・ムラ・ムダなく調理できること

⑥　適温で提供できること

⑦　旬の食材や行事食を取り入れるなどして，マンネリ化を防ぎ，変化をもたせること

#### 5)　献立の基本形式

　料理の様式には和風，洋風，中華風などがあるが，いずれの様式も図3.4の「献立の基本型」を参考に料理の組合せを考えると，さまざまな献立に応用しやすい。主食，主菜，副菜1，副菜2，汁物，デザートがそろった献立を基本型とし，これをもとに応用型に展開する。たとえば，八宝菜のような炒め物は，主菜にあたる肉類や魚介類と，副菜1にあたる野菜類を主材料として作られる料理である。つまり，「主菜＋副菜1」の組合せで1皿の料理となる。これをさらに，主食であるご飯にのせ，中華丼にすると「主食＋主菜＋副菜1」の組合せ料理となる。食品構成と味の調和を考慮して，残りの副菜2，汁物，デザートを組み合わせれば献立が完成する。料理の組合せは，

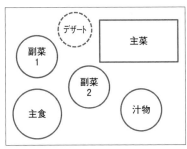

主食：食事の中心的な位置を占める穀物を主材料とする（ごはん，パン，麺類）
主菜：肉，魚，卵，大豆などを主材料とするメイン料理
副菜1：主に野菜を使った，ビタミン，ミネラルの供給源となる料理
副菜2：主食1と同様，野菜を主材料にした料理
　　　　（不足している野菜を補うような料理とする）
汁物：主食，主菜，副菜に変化と豊かさを増す料理
　　　　（季節感を考慮し，他の料理と調和させると良い）
デザート：果物や甘味の料理
　　　　　（献立を豊かにし，食後の楽しみや満足感を与える）

出所）富岡和夫編著：エッセンシャル給食経営管理論（第3版），123，医歯薬出版（2013）

**図3.4　献立の基本型**

味付けの重複を避け，色彩，香り，テクスチャーなど，五感に訴えるように調理法（煮，焼，炒，揚，蒸など）を工夫し，おいしさ，楽しさ，食べやすさに配慮する。

### 3.3.4 個別対応の方法

乳幼児や児童にとっては，日々提供される食事が心身の健全な発育にとって大切である。食事の摂取量，残菜量などの把握に加え，成長曲線を用いて栄養状態が良好か評価することも必要である。また，食物アレルギーをもつ子どもについては，安易な食事制限や食品除去をせず，医師の指示や保護者との相談のもとで対応する。特に身体発育に必要な栄養素が不足しないように栄養のバランスを調整し，調理時のアレルゲン食品の混入や誤食に注意する。食品の除去や代替食品の対応が困難な場合には，保護者の協力，支援が必要である。

高齢者は，身体状況が必ずしも実年齢と相関せず，個人差が大きい。さらに何らかの疾患を患っていることが通常であることから，適切な栄養スクリーニングときめ細かな栄養アセスメントを実施し，栄養計画を立てる必要がある。また，定期的に喫食状況（食事摂取量）と，体重，可能であれば血液生化学検査値などにより栄養状態の把握を行い，食事内容を評価して栄養・食事計画にフィードバックさせる。

## 3.4 栄養・食事計画の実施，評価，改善

### 3.4.1 利用者の状況に応じた食事の提供と PDCA サイクル

栄養・食事計画の実施とは，献立を実際に調理して利用者に提供する作業と，利用者がそれを摂取することである。利用者の特徴は，健康状態，生活習慣，食嗜好などによってさまざまであり，特に個人差の大きい子どもや高齢者，疾患などを有する傷病者には，個別に管理した栄養・食事計画とそれに沿った食事の提供が必要となる。まず栄養アセスメントを行い，現状を把握し，健康や栄養上の問題点とニーズを発見することから始め，PDCA サイクルを繰り返し，常に利用者の状況に合った栄養量，食事内容を提供できるように運営する必要がある。個々の栄養状態などの評価とともに，給与栄養目標量などの見直しも定期的に行う（**図 3.5**）。

### 3.4.2 栄養教育教材としての給食の役割

給食は，「生きた教材」である。特定給食施設においては，給食そのものが利用者に食品や栄養の知識を与え，望ましい食習慣や正しい食事マナーを身につけさせる役割を担っている。たとえば病院では，入院中に提供される食事が最も具体的な栄養教育教材（実物教育）である。退院後に患者や家族がすぐに実践できるよう，調理法が簡便であること，特殊な食材が不要なこ

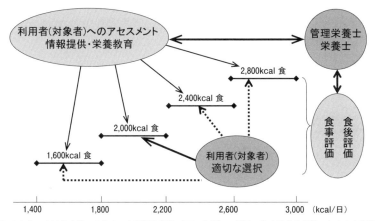

出所）山本茂・由田克士編：日本人の食事摂取基準（2005年版）の活用—特定給食施設等における食事計画,
　　　34, 第一出版（2005）

図3.5　利用者へのアセスメント・食事計画・利用者の適切な選択・事後評価の関連

と，おいしいことなども考慮されなければならない。

### 3.4.3　適切な食品・料理選択のための情報提供

　栄養・食事計画に基づき作られた食事が，利用者に適切に摂取されるためには，利用者の立場（状況）に応じた栄養情報の提供や，栄養教育の方法について検討し，効果的に実践していく必要がある。特に複数献立を取り入れている事業所などの特定給食施設では，利用者が自らの意志で食事の種類や内容を選択することが多い。このため，利用者が自分に合った適切な食事を正しく選択できるように，食事量や食事内容への興味や理解を深め，望ましい食習慣への行動変容を促すための情報提供がきわめて重要となる。

### 3.4.4　評価と改善

　目標の達成度の確認が評価である。栄養・食事管理の評価には，摂取量に対する評価，利用者の栄養状態の評価，利用者の知識や態度の評価，食習慣・食行動の評価，顧客満足度などがあり，食事提供者側と利用者側の双方の立場から，栄養管理計画・食事管理計画に沿って実施されたかについて検討する。また，行政では健康増進法施行規則第9条の「栄養管理の基準」に沿って，その内容を確認する「**栄養管理報告書**」（表3.14）の作成と提出（年に1〜数回）を求めており，栄養管理のプロセスにも重点を置いた内容で栄養管理の実施水準をチェックしている。このほかにも「**栄養出納表***」などの評価・記録表があり，栄養管理報告書とともに給食施設の自己評価のツールとしても有効である。

　利用者の栄養状態の評価は，アセスメントを再度実施し（リアセスメント），変化を確認する。このことは，栄養計画や実施方法の妥当性，栄養・食事管理体制全体を評価することにもつながる。

＊**栄養出納表**　実施献立が，給与栄養目標量や食品構成を満たしていたかを評価する目的で作成する。ある一定期間内の平均値として，利用者1人1日当たりの食品群別使用量，エネルギーや栄養素の給与状況，栄養比率を算出し記録する。「栄養管理報告書」と同様，監督官公庁への報告や内部評価にも活用する。

47

**表 3.14　栄養管理報告書の書式例**

# 栄養管理報告書（給食施設）

保健所長　殿

施設名
所在地
管理者名
電話番号

年　　　月分

| Ⅰ　施設種類 | | Ⅱ　食事区分別1日平均食数及び食材料費 | | | | Ⅲ　給食従事者数 | | | | |
|---|---|---|---|---|---|---|---|---|---|---|
| 1 学校 | | 食数及び食材料費 | | | | | 施設側（人） | | 委託先（人） | |
| 2 児童福祉施設 | | 定食（単一・選択） | カフェテリア食 | その他 | | | 常勤 | 非常勤 | 常勤 | 非常勤 |
| 3 社会福祉施設 | 朝　食 | 食（材・売　　　　円） | 食 | 食 | 管理栄養士 | | | | | |
| 4 寄宿舎 | 昼　食 | 食（材・売　　　　円） | 食 | 食 | 栄　養　士 | | | | | |
| 5 矯正施設 | 夕　食 | 食（材・売　　　　円） | 食 | 食 | 調　理　師 | | | | | |
| 6 事業所 | 夜　食 | 食（材・売　　　　円） | 食 | 食 | 調理作業員 | | | | | |
| 7 自衛隊 | 合　計 | 食（材・売　　　　円） | 食 | 食 | 事務職員等 | | | | | |
| 8 一般給食センター | 再　掲 | 職員食 ＿＿＿＿＿食 | | | 合　　　計 | | | | | |
| 9 その他（　） | | | | | | | | | | |

## Ⅳ　利用者の把握

【利用者の把握】年1回以上施設が把握をしているものに印をつける
☐ 性別　☐ 年齢　☐ 身体活動レベル　☐ 身長
☐ 体重　☐ BMI などの体格指数
☐ 生活習慣（給食以外の食事状況，運動・飲酒・喫煙習慣等）
☐ 疾病・治療状況（健康結果・既往歴（アレルギー）含む）
☐ 把握していない

【利用者に関する把握・調査】該当に印をつけ頻度を記入する
1 食事の摂取量　☐ 実施（頻度：毎日・＿＿回・月・＿＿回/年）　☐ 実施していない
2 嗜好・満足度　☐ 実施　☐ 実施していない
3 その他（　　　　　　　　　　　　　　　）

## Ⅴ　給食の概要　（※5～7については，事業所のみ記入）

| 1 給食の位置づけ | ☐ 利用者の健康づくり　☐ 望ましい食習慣の確率　☐ 充分な栄養素の摂取 ☐ 安価での提供　☐ 楽しい食事　☐ その他（　　　　　　　　　） |
|---|---|
| 　1-2　健康づくりの一環として給食が機能しているか | ☐ 十分機能している　☐ まだ十分ではない　☐ 機能していない　☐ わからない |
| 2 給食会議 | ☐ 有（頻度：　　回/年）　　　☐ 無 |
| 3 作成している帳票類 | ☐ 献立表　　☐ 作業指示書　　　☐ 作業工程表 |
| 4 衛生管理 | ①衛生管理マニュアルの活用　☐ 有　☐ 無　②衛生点検表の活用　☐ 有　☐ 無 |
| 5 安全衛生委員会と給食運営の連携※ | ☐ 有　　　☐ 無 |
| 6 健康管理部門と給食部門との連携※ | ☐ 有　　　☐ 無 |
| 7 利用者食事アンケート※ | ☐ 有（頻度：　　回/年）　　☐ 無 |
| 　7-2　実施部署※ | ☐ 施設側　　　☐ 委託先 |

## Ⅵ　栄養計画

| 1 対象別に設定した給与栄養目標量の種類 | ☐ 1種類のみ　☐ ＿＿種類　☐ 対象別には作成していない |
|---|---|
| 2 給与栄養目標量を設定するために使用している項目 | ☐ 性別　☐ 年齢　☐ 身体活動レベル　☐ 身長　☐ 体重　☐ その他 |
| 3 給与栄養目標量の設定対象の食事（該当に印をつける） | ☐ 朝食　☐ 昼食　☐ 夕食　☐ 夜食　☐ おやつ |
| 4 給与栄養目標量の設定日 | 平成　　　年　　　月 |
| 5 給与栄養目標量と給与栄養量（最も提供数の多い給食に関して記入） | 対象：年齢＿＿＿歳～＿＿＿歳　性別：男　女　男女共 |

| | エネルギー（kcal） | たんぱく質（g） | 脂質（g） | カルシウム（mg） | 鉄（mg） | ビタミン | | | | 食塩相当量（g） | 食物繊維総量（g） | 炭水化物エネルギー比（%） | 脂肪エネルギー比（%） |
|---|---|---|---|---|---|---|---|---|---|---|---|---|---|
| | | | | | | A（μg）（RE当量） | B₁（mg） | B₂（mg） | C（mg） | | | | |
| 給与栄養目標量 | | | | | | | | | | | | | |
| 給与栄養量（実際） | | | | | | | | | | | | | |

| 6 給与栄養目標量と給与栄養量(実際)の比較 | ☐ 実施している（　毎月　　報告月のみ　）　☐ 実施していない |
|---|---|
| 7 給与栄養目標量に対する給与栄養量(実際)の内容確認及び評価 | ☐ 実施している（　毎月　　報告月のみ　）　☐ 実施していない |

| Ⅶ　情報提供 | Ⅷ　栄養指導 | | | |
|---|---|---|---|---|
| ☐ 栄養成分表示　☐ 献立表の提供　☐ 卓上メモ ☐ ポスターの掲示　☐ 給食だより等の配布　☐ 実物展示 ☐ 給食時の訪問　☐ その他（　　　　　） | | 実施内容 | 実施数 | |
| | 個別 | | 延　　　　　　人 | |
| | | | 延　　　　　　人 | |
| | | | 延　　　　　　人 | |
| **Ⅸ　施設の自己評価・改善したい内容等** | 集団 | | 回　　　　　人 | |
| | | | 回　　　　　人 | |
| | | | 回　　　　　人 | |

| Ⅹ　委託：有　無　（有の場合は記入） | | 作成者 | 所属 |
|---|---|---|---|
| 名称： | | | 氏名 |
| 電話　　　　　　　　FAX | | | 電話　　　　　　　　FAX |
| 委託内容：献立作成　発注　調理　盛付　配膳　食器洗浄　その他（　　） | | | 職種：管理栄養士　栄養士　調理師　その他（　　　　） |
| | | | 保健所記入欄　　　特定給食施設　　　その他の施設 |

出所）鈴木久乃ほか編：給食経営管理論（改訂第2版），27，南江堂（2012）

48

─●─────■● コラム6　栄養素の調理過程での損失，吸収率に対する考慮 ●■─────●─

　　献立計画や栄養給与量・摂取量の評価の際，通例として，栄養価計算には食材料の生の成分値を用いる。
ところが，調理の過程で栄養素量は変化し，特に，ゆでる，煮るなどの湿式加熱で損失が大きいことが知
られている。食事摂取基準に示されているのは，口に入る時点のエネルギー量，栄養素量であるから，計
画・評価時には調理損失を考慮する必要がある。たとえばおおよその目安として，ビタミンA：20%，ビ
タミンB$_1$：30%，ビタミンB$_2$：25%，ビタミンC：50%の調理損失が見込まれることを利用し，加熱調
理の場合，目安の損失率分を差し引いて栄養価を評価したり，計上して食材料を準備したりする考え方も
ある。しかし，食品群ごとや食品ごとの損失率の違いについては，未だに信頼できるデータに乏しい。使
用食材や調理方法に変化をつける，調理操作を見直すなど，調理損失のリスクを減らす工夫も大切である。
　　もう一つ，栄養素の吸収率にも配慮したい。吸収率は生体の状況でも異なるため，個人差がある上，カ
ルシウムや鉄など，ミネラル類にはもともと吸収率の低い栄養素が多い。生の成分値からの数字だけで考
えず，吸収率のよい食品や，体内での利用効率に配慮した食品の組合せを選択して献立計画を立てること
も，管理栄養士・栄養士の栄養・食事管理における重要な技術といえる。

　顧客満足度は，一般的にアンケート調査により分析することが多いが，食
事の時間帯に食堂や病室を訪問して，利用者に直接聞き取り調査することも
大いに参考となる。評価項目は，食事の内容，分量，味付け，温度，盛付け
（見た目）などの食事に対する意見や感想のほか，利用者の嗜好（好き嫌いな
ど）や，食事提供のサービス，食環境，適切な情報提供，食事指導などへの
評価も含む。残菜調査（喫食状況調査）による食べ残し量（喫食率）も，**実給
与栄養量**の把握だけでなく利用者の嗜好を知る手段のひとつとなる。残菜は
単に分量が多いことだけでなく，味や品質に問題がある場合もある。さまざ
まな評価項目から原因を明らかにして献立や調理に反映させ，喫食率が向上
すれば，利用者の栄養状態の改善に結びつくだけでなく，残菜処理の経費削
減にもつながる。
　また，サブシステムにおける各管理業務の評価についても，主に帳票書類
の作成によって行われる。評価の結果は，次回の栄養管理計画・食事管理計
画に活かし，業務の改善につなげる。

**問1** 食品構成表に関する記述である。最も適当なのはどれか。1つ選べ。

（2021 年国家試験）

(1) 料理区分別に提供量の目安量を示したものである。
(2) 1食ごとの献立の食品使用量を示したものである。
(3) 一定期間における1人1日当たりの食品群別の平均使用量を示したものである。
(4) 使用頻度の高い食品のリストである。
(5) 利用者の食事形態の基準を示したものである。

**解答** （3）

**問2** A小学校の1年間の給食運営について評価を行ったところ，微量栄養素について，給与栄養量と給与栄養目標量の差が大きいことがわかった。原因を検討した結果，食品構成を見直す必要があると判断された。この時，同時に見直すべきものとして，最も適切なのはどれか。1つ選べ。

（2017 年国家試験）

(1) 給与栄養目標量
(2) 食品群別荷重平均成分表
(3) 食材料費
(4) 献立

**解答** （2）

【参考文献】
小松龍史ほか編著：改訂給食経営管理論，建帛社（2011）
佐々木敏：食事摂取基準 そのこころを読む，同文書院（2010）
食事摂取基準の実践・運用を考える会編：日本人の食事摂取基準（2020 年版）の実践・運用，第一出版（2020）
鈴木久乃ほか編：給食経営管理論（改訂第2版），南江堂（2012）
富岡和夫ほか編著：エッセンシャル給食経営管理論（第3版），医歯薬出版（2013）
日本給食経営管理学会監修：給食経営管理用語辞典，第一出版（2011）
藤原政嘉ほか：新実践給食経営管理論─栄養・安全・経済面のマネジメント（第2版），みらい（2010）
松月弘恵ほか編者：トレーニーガイド PDCA による給食マネジメント実習，医歯薬出版（2013）

# 4  給食の品質管理

## 4.1  品質の概要

**品質**とは，品物またはサービスが使用目的を満たしているかどうかを評価するための固有の性質・性能のことである。

食事やサービスの品質は，給食の目標・目的の達成に大きな影響を及ぼす。

まず，栄養・食事計画において，食事やサービスの品質を決定する。これを**設計品質**という。そして，設計品質どおりの食事が生産・提供できて初めて目標の達成となる。設計品質とできあがりの食事の品質の適合度を**適合品質**（**製造品質**）という。設計品質と適合品質の両方の品質（**総合品質**）が高ければ，喫食者の満足度も高いものになると考えられる。これらの品質管理が，目標達成のためには重要である。

このように，給食に関する品質には，設計品質，適合品質（製造品質），総合品質がある（**図4.1**）。

### (1)  設計品質

栄養・食事計画において，食事やサービスの品質を決定することであり，設計者が対象者ニーズの品質基準を満たすための目標達成に向け，販売面，技術面，原価面などを考慮して決めた品質であり，栄養的な価値・量，外観（彩り，食器，盛り付け方等），おいしさ（味，香り，温度，テクスチャー），衛生などが含まれ，献立やレシピ（作業指示書）に示される。

### (2)  適合品質（製造品質）

設計品質とできあがりの食事の品質の適合度を示すものを適合品質，または製造品質という。設計段階と同様に（予定どおりに）できたかということであり，実際に製造されたものの形状，味，外観，衛生面，重量，献立やレシピ（作業指示書）どおりの栄養量かどうか等が関わる。この適合品質を保つためには，生産管理が重要となる。

### (3)  総合品質

設計品質と適合品質を組み合わせたものであり，両者の品質が良くなければ総合品質は向上しない。製品の利用者，すなわち喫食者の満足度で評価される。給食の総合品質は，喫食者のニーズを把握して献立を立て（設計品質），献立に示された量と質（栄養，味，外観，衛生など）の食事を生産する（適合品質）ことである。これには**図4.1**に示されるように，多くの要因が含まれる。

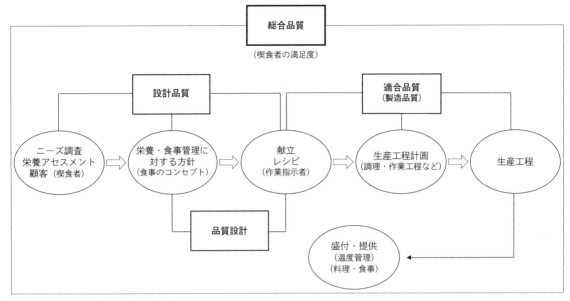

出所）石田裕美：給食マネジメント論，第一出版（2008）を参考に改変

**図 4.1　給食における品質**

　また，製造する製品の特性を設計する，すなわち，利用者ニーズの目標達成に向け，設計者が販売面，技術面，原価面などを考慮して決めることを**品質設計**という。

　**品質管理**（quality control）は，しばしば QC と省略される。給食におけるサブシステムのひとつで，**JIS**（日本工業規格）では，「買い手の要求に合った品質の品物やサービスを経済的に作り出すための手段の体系」とされている。顧客ニーズに合った品質の製品やサービスを提供する過程において，組織の全部門が品質の改善と維持に取り組む体系を生み出し，顧客の要求を満たす品質やサービスを，経済的につくり出すための管理技法である。つまり，品質を一定レベルに保持するための方法であり，対象者や利用者の要求に合った質の高い給食やサービスを，安く，安全に，タイミング良く提供するための活動である。

　給食施設における対象者の栄養管理は，提供する食事の品質が管理されなければ成立しない。食事提供の過程や対象者に対する食事の品質変動を少なくするための管理・統制活動を指す。

　品質管理の不備が原因で，利用者になんらかの危害を与え，経済損失を与えた場合，**製造物責任法**（product liability law：PL 法）により，損害賠償責任が生じる。特定給食施設が提供する食事もこの法律における「製造物」に該当する。したがって，品質管理を厳重に行い，利用者の信頼を得ることが大切となる。

## 4.2　給食の品質の標準化，評価，改善

　一定の品質を得るために，工程や作業の基準を設定することを**標準化**（standardization）という。設計品質を目標に，品質を一定に保つために機器の能力に適した処理量を調理単位として，具体的調理操作の基準や調理工程の基準を設定することである。また，決められた作業条件の下で，その仕事に対して要求される適性と充分な熟練度をもった作業者が，毎日維持していくことのできる最高のペースで作業を行い，1つの作業量を完成するための所要時間を**標準時間**といい，目標の設定，評価，人員配置計画，原価の予測などに用いられる。

　「良い頃合い（ころあい）だ」「良い色だからそろそろか」というような主観的

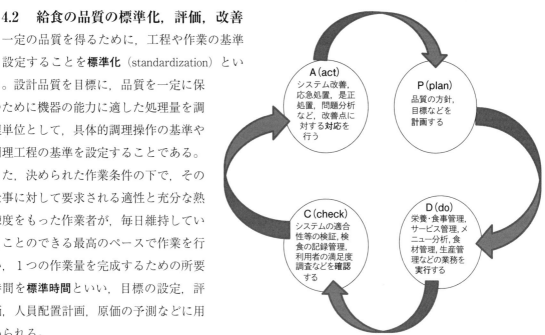

**図4.2**　給食の標準化におけるPDCAサイクル

判断における調理作業で常に一定の品質にすることは，熟練の調理師であればともかく，ほとんどの調理従事者にとっては不可能に近い。このことから，標準化作業は，給食における品質を一定に保つために大変重要となる。

　標準化にあたっては，基準となる方法をもとにして，施設で使用される機器類の種類や配置，人材等を考慮しながら調整し，レシピ（作業指示書）に反映させる必要がある。さらに，提供時温度管理，塩分濃度，盛り付け量，見た目等の生産管理の観点，**検食**や喫食者アンケートなどから評価を行い，**PDCAサイクル**にのっとり，改善していく必要がある（**図4.2**）。

### 4.2.1　栄養・食事管理と総合品質

　**栄養・食事管理**は，対象者の健康の維持・増進，疾病の予防と治癒，心身の健全な発育・発達を促すことなどを目的として行う。給食施設の喫食者の特性に合わせて決定された給与栄養目標量，安全性，サービス内容等，効率的な質の高い食事の提供が求められる。食事の安全性，栄養価，嗜好性（外観・味）などの水準を一定に保つシステムの構築，調理従事者の教育が求められる。

### (1)　食事の安全性

　HACCPの概念を取り入れた「大量調理施設衛生管理マニュアル」を実施する。さらに「ISO[*1]9000シリーズ[*2]」を取得するなど，食材の購入・保管から，調理，提供サービス，残菜廃棄までの全工程において，各工程別に管

*1 ISO（国際標準化機構）　製品，サービスなどについて，国際的な基準，単位の統一を目的に規格づくりを進めている組織。本部はジュネーブにある。設立目的は，「物資及びサービスの国際交流を容易にし，知的，科学的，技術的及び経済的活動分野の協力を助長させるために，世界的な標準化及びその関連活動の発展・開発を図ること」である。ISOの規格に法的強制力はないが，最近では国際化が進む中，ISOネジや写真フィルムなど事実上の統一規格となってきている。

*2 ISO9000シリーズ　給食に関するISOのひとつで，品質マネジメントシステムである。
　品質管理及び品質保証に関する事項の標準として規格化されたものであり，製造物や提供されるサービスの品質を管理監督するシステムのことを指す。
　ISO9000シリーズは1987年に標準化され，2000年の改定では，顧客重視の「品質マネジメントシステム」という「管理体制」となった。

理し，事故防止に努めることが重要である。

### (2) 栄養価

生産（調理）工程において，食品中の栄養成分は変動するが，生産（調理）工程，盛り付けの精度を保つシステムを構築することで，変動を一定にし，供給栄養量を確保する。

### (3) 嗜好性（外観・味など）

供給される栄養価の充足とともに，生産（調理）工程を標準化することで一定の品質を保つ。

栄養・食事管理は，栄養計画，食事計画，献立計画に基づいて給食を実施し，喫食状況の評価とともに，利用者の食事に対する質，量，嗜好，咀嚼・嚥下機能，満足度，栄養状態を判定し，適切な栄養教育をすることによって行われる。したがって，適正な栄養管理に基づいた給食を，品質管理を行ったうえで供食することが，総合品質を向上させることにつながる。

### 4.2.2 サービス管理と総合品質

総合品質を保つためには，設計品質と適合品質に加えて，適温・適時の提供が必要である。利用者が食事を口にした温度は，味の濃度の感知に影響を及ぼす。つまり，食事の温度管理は，品質管理における目標のひとつであるといえる。

また，調理済みの料理を食器に盛り付ける量，外観も重要となる。加熱等の操作，吸水膨潤などにより，料理別の盛り付け量は食品の純使用量と異なる場合が多い。提供にあたり，盛り付け量の誤差を一定範囲内に収めておくことは品質管理上，重要な意味をもつ。

さらに，適切な価格設定も重要である。コストパフォーマンスが良いこと（品質に見合う価格）は利用者の満足を得るために必要なことである。

### 4.2.3 献立の標準化

給食の献立は，給食業務を統制する機能をもち，高品質の食事の提供を維持するためには，施設設備や調理従事者，時間などを効率的に用い，調理操作，調理機器などを考慮したうえでマニュアル化することにより，誰でも同様の調理作業が行えるようにする**標準化**が必要となる。調理工程の標準化には，献立・レシピ（作業指示書）の段階での標準化が不可欠となる。

献立の標準化は，管理栄養士・栄養士（栄養・食事計画など），調理従事者（調理時間，調理技術，調理機器の種類・性能など），施設関係者（食材料費，利用者の様子など）が，それぞれの立場からの情報交換をしながら，利用者の声（味，外観，季節性など）も取り入れ，意識を共有し，常に研究しながら行う必要がある。標準化された献立は，サイクルメニューに活用することも可能である。単一定食形態では，料理の組合せ（主食，主菜，副菜，汁物，デ

ザートなど）を標準化する。選択食形態については，複数献立で選択できる
料理の種類（主菜の選択，副菜の選択など）を標準化する。カフェテリア方式
では，料理の種類数を標準化し，料理の種類による盛り付け量などを標準化
する。

### 4.2.4　調理工程と調理作業の標準化

先に述べたように，給食の品質を保つためには，調理工程と作業工程の標
準化が必要となる。**調理工程**，**調理作業**の標準化は，品質を一定に保つだけ
でなく，衛生面，作業効率化の点からも重要である。

また，食事の品質基準，提供時刻を設定し，作業方法と標準時間を設定し
てから，各工程を効率よく行うためや，品質を向上させるために標準化を行
う。

以下に，調理工程の標準化における留意点や利点を示す。

① 作業工程表を作成して，調理操作の種類と順序，調理時間を標準化す
ることにより，作業時間短縮，品質の安定化が期待できる。

② 機器の取り扱い方を理解しておくことや，調理従事者の教育を行うこ
とで，調理時間の均一化を図ることができる。

③ 大量調理では，仕込み量，機器の種類，調理従事者が複数であること
などが，少量調理とは異なり，水分の蒸発量，温度上昇速度，冷却速
度などに影響するため，水分量，加水量，設定温度，加熱時間等それ
ぞれ標準化することで，品質水準を一定に保つことができる。

各調理作業における標準化には次のようなものがある。

### (1)　下処理操作の標準化

食材の洗浄方法（付着水を最小限にする方法と時間），切り方（廃棄量，供食
までの時間から加熱時間，対象者の特性等を考慮した切り方），下味操作（調味
順序，調味濃度）などを標準化する。

### (2)　加熱調理の標準化

乾式加熱と湿式加熱を理解し，加熱時間，調味タイミング，衛生管理など
を考慮し，標準化する。

### (3)　新調理システムにおける標準化

新調理システムとは，**クックサーブ**（従来の調理方式）に加え，**クックチル・
クックフリーズ**[*1]システム，**真空調理法**および**アウトソーシング**[*2]の4つの調理，
保存，食品活用を組み合わせ，システム化した集中生産方式である。多くの
施設でスチームコンベクション（9 給食の施設・設備管理の章参照）が取り
入れられている現代において，新調理システムを導入することは，作業効率
化等において重要な役割を果たす。

真空調理法は，下処理した食材料と熱処理して冷却した調味液等を真空包

*1 クックチル・クックフリーズ
システム　クックチルは，食品・
料理の保存法のひとつであり，計
画的に加熱調理した食品を急速冷
却し，その後チルド（0〜3℃）
状態で低温保存し，必要時に再加
熱を行って提供するシステム。
　クックフリーズは，冷却・保存
温度を食品の芯温－18℃以下で行
うため，長期間の保存が可能とな
る。

*2 アウトソーシング　外部の食
品製造業者が加工し，冷凍または
チルド状態で保存する加工済み食
品を購入し，自施設内で再加熱し
て提供する方法。外部加工調理品
活用。オードブル関連，先付，前
菜に用いられることが多い。

　たとえば，150人分の肉じゃがを調理する場面を考えてみよう。150人分の肉じゃがを特大の鍋で加熱すると，当然煮崩れしやすく，味も均一になりにくい。また，盛り付けている間に冷めてしまい，提供・喫食温度の目標に達することができない。

　とはいえ，調理従事者を増やすことで解決しようとすると，人件費がかさみコストが合わなくなったり，作業動線に影響が出たりする可能性が高く，逆に人手不足のまま強引に大量調理を進めると，衛生管理が疎かになり，食中毒の危険を増すこととなる。

　これを，たとえば新調理システムの中から真空調理法を選択し，実施すると，温度と時間で制御された機器が食材に均一な加熱，調味を行い，煮崩れもなく，加熱中に人がついている必要もなくなる。95℃の設定で約30～40分（食材の大きさによる）の加熱時間の間に，片付け等の他の作業を行うことができ，安全でおいしい食事を合理的に提供することが可能となることがわかるであろう。

装し，温度時間管理（**TT管理**）可能な加熱機器において袋ごと加熱する。機器で温度と時間を管理するため，標準化しやすい。油脂の酸化を抑制でき，食材の旨味や風味を活かした料理に仕上げることができる。

　クックチル・クックフリーズシステムでは，調理から供食までの過程で，料理の栄養価・味・香り・テクスチャーなどの変化に留意して標準化する。クックサーブシステムと比較し，再加熱条件によっては品質が著しく低下する場合があるが，再加熱方法と提供方法の標準化を行うことで，品質を低下させず限られた時間内に適温で提供することができる。また，煮崩れを起こしにくいため，外観は一定に保ちやすい。真空調理を行い，真空包装の状態で保存してから提供する場合や，アウトソーシングの場合も同様である。スチームコンベクションを有効に用いた方法を標準化し，平常時の食事提供システムに導入することは，作業の効率化，人件費削減にもつながる可能性があり，さらに，災害時には前倒し調理による保存食品を利用できることも想定される。

### 4.2.5　品質評価の指標・方法

　品質評価の目的は，栄養・食事計画（栄養管理），献立（栄養管理），調理（食材管理，生産管理，安全衛生管理），サービス（栄養管理，安全衛生管理）において，それぞれの品質管理の目標達成度を評価し，問題がある場合は分析し，品質の改善・向上につなげること，また，品質基準の設定の基礎資料とすることであり，最終的には，総合品質を高め，喫食者満足を得ることである。

### （1）　評価の指標

　評価対象は，① 製品の性質，② 顧客の満足度（CS：customer satisfaction）などである。

　① 製品の性質：給食では，料理の味，外観，温度，量，栄養成分などが

評価の指標となるが，評価の目的によって，設計品質および適合品質とで評価され，その指標も異なる。

　② 顧客満足度：給食利用者の満足度は，総合品質として評価する。その指標は，総合的なおいしさ，健康状態などが考えられるが，コストパフォーマンスも大切な要素となる。

## (2) 評価の方法（表4.1）

　評価の方法は，評価する立場によって異なる。

　① 提供する側の評価：食事提供者が行う主な評価の方法は，**検食**である。検食は食事の適合品質（製造品質）を評価する。評価指標は，評価者にとってわかりやすい基準を設定する。また，評価者の個人内，個人間のばらつきを小さくするための教育・訓練などが必要となる。

　② 喫食者側の評価：喫食者が行う評価の方法として代表的なものに**満足度調査**がある。満足度調査は聴き取り調査やアンケート用紙を用いて行い，設計品質が評価されるが，これは適合品質（製造品質）管理が完全に行われて，成立するものである。したがって，満足度調査は総合品質の評価と考えられる。

## (3) 評価の時期・期間

　評価には，計画・実施・結果のどの段階で行うか，どのくらいの期間をおいて行うか（毎食，毎日，毎週，毎月，毎年），また，定期的あるいは不定期に行うか，など検討する必要がある。評価ごとに，どのような結果が得られ

**表4.1** 給食の品質評価の指標・方法

| 指標 | 内容 | 品質 | 方法 | 実施者 | 頻度 |
|---|---|---|---|---|---|
| 味 | 予定：利用者に好まれる味（濃度）の設定か | 設計品質 | 満足度調査 | 栄養士・管理栄養士 | |
| | 実際：予定どおりの濃度となったか | 適合品質 | 検食 | 施設管理者等 | 毎食 |
| | | | 食塩濃度の測定 | 栄養士・管理栄養士 | 毎食 |
| 外観（色・形状） | 予定：利用者に好まれる外観の設定か | 設計品質 | 満足度調査 | 栄養士・管理栄養士 | |
| | 実際：予定どおりに仕上がったか | 適合品質 | 検食 | 施設管理者等 | 毎食 |
| 温度 | 予定：利用者に好まれる提供・喫食温度設定か | 設計品質 | 満足度調査 | 栄養士・管理栄養士 | |
| | 実際：予定どおりに仕上がったか　予定の喫食温度で配膳できたか | 適合品質 | 検食 | 施設管理者等 | 毎食 |
| | | | 温度調査 | 栄養士・管理栄養士 | 毎食 |
| 量 | 予定：残食・不足のない量の設定か | 設計品質 | 満足度調査 | 栄養士・管理栄養士 | |
| | | | 残菜量（摂取量）調査 | 栄養士・管理栄養士 | 毎食 |
| | 実際：予定の盛り付け量か | 適合品質 | 検食 | 施設管理者等 | 毎食 |
| | | | 盛付量調査 | 栄養士・管理栄養士 | 毎食 |
| 栄養 | 予定給与栄養量：喫食者の健康維持・増進・改善に適切な栄養量設定か | 設計品質 | 栄養状態調査 | 栄養士・管理栄養士 | 毎食 |
| | 実施給与栄養量：予定給与栄養量を提供できたか | 適合品質 | 栄養出納表 | 栄養士・管理栄養士 | 毎月 |
| 衛生 | HACCPによる安全衛生が実施できたか | | 点検表 | 調理従事者 | 毎食 |
| | 健康保菌者の有無 | | 腸内細菌検査 | 従事者全員 | 毎月 |

57

るのかをきちんと把握し，目的に合った評価時期を設定することが重要である。

### 4.2.6　品質改善とPDCAサイクル

　品質を改善するためには，新たにさらに上の段階の目標を設定し，その目標到達のための改善策を決定し（plan），実行し（do），計画どおり実行できたかを確認し（check），目標到達していない場合は改善行動をとり（act），次の計画の策定へと結びつけるという循環過程が必要となり，これを，それぞれの英単語の頭文字をとってPDCAサイクルという（**図4.2**，p.53）。具体的には総合品質を，設計品質，適合品質のそれぞれに照合・検討し，改善点を見出し，修正していく。改善点をみつけた場合には，必ず原因をつきとめることが重要である。

①　設計品質管理：栄養・食事計画を，喫食者のニーズに合わせたものにするPDCA活動
②　適合品質管理：献立・レシピどおりに生産（調理）を行うためのPDCA活動
③　総合品質管理：利用者の満足度を維持・向上するための，給食部門全体の運営活動に対するPDCA活動

最終的に高い総合品質を得るために，PDCAサイクルにのっとり，改善を行っていく。


【演習問題】
　**問1**　品質改善に関する記述である。正しいのはどれか。1つ選べ。

（2009年国家試験）

（1）品質改善の目的は，人件費の削減である。
（2）品質は，販売価格の値下げにより向上する。
（3）品質を向上させるために，生産性を抑制する。
（4）HACCPシステムの導入は，品質改善にはつながらない。
（5）品質は，PDCA活動により向上する。
　　**解答**　（5）

　**問2**　ポークソテーの検食時の品質の評価結果に問題が認められた。評価項目と見直すべき事柄との組合せである。最も適当なのはどれか。1つ選べ。

（2021年国家試験）

（1）量　　　―――　肉の産地
（2）焼き色　―――　肉の種類
（3）固さ　　―――　中心温度の測定回数
（4）味　　　―――　塩の調味濃度
（5）温度　　―――　加熱機器の設定温度
　　**解答**　（4）

**問 3**　給食で提供する米飯の品質管理について，生産・提供時の標準化に関する
記述である。正しいのはどれか。2つ選べ。　　　　　　（2018 年国家試験）
(1) 米飯の品質基準は，炊き上がりの重量の倍率を用いる。
(2) 作業指示書に，米の単価を記載する。
(3) 炊飯調理の担当者は，特定の作業従事者とする。
(4) 米の浸漬時間は，米の重量により決定する。
(5) 1 人当たりの提供量は，盛り付け作業による損失率を考慮する。

**解答**　(1)，(5)

**【参考文献】**
佐藤恵美子，筒井和美：給食管理学内実習の現状と教育評価—大量調理による品質の標
準化，県立新潟女子短期大学研究紀要，45，19-28（2008）
全国栄養士養成施設協会・日本栄養士会監修，管理栄養士国家試験教科研究会編：給食
経営管理論，第一出版（2008）
電化厨房フォーラム 21 新調理システム部会ガイドブック作成分科会：新調理システム
のすすめ（2009）
殿塚婦美子編：改訂新版　大量調理—品質管理と調理の実際，学建書院（2011）
日本給食経営管理学会監修：給食経営管理用語辞典（2011）

# 5　給食の生産（調理）管理

## 5.1　食品材料

### 5.1.1　給食と食材

　給食で用いる食材の品質は，栄養価だけでなくおいしさにも影響するため，どのような食材を用いるかは非常に重要である。加えて，給食の食材料費は，給食経費全体の約40〜50％を占めるといわれており，そのため，限られた予算の中でいかに質の良い食材を確保するかが課題である。

　給食において栄養管理に基づいた献立を実現するためには，購入計画から始まって，発注，購入，検収，保管，原価の把握，出納の管理等，食材に関わる一連の業務について適切に管理する必要がある。具体的には，予定献立に基づく食材の選定と購入量の算出，購入業者の選定，購入契約の締結と発注，適正な納品・検収と帳票処理事務，適切な保管と入出庫事務，食材料費の適正な予算設定，原価管理などである（図5.1）。

　給食の提供において，安全性の確保は大前提であり，そのためには，食品衛生のみならず鑑別・保管方法などの知識が必要となってくる。この他，バイオテクノロジーを利用した食品や**遺伝子組換え**作物など，食材に関する最新の情報を入手することに努めることが食材を把握する上で重要なことである。

＊食品表示法　食品表示に関する制度は，食品衛生法（2019年最終改正），JAS法（2017年最終改正），健康増進法（2021年最終改正）の3法が根拠となり，消費者庁が食品表示法を一元化した。

　食材の安全性や品質などの規格基準や表示について，**食品表示法**＊によって規定されている。これらは食材を選択する際に，判断の拠りどころとなる。食材の購入に際しては，積極的に情報を収集し，利用者のニーズに応じた選定や購入方法を検討することが大切である。

### 5.1.2　食材の開発・流通

#### （1）食材の開発

　近年世界中の多種多様な食材が市場に出回るようになった。給食においても輸入食材

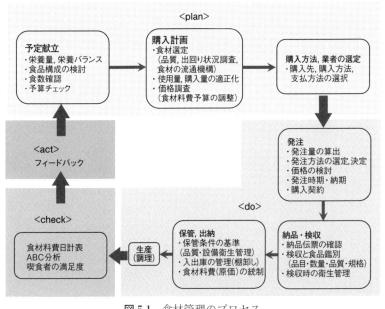

**図5.1**　食材管理のプロセス

60

の利用が増えており，なかでも，冷凍**カット野菜**[*1]や**チルド食品**[*2]の利用は増加している。これは，食材の国際化，多様化に加えて高度な加工技術が開発され，さらに流通面でもコールドチェーンの充実や低コスト化が進んだことが背景にある。**冷凍食品**[*3]の消費量は，飛躍的に増加し，2020年の国内消費量は284万トンにものぼっている（日本冷凍食品協会調べ）。これを国民1人当たりの年間消費量にすると22.6kgとなる。また，伝統的な保存加工技術に変わって，包装技術の進展に伴って**レトルトパウチ食品**[*4]や**真空包装**[*5]食品などの調理済みあるいは半加工製品が開発され衛生面からもますます注目されている。レトルトパウチ食品は1968年に量産開始されて以来増加し，2020年には年間約39万トンが生産されている（日本缶詰びん詰レトルト食品協会調べ）。

## （2）　食材の流通

食材の流通は，生産者から卸売業者そして小売業者を通じて消費者へ，という従来の流れのほかに，生産者から，直接消費者へ流通する産地直送型，価格抑制のための共同購入など，多様になっている。

一般により多くの流通段階を経ることで価格は上昇する。中間の流通段階を省略することで経費削減が実現し，給食経費を抑えることが可能となる（**図5.2**）。

近年，食の安全性に大きな関心が向けられている。国内で自給可能な食材は限られており，多くを海外からの輸入に頼っているのが現状の中で，遺伝子組換え食品，生産地表示の偽装，BSE問題を機に，食の安全性確保に関する対策が求められるようになった。ここ数年で普及してきたものに，トレーサビリティシステムがある。**トレーサビリティ**（traceability）とは，生産，加工，流通の段階を通じて，食品の移動を把握することであり，生産者，製

\*1 **カット野菜**　カット野菜は料理形態に合わせて切り込みを行った状態で流通する野菜であり，生鮮食品に分類される。購入価格は高くなるが，人件費などの生産工程における経費節減，ゴミの削減が可能である。

\*2 **チルド食品**　おおむね5℃以下の低温で未凍結状態に保持した食品。加熱調理されたものを急速冷却し，低温で保存・流通される食品で，再加熱して料理として喫食される。一般には−5〜5℃の温度帯で流通販売されている。

\*3 **冷凍食品**　食品の栄養成分や風味などをそのままの状態で長期間保存することを目的として冷凍した食品。食品衛生法冷凍食品保存基準では品温は−15℃以下となっている。

\*4 **レトルトパウチ食品**　食品をフィルムに完全密封した後，120℃で4分以上相当の加圧加熱し，殺菌された食品。調理済み食品が多く，常温での流通や長期保存が可能である。未開封で袋のまま湯煎するだけで簡便に喫食できるものが多い。

\*5 **真空包装**　下処理した食品と調味液を真空包装用の樹脂フィルムに入れ，真空包装機で空気を除去し密封シールされた状態。真空調理法は，真空包装された食品をT−T・T管理が行えるよう加熱器で袋ごと低温加熱する調理法である。

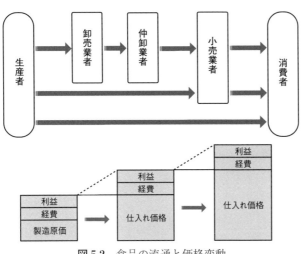

図5.2　食品の流通と価格変動

造業者，外食・中食業者などが導入することで，有事においての原因食材の特定ができ，影響を最小限に抑えることへの効果が期待できる。

また，食材や加工食品の安全性の維持，品質劣化を防ぐため，生産から消費までそれぞれの食品に適した低温，氷温，冷凍の温度帯別に輸送・保管される低温流通システム（コールドチェーン，cold chain）が確立している。この低温流通システムを活用して流通する食品を**低温流通食品***（food distributed on cold chain）という。

地元で生産された食材を地元で消費する「地産地消」は，地域食材の消費拡大だけではなく，産地と食卓の交流，地域の食文化維持，地域の活性化，輸送にかかるエネルギーの削減など，さまざまな役割をもっている。消費者の食材に対する安全志向が高まり，流通の多様化が進む中で，地産地消への期待は大きくなっている。

### （3）食材の分類

#### 1）食品群による分類

日本食品標準成分表（2020）においては，2,478 食品が 18 の食品群（food groups）に分類されている。また，各施設によって独自に策定し，使用している食品構成（dietary composition）に基づいて作成する食品群別の分類がある。

また，食品に含まれる栄養素の作用等から，3 群，4 群，6 群などの分類もあり，栄養教育などの場面において使用されている。厚生労働省では 6 群に分類している。

#### 2）保管条件による分類

食品は保管条件によって，生鮮食品，貯蔵食品，冷凍食品に分類することができる。さらに，貯蔵食品は，短期貯蔵食品と，長期貯蔵食品とに分けられる（**表 5.1**）。

① **生鮮食品**（perishable food）

生の魚介類，肉類，野菜類，果実類，乳など，生鮮な状態で流通し販売される食品を生鮮食品という。これらの食品は鮮度が重要で，鮮度が低下すると食味も落ち，品質も劣化する。それ

*低温流通食品　流通過程で低温（常温より低い温度）管理を必要とする食品である。クール（10〜5℃）食品，チルド（5〜−5℃）食品，フローズン（−15℃以下）食品，フローズンチルド食品（製造時凍結，流通段階でチルド食品として販売）に分類される。

表 5.1　食品の保存条件による分類

| | | 保存条件 | 食　品　類 | 保　管　期　間 |
|---|---|---|---|---|
| 生鮮食品 | | 常温冷蔵氷温 | 果物類（りんご，なしなど）<br>卵類<br>乳製品（チーズ，ヨーグルトなど） | ・短期貯蔵可能<br>・1〜2週間単位 |
| | | | 穀類（生めん類，パン）<br>魚介類，肉類およびその加工品<br>牛乳，生クリーム<br>大豆製品（豆腐，納豆など）<br>野菜類（葉菜類，きのこ類）<br>果物類（さくらんぼ，いちごなど） | ・購入即日，消費が原則<br>・1〜2日間単位 |
| | | | 肉類，魚類 | ・肉，魚によっては2〜5日間単位 |
| 貯蔵食品 | 短期保存食品 | 常温冷蔵氷温 | いも・根菜類<br>バター，ラード，マヨネーズ類<br>漬物 | ・1〜2週間単位 |
| | 長期保存食品 | 常温冷蔵氷温 | 穀類，豆類，乾物類<br>缶詰，瓶詰類<br>油脂類<br>嗜好品類（茶，コーヒー，紅茶）<br>調味料類<br>など | ・週，月〜年単位<br>・標準在庫量保持 |
| 冷凍食品 | | 冷凍 | 野菜類，魚介類，肉類およびその加工品 | ・2〜4週間単位 |

だけでなく，食中毒（food poisoning）の危険性も増す。そのため即日使用が原則である。ただし，適切な保管設備（storage facility）がある場合，数日分まとめて購入することも可能である。それでも保存期間の目安は1～3日である。

② **貯蔵食品**（storageable food）・**備蓄食品**（在庫食品）

**a　短期貯蔵食品**：卵，マヨネーズ，生クリーム，バターなど，冷蔵庫で短期間保存可能な食品で，ある程度まとめて購入できる。

**b　長期貯蔵食品**：穀類，乾物，缶詰，瓶詰，調味料など一定期間常温保存可能な食品で，長期間にわたり品質を保持できるので，長期保存可能であり，大量購入が可能である。また，常時使用する食品だけでなく，災害時の備えとして貯蔵食品を非常食として計画的に購入している施設も多い。

③ **冷凍食品**（frozen food）

冷凍食品は「前処理を施し，品温が－18℃以下になるように急速凍結し，通常そのまま消費者に販売されることを目的として包装されたもの」と規定されている（「自主的冷凍食品取り扱い基準」日本冷凍食品協会）。

**表5.2　冷凍食品の解凍方法**

| 解凍の種類 | | 解凍方法 | 解凍機器 | 解凍温度 | 適応する冷凍食品の例 |
|---|---|---|---|---|---|
| 緩慢解凍 | 生鮮解凍（凍結品を一度生鮮状態に戻した後，調理するもの） | 低温解凍 | 冷蔵庫 | 5℃以下 | 魚肉，畜肉，鳥肉，菓子類 |
| | | 自然（室温解凍） | 室温 | 室温 | 果実，茶碗蒸し |
| | | 液体中解凍 | 水槽 | 水温 | |
| | | 砕氷中解凍 | 水槽 | 0℃前後 | 魚肉，畜肉，鳥肉 |
| 急速解凍 | 加熱解凍（凍結品を煮熟または油ちょう食品に仕上げる。解凍と調理を同時に行う） | 熱空気解凍 | 自然対流オーブン，コンベクションオーブン，輻射式オーブン，オーブントースター | 電気，ガスなどによる外部加熱150～300℃（高温） | グラタン，ピザ，ハンバーグ，コキール，ロースト品コーン，油ちょう済食品類 |
| | | スチーム解凍（蒸気中解凍） | コンベクションスチーマー，蒸し器 | 電気，ガス，石油などによる外部加熱80～120℃（中温） | シュウマイ，ピザ，まんじゅう，茶碗蒸し，真空包装食品（スープ，シチュー，カレー），コーン |
| | | ボイル解凍（熱湯中解凍） | 湯煎器 | 電気，ガス，石油などによる外部加熱80～120℃（中温） | （袋のまま）真空包装食品のミートボール，酢豚，ウナギ蒲焼など（袋から出して）豆腐，コーン，ロールキャベツ，麺類 |
| | | 油ちょう解凍（熱油中解凍） | オートフライヤー，あげ鍋 | 電気，ガス，石油などによる外部加熱150～180℃（高温） | フライ，コロッケ，天ぷら，唐揚げ，ギョウザ，シュウマイ，フレンチフライポテト |
| | | 熱板解凍 | ホットプレート（熱板），フライパン | 電気，ガス，石油などによる外部加熱150～300℃（高温） | ハンバーグ，ギョウザ，ピザ，ピラフ |
| | 電気解凍（生鮮解凍と加熱解凍の二面に利用される） | 電子レンジ解凍（マイクロ波解凍） | 電子レンジ | 低温または中温 | 生鮮品，各種煮熟食品，真空包装食品，米飯類，各種調理食品 |
| | 加圧空気解凍（主として生鮮解凍） | 加圧空気解凍 | 加圧空気解凍器 | — | 大量の魚肉，畜肉 |

出所）日本冷凍食品協会「冷凍食品取扱マニュアル」

そして，冷凍食品の衛生に関する規格・基準は食品衛生法，品質に関する規格は日本農林規格（JAS：Japanese Agricultural Standard）で定められている。

冷凍食品は，給食には欠かすことのできない素材である。なぜなら，(1)素材への前処理，加工処理が施されており，利便性に優れている。(2)廃棄部分も生の状態で購入した場合と比較して少なく，無駄がない。(3)食品の栄養成分や風味などもそのままに近い状態で保存可能である。(4)生鮮食品と比較して価格変動が小さいという利点もある。そのため，必要な時に必要な量だけ利用でき，計画的で多様多種なメニュープランを組むことができる。ただし，保管方法と解凍方法を誤ると解凍ムラができたりドリップが生じたりする（**表 5.2**）。冷凍食品をおいしく調理できるかどうかは，上手に解凍できるかどうかによる。

冷凍食品の品質保持期間は貯蔵する温度によって異なり，品質を変化せずに保存できる期間と保存温度の間には，個々の食品ごとに一定の関係があるといわれている（T-TT 理論：time-temperature tolerance：時間－温度　許容限度）（**図 5.3**）。この分野はアメリカにおいて研究が盛んで，これによると冷凍食品は保存温度が低いほど長期間にわたり品質が保持できると考えられている。

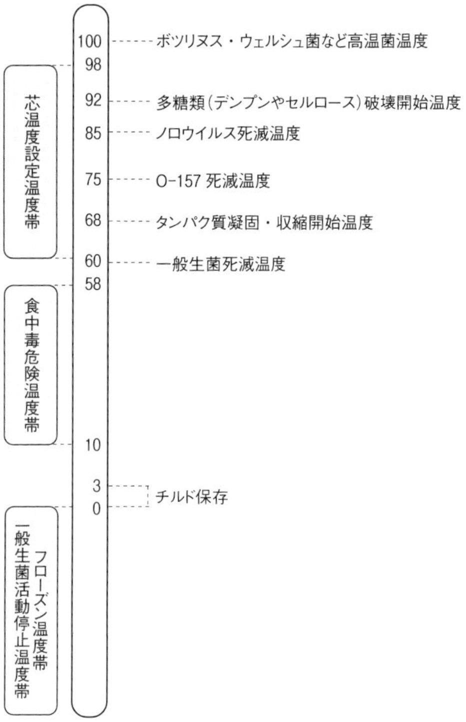

100　ボツリヌス・ウェルシュ菌など高温菌温度
98
92　多糖類（デンプンやセルロース）破壊開始温度
85　ノロウイルス死滅温度
75　O-157 死滅温度
68　タンパク質凝固・収縮開始温度
60　一般生菌死滅温度
58
10
3
0
チルド保存
芯温度設定温度帯
食中毒危険温度帯
フローズン温度帯
一般生菌活動停止温度帯


**図 5.3**　T-T（時間と温度）管理

冷凍食品においても，選ぶ際には，賞味期限のほかに包装状態，品温，酸化が進んでいないかなど品質を確認する。

**3)　加工度による分類**

近年，生鮮食品のような素材そのものの食品だけでなく，加工・調理されたものなど，多種多様な加工度の異

**表 5.3**　食品の加工度による分類

| | 種　類 | 食　品　例 |
|---|---|---|
| 第一次加工品（下処理により調理の第一段階の加工をしたもの） | 野菜類 | 室温・冷蔵：漬物<br>冷凍：カット野菜，冷凍野菜（グリーンピース，ベジタブルなど） |
| | 魚肉類 | 室温・冷蔵：干物<br>冷蔵：肉切り身，挽肉，魚切り身 |
| | 調味料 | 室温：砂糖，酒類，味噌，醤油，塩，油，ソース |
| 第二次加工品（半調理品）（前半の調理段階が終了した状態。後半の調理によって料理として使用可） | 野菜類 | 室温：ネクター，ジャム<br>冷凍：冷凍野菜（ゆで処理野菜） |
| | 魚肉類 | 冷蔵：ハム，ソーセージ，ベーコン，水産練り製品<br>冷凍：ハンバーグ，コロッケ，シュウマイ，フライ類，むきえびなど |
| | 調味料 | 室温：スープの素，缶詰<br>冷蔵：マーガリン，マヨネーズ<br>冷蔵・冷凍：ソース類（ホワイトルー，カレールー） |
| 第三次加工品（完全調理品）（そのままか，調理による加熱，冷却を短時間で行うことによって料理として使用可） | 調理済み食品 | 室温・冷蔵：製菓，カップ麺<br>チルド：調理済みチルド食品<br>冷蔵：惣菜食品 |

なる食品が流通している。どの程度加工された食品が必要なのか，施設のニーズに合った加工状態のものを選択することが可能である。加工度によって第一次，第二次，第三次加工品に分類されている（**表5.3**）。

### 4)　その他の食材

#### ①　輸入食品

我が国では，農産物をはじめとして食肉，魚介類等の多くを輸入に依存している。国内産の食品よりも低価格で購入できるためその利用が拡大しており，外食産業や給食だけでなく，スーパーマーケットなどでも輸入食品の割合が増えている。背景には，輸送技術や貯蔵技術の進歩に加え，農産物輸入の自由化や，国内の農業就労者の減少と老齢化など，いくつもの要因が考えられている。一方で利用の拡大とともに，残留農薬，生産地偽装など，食の安全性を脅かす問題も起きてきた。

#### ②　遺伝子組換え食品（GM food：genetically modified food）

遺伝子組換え技術を用いて育種された農産物と，これを原料とする加工品の総称を遺伝子組換え食品という。トウモロコシ，ダイズ，ナタネ，トマト，ジャガイモなどで実用化されている。耐害虫性，耐病性などの付加により，生産性の向上を図っている。現在，国による安全性審査が終わって輸入，製造，販売等が許可されている遺伝子組換え食品は，大豆，とうもろこしなどの農作物303品種と添加物21品目である（2015年11月現在）。

#### ③　有機（オーガニック）食品*1（organic food）

化学肥料を使用せず，無農薬で栽培され収穫された農産物や，成長ホルモンや抗生物質などを使わずに飼育され生産された畜産物を有機食品という。食の安全に対する関心の高まりと，近年の健康志向の高まりによって，有機食品の消費は伸びている。明確な公的基準がないままに流通していたため，2009年に **JAS法**\*2 が改定され，**JAS規格**\*3 に適合した検査結果がないと表示ができないことになった。

### 5)　食品の表示と規格

食品の表示と規格は，食品を選択するときの重要な情報を含んでいるので，よく理解しておくことが必要である。また，施設の設備に適応させた食品の規格一覧を作成することも必要である。

## 5.1.3　購買方針と検収手法

### (1)　食材の購入業者の選定

食材の購入先は，食品の種類によって次のように大別される。

*1 **有機食品**　農薬や化学肥料を原則として使用せず，堆肥などによって土づくりを行った土壌で生産された作物。有機JAS規格を満たすには，水稲や野菜など1年生作物は植え付けや種まきの前2年以上，果物などの多年生作物については3年以上，禁止されている農薬や化学肥料を使用していない土壌で栽培された作物であることが求められる。

*2 **JAS法**　正式名称は「農林物資の規格化及び品質表示の適正化に関する法律」である。
　JAS法の目的は，①適正かつ合理的な農林物資の規格を制定し，普及させることによって，農林物資の品質の改善，生産の合理化，取引の単純公正化および使用または消費の合理化を図ること，②農林物資の品質に関する適正な表示を行わせることによって，一般消費者の選択に資し，農林物資の生産および流通の円滑化，消費者の需要に即した農業生産等の振興並びに消費者の利益の保護に寄与することである。

*3 **JAS規格**　正式名称は「日本農林規格（Japanese Agricultural Standard）」である。一般JAS規格（製品ごとに品位，成分，性能その他の品質についての基準を定めたもの）と特定JAS規格（特別な生産や製造方法，特色ある原材料などの生産の方法についての基準を定めたもの）がある。

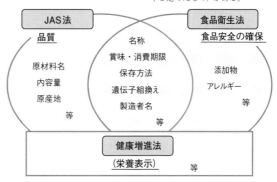

**図5.4**　食品表示に関する法規

① 生産者：青果物など

② 市場：水産物など

③ 卸売業者：食肉類，水産物，青果物，米など

④ 売店：調味料など

　食材の購入業者を選定する際には，まず食品の種類に適した購入方法や契約方式を検討し，適正な運営が可能か検討しなければならない。業者選定にあたっては，信頼性の高い業者であることが大前提である。選定の条件としては，以下のような点を挙げることができる。

① 品質の良い食材を適正価格で納入できる。

② 食材の種類・規格が豊富で献立に必要な品揃えができる。

③ 従業員，施設および搬入経路に関する衛生管理が徹底している。

④ 社会的な信頼があり，健全な経営が行われている。

⑤ 配送条件が整っており，指定日時に確実に納入できる。

## (2) 契約の方法

　購買契約の方式には，随意契約方式，相見積りによる単価契約方式，指名競争入札方式，単価契約方式などがある。

① **随意契約方式**（negotiated contract）：購入業者を任意に選定して契約する方式。生鮮食品や価格が安定していない食材を購入する場合に用いられる。

② **相見積による契約方式**（cost estimates from multiple traders）：あらかじめ品目，数量を示して複数の業者に見積書を提出させ，適切な業者と契約する方式。

③ **指名競争入札方式**（competitive bidding among designated traders）：あらかじめ複数の業者を決め，提出した納入条件（品目，数量）を同時に入札させ，最も低価格の業者と契約する方式。価格変動の少ない備蓄食品を購入する場合に多く用いられる。

④ **単価契約方式**（unit price contract）：相見積りや入札方式によって品目ごとに単価を決定して契約しておき，品物の納入量に応じて支払う方式。品質が安定していて使用量が多い食材を購入する場合に用いられる。

## (3) 食材の購入

　施設の規模や購入量が大きい場合には，購入の合理化を図るために，**カミサリー**＊形式を取り入れると，計画購買・一括購入が可能となり，旬のものを購入する場合に有利となる。

　生鮮食品の出回りの時期を旬といい，その時期が最も食味が良く，価格が安い。また，栄養価も高く，安定している場合が多い。現在は，ハウス栽培や海外からの輸入によってほとんどの作物が一年を通して購入可能だが，食

＊カミサリー（commissary）　カミサリーとは，食材やそのほか関連する資材を集中仕入れ，保管，配送を行う配送拠点施設。

材購入の際には，できるだけ旬のものを取り入れると利点が多い。

## （4）　発注（order）

### 1）発注量の算出

購入にあたっては，まず発注量の算出が必要である。予定献立表における1人当たりの純使用量（net amount of use）に廃棄量（amount discarded）を加算し，予定食数を乗じたものが総使用量である。計算によって得られた総使用量の端数は，発注可能な数字に切り上げ，これを発注量とする。

$$総使用量＝純使用量÷（100－廃棄率）× 100 × 食数$$

また，あらかじめ発注換算係数表を作成しておくと，総使用量が簡便に計算できる。

$$発注換算係数（coefficient of ordering）$$
$$＝ 100 ÷（100－廃棄率）＝ 100 ÷可食部率$$
$$総使用量＝純使用量×発注換算係数×食数$$

総使用量算出の際に用いる廃棄率（percentage of unused portion）については留意すべきである。一般的に廃棄率は，日本食品標準成分表などの数値を用いることが多い。しかし給食施設の廃棄率は成分表のそれより高い傾向にあるといわれている。また食品の大きさ，切り方や調理方法，調理員の技術などによってその率は変動するため，実態に見合った適正な廃棄率を使用する必要がある。施設における過去の廃棄量記録などを活用することで，実態に見合った廃棄率を把握することが可能である。なお，できるだけ廃棄率を低くしてその変動を少なくすることで，無駄を減らすことができる。

### 2）発注の方法

発注の方法は，以下に示す通り，いくつかの方法があるが，基本的には発注伝票（purchase order）を用いる。発注伝票には，食材名，規格，数量，納入月日，価格，備考などの欄があり，複写で作成し，控えを使用して検収作業を行う。

① 電話による発注：手軽だが，言い間違い，聞き間違いなどが生じやすい。

② 伝票による発注：発注伝票を作成して直接渡すので，内容に関して説明を加えることが可能で，より確実だが，急な変更や追加注文には迅速な対応ができない。

③ ファクシミリによる発注：業者が不在でも発注伝票の内容を正確に迅速に伝えることができる。業者から受け取る見積書なども同様で利便

性が高い。

④ 電子メールによる発注：電子メールの普及に伴って，利用も増加している。業者に，迅速に内容を伝えることができ，他の方法と比較して経済的である。

⑤ 店頭での発注：直接出向いて食材を確認したうえで発注するため，品質などについての不確実性を低くすることができる。しかし店頭に出向く時間を要するので，特別な配慮を要する場合など，個別性の高い発注に適している。

### 3） 発注時期

① 生鮮食品：使用当日の納入が原則である。発注時期は，業者によって違い，納入の数日前に発注する方法や，1週間分をまとめて発注する方法などがある。

② 貯蔵食品：品目ごとに，使用実績に基づいて，1日の最大使用量（下限量），保管可能な量（上限量）をあらかじめ定めておき，在庫量を管理する。発注は，下限量に納入までの日数を考慮した必要量を加え，さらに若干量を加えた量になった時点で行う。各施設の実態に応じて限界在庫量として目安を定めておくとよい。

## (5)　検収（inspection）

検収は，発注した食材が指定した日時に，指定した場所に納品伝票とともに納入されたことを確認する業務である。現品と，納品伝票・発注控伝票などを照合し，間違いのないことを確認した上で受け取る。検収には，食品鑑別ができる栄養士や調理主任が立ち会うのが望ましい。

食品鑑別は，一般的に官能的評価で行われる。食品の色や光沢，形や大きさ，手触り，香りなどで食品の良し悪しを判別する。そのため，経験による熟練が必要であり，適正な判断が求められる。すべての食材をみるのが原則だが，1つの食品が大量にある場合には，抜き取りで行う場合もある。

### 1）　検収項目

検収では，数量，品質，規格，価格，衛生状態，期限表示などを確認する。具体的には表5.4に示した項目について行い，原産地，仕入元の名称，ロットなどの情報は記録する。

納入された食品が不適格であった場合には，原則返

表5.4　検収項目

| 項　目 | 確　認　内　容 |
|---|---|
| 食品の種類 | 注文通りの食材量であるか。規格確認。 |
| 数　量 | 重量を計量して確認。個数や枚数単位のものは総数を数えておく。 |
| 鮮　度 | 生鮮食品は鮮度確認。貯蔵品は品質保持期限を確認。 |
| 価　格 | 契約時の価格で納品されているか。適正な単価であるか。 |
| 品温（表面温度） | 納品時の品温（特に冷蔵品や冷凍食品の表面温度）を測定し，記録する。 |
| 衛生状態 | ダンボールやケースなどの表面の汚れなどを確認。 |
| 異物混入 | 昆虫やごみの混入がないか確認。 |
| ロット番号 | ロット番号またはロットが確認できる年月日などを記録する。 |

品し，代替品の納入を依頼する。生鮮食品などで衛生上問題があるような場合には，その食品は使用してはならない。生鮮食品の当日納品で不適格であった場合など，時間的に対応が間に合わない時には，一部献立を変更して対応する。

#### 2) 検収時の留意点

・業者の立ち入りは検収室（receiving inspection area）までとする。

・出入り業者には定期的に細菌検査の結果を提出させる。

・検収簿を作成し，記録する。

### 5.1.4 食材の保管・在庫

納入された食材は，保存上の性質によって振り分け，それぞれ倉庫，冷蔵庫，冷凍庫などに保管する。食品の保存温度については「**大量調理施設衛生管理マニュアル**」に基づき，保存する（**表5.5**）。適正保存温度には室温，保冷，冷蔵，氷温，冷凍があり，それぞれの食品に適した温度で保存することで品質劣化を防ぐことができる（**図5.5**）。食材によっては冷蔵保存によって**低温障害**\*を受けて品質が劣化する場合があり，注意が必要である。食品を保存する保管庫は，温度確認を1日に数回行う。加えて，定期的に清掃および消毒を行い，衛生管理を徹底する。

食材の入出庫は伝票によるので，食品受払簿（inventory sheet）と在庫量（stock volume）は一致する。しかし保管中に損失する場合もあるので，定期的に在庫量をチェックする必要がある。通常，出庫時や月末に行うことが多い。この作業を**棚卸し**（inventory）という。棚卸しでは，量，品質，記入事項などを調査し，相違があった場合には原因を明確にし，在庫管理（inventory management）の徹底を図る。棚卸しによって原価計算などに必要なデータを得ることができる。

**表 5.5　原材料，製品等の保存温度**

| 保存温度 | 食品名 |
|---|---|
| 室温 | 穀類加工品（小麦粉，デンプン），砂糖<br>液状油脂<br>乾燥卵 |
| 15℃以下 | ナッツ類，チョコレート<br>バター，チーズ，練乳 |
| 10℃前後 | 生鮮果実・野菜 |
| 10℃以下 | 食肉，食肉製品<br>ゆでだこ，生食用かき<br>魚肉ソーセージ，魚肉ハム及び特殊包装かまぼこ<br>固形油脂（ラード，マーガリン，ショートニング，カカオ脂）<br>殻付卵<br>乳・濃縮乳，脱脂乳，クリーム |
| 8℃以下 | 液卵 |
| 5℃以下 | 生鮮魚介類（生食用生鮮魚介類を含む） |
| −15℃以下 | 細切した食肉を凍結したものを容器包装に入れたもの<br>冷凍食肉製品<br>冷凍ゆでだこ，生食用冷凍かき，冷凍食品<br>冷凍魚肉ねり製品 |
| −18℃以下 | 凍結卵 |

出所）大量調理施設衛生管理マニュアル（最終改正平成28年）一部改変

\***低温障害**　低温障害の例として，バナナの黒皮化，トマトの異常軟化などが知られている。食材の保管にあたっては，温度管理が重要である。

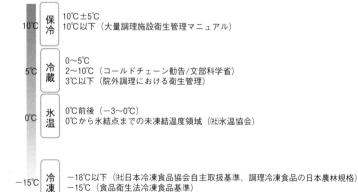

**図 5.5　保管温度基準**

69

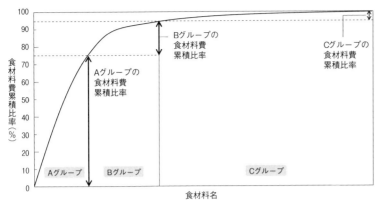

累計比率75%までを占める食材：Aグループ
75～95%を占める食材：Bグループ
95～100%を占める食材：Cグループ

**図 5.6** 食材料費の ABC 分析

最近ではコンピュータの在庫管理システムを使用して給食管理業務の合理化が図られている。

　食材の在庫を管理する場合，重要度に応じて管理すると効率が良い。金額がかさみ，製造に大きな影響を与えるものから順にA，B，Cとランク付けし，Aを最も重点的に管理し，B，Cと管理精度を粗くしてゆく手法を **ABC 分析**（ABC 管理：ABC analysis）という。まず，食材別に一定期間内の使用金額を集計し，材料の総使用金額に占める割合（食材料費比率）を算出する。そして，食材料費比率の最も大きい食材から順に並べ，グラフ用紙の縦軸に食材料費累積比率を，横軸に食材名をプロットする。食材費累積比率 75％までを占める食材を A グループ，75～95％を占める食材を B グループ，95～100％を占める食材を C グループとする（**図 5.6**）。ただし，この累積比率の分類については決まりがなく，分析する対象の種類や性質等によって相違する場合がある。A グループに属する食材は，食材料費全体に及ぼす影響が大きいので，重点的に管理することで経費の効率的節減が可能となる。

### 5.1.5　食材管理の評価

　食材の購入価格を分析し，適正かどうかを評価することは，給食の経営上極めて重要である。

　食材料費（food cost）の予算を立てる場合，原価計算を行う。食材原価（食材費）は，在庫金額，支払金額をもとにして以下の式で計算する（**図 5.7**）。

食材原価（食材料費）

＝（**期首在庫金額**）＋（期間中に購入した食材の費用）−（**期末在庫金額**）

　食材料費は，食品類別，または個別，日や週，月など期間別に算出する。

　食材管理の評価では，まず食材料の発注，購入，検収，保管の一連の流れに，問題点がなかったか検討が必要である。その中には，納入業者が適切であったかどうかの検討も含まれる。次に，価格の検討が必要である。食品群別，期間別の食材料費の比較，予定献立と実施献立の

食材料費原価 ＝（期首在庫金額＋期間内購入金額）−期末在庫金額*
*期末在庫金額は棚卸しをすることにより算出する

| 期　首 | | 期　末 | |
|---|---|---|---|
| （前期） | （当期） | | （次期） |

**図 5.7**　期間食材料費

食材料費の比較などを行う。予定献立よりも実施献立の食材料費が上回った場合には，原因の究明と，その改善策を検討する。食材の廃棄率も検討する。実際の廃棄率が見込みを大きく上回ると，食材料費に影響するだけでなく，廃棄物も増加し，その処分費もかさむことになるからである。また，使用頻度の高い食材や，生鮮食品のように価格変動の大きい食材については，出回り期や市場価格を調査し，価格変動を予測して適正価格を把握することが必要である。

## 5.2 生産（調理）と提供

### 5.2.1 給食のオペレーション（生産とサービス）

オペレーションとは一般的に機械などの操作，作業などをいうが，それらを給食にあてはめると，調理操作や調理作業のことをいう。

給食は一種の食品製造プロセスであり，食品ごとの製造プロセスを鳥瞰すると，いくつかの基本的で共通のオペレーションがあることがわかる。従って，給食はさまざまなオペレーションを組み合わせたシステムである。

給食施設により食数や食事の種類，その提供方法が異なるため，どのようなシステムを採用するかは，給食を運営していく上で重要である。給食の目的に合わせて，効率的に行うためのさまざまな**オペレーションシステム**（operation system）が構築されており，代表的なシステムには，提供に合わせて調理を行うコンベンショナルシステム，生産と提供が同時に行われないレディフードシステム，セントラルキッチンシステム，アッセンブリーサーブシステムなどがある。

主な給食オペレーションシステムとその特徴を**表5.6**に示した。

① **コンベンショナルシステム**

加熱・調理した後，速やかに提供されるシステムである。調理と料理の提供が同一施設で行われ，提供時間に合わせて調理を行う。クックサーブ（cook and serve）システムともよばれる。

**表5.6** 各生産システムの特徴

|  |  | 特　徴 |
|---|---|---|
| コンベンショナルシステム | 加熱調理後速やかに提供する方式。生産から提供が連続的に行われるシステム。 | 従来から行われている方法。 |
| レディフードシステム | 提供日より前に調理・保存しておき，提供時に加熱して提供する方法。クックチル，クックフリーズなどの方法がある。 | 調理作業が効率化される。また必要なときに必要な食数の提供が可能である。メニューも多様化する。 |
| 【クックチル】 | 加熱調理後，急速冷却して冷蔵保管し，提供直前に再加熱する方法。 | 調理日と提供日を含めて最長5日間の保管が可能。 |
| 【クックフリーズ】 | 加熱調理後，急速冷凍して冷凍保存し，提供直前に再加熱する方法。 | クックチルより保管期間は長くなるが，適用できる食材料に制限がある。 |
| 【真空調理システム】 | 食材料を真空包装して加熱調理するシステム。 | 熱伝導が良く，加熱・冷却が速いので食品の持ち味を生かすことができる。 |
| セントラルキッチンシステム | 1ヵ所の厨房でまとめて調理し，調理済みの食事を配送する方式。 | 合理的，効率的な運営が可能になる。 |
| アッセンブリーサーブシステム（コンビニエンスシステム） | 調理済み食品，加工品として購入し，提供前（盛付け前）に加熱する。 |  |

② レディフードシステム

調理をして保存し，提供直前に再加熱されるシステムである。調理方法にクックチル，クックフリーズ，真空調理法がある。

③ セントラルキッチンシステム，central kitchen system

食材の調達や調理が1ヵ所の施設（セントラルキッチン）で集中的に行われ，調理された料理が各給食施設（サテライトキッチン，satellite kitchen）に搬送され提供されるシステムである。サテライトキッチンで一部の調理や再加熱を行う場合もある。

④ アッセンブリーサーブシステム（コンビニエンスシステム）

調理済み食品（cooked food）や加工食品を購入し，提供前に加熱のみを行うシステムである。

### 5.2.2 生産計画（調理工程，作業工程）

#### (1) 生産管理の目標・目的

**生産管理**（production control）とは，所定の品質の製品を，所定の期間内に経済的に製造するために，生産を予測し，合理的に製造工程を計画し統制して，むだ，むら，むりがないように生産全体を最適化することをいう。給食施設においては，安全で栄養管理された食事を所定の時刻に利用者へ提供することが目標であり，安全性の確保，品質・サービスの管理，納期の厳守，原価コストの低減を図りながら，利用者を満足させる食事を提供することが目的である。

給食の場合，食材の調達から調理を経て料理を提供し廃棄物を処理するまでの一連の流れにおいて，技術面，ヒトの行動面のみならず作業過程における衛生面，料理における栄養面，経済面の管理も十分に行わなくては，目的を達成することはできない。また，品質管理（quality control）も食材や料理などの物質面だけでなく，サービスにも配慮しなければならない。

生産工程を管理するためには，単純化（simplification），**標準化**（standardization），専門化（specialization）の3Sという考え方が有効である。また，ヒト（man）およびモノ（material），設備（machine），方法（method）の「生産の4M」を合理的に管理・統制して利用者を満足させる食事を提供することが重要である。クックサーブの一般的な生産工程は，調理，配膳，配食，下膳処理，厨房および食堂の清掃という流れになる（図5.8）。

給食施設での調理は，決められた時間内に複数の作業員の共同作業で行われるため，生産計画（production planning）を立てることは有益である。生産計画は一連の工程を図式化し，総合的観点から最適工程を求めるための管理手法である。工程には作業工程と調理工程がある。全員が普通程度の作業を行うことを前提として作業ごとに標準作業時間（standard working hours）

**図5.8** 生産工程の流れ

下　処　理

主　調　理

配膳（盛付け）

配　　食

供　　食

食　器　回　収

洗　浄・清　掃

消　　毒

廃　棄　物　処　理

を決定する。この標準作業時間をもとに，供食時刻から逆算して料理別に作業開始時刻を決定する。この場合，不測の事態に備えて多少の余裕時間をみておく必要がある。

### （2）　工程管理

工程には変換される食材に視点を置いた**調理工程**（cooking process）と変換する人に視点をおいた**作業工程**（work process）がある。

調理工程は，食材料が人や設備機器類を介して料理に変換されるまでを管理するためのものであり，原材料の下処理から料理の出来上がりまでの過程をいう。調理工程では，下処理，主調理に区分され時間経過に伴う内容が示され，時系列で示された食材料の調理操作方法が機器類の稼働，衛生管理，作業管理の点から管理される。調理工程の標準化では，料理ごとに食材料の重量，調味配合，調理方法（焼く，蒸す，揚げる，煮る，炒めるなど），調理時間，調理温度などを決定し，施設の設備に合わせた表を作成する。**標準化**を行うことにより，調理工程の生産効率が向上し，ひいては品質の向上にもつながる。調理工程表の一例を**図5.9**に示す。

作業工程は，調理従事者を管理するためのものであり，食材を料理に仕上げ，食事として提供するまでの作業を組み立てることであり，食器の回収，洗浄，清掃，厨芥処理までの範囲が含まれる。作業工程は，作業環境に応じて，料理ごとに品質基準を設定して調理方法（切り方など），時間，使用機器およびその扱い方，作業エリア，人員数などを示すことであり，それらをまとめたものが**作業工程表**である。作業工程表では提供開始時刻を基準とし，さかのぼって作業開始時刻を設定し，時間軸に合わせて料理および献立ごとに作業手順が示される。複数の調理従事者の分担を，作業の順番や内容，作業区域の移動などを考慮して組み立てるようにする。

### （3）　生産管理の評価

生産管理において，むだ，むら，むりを減らし作業能率を高めるために，評価（evaluation）は不可欠である。生産管理の評価（evaluation）の意義は，各項目の作業の問題点を発見し，原因分析を行い，改善のための対策を立てるとともに，給食運営の統制機能を向上させることにある。評価にあたっては，食事の適合（製造）品質，生産工程の効率化などの観点から調査するだけではなく，利用者へのサービスおよび利用者の満足度を図り知りフィードバックさせることが重要である。評価すべき対象としては，調理工程の評価，給食の品質評価，作業の安全性の評価，労働生産性の評価，調理従事者の疲労度評価などがある。

① 調理工程の評価：工程ごとの作業時間，設備機器の効率運用などの分析を行い，場合によっては機器の新規導入の検討を行う。

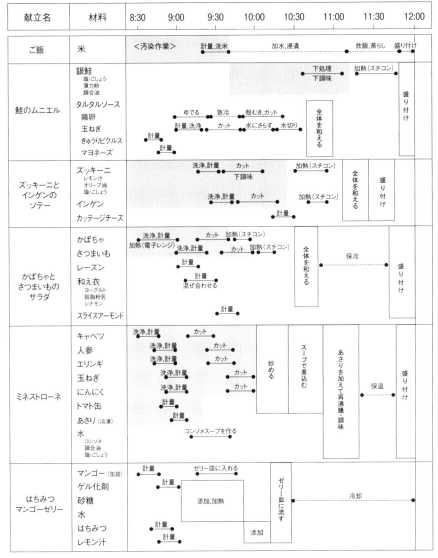

**図 5.9　調理工程表の例**

② 給食の品質評価：盛付け，味，重量，提供温度などの評価を調理者側から実施するだけではなく，喫食者側の反応も合わせて調査し，問題点を分析する。

③ 作業の安全性の評価：細菌検査や保管温度などの評価をいつ・誰が・どのように行うかを予め分担し，分析結果を評価する。

④ 労働生産性の評価：人，物，金など給食の資源の投入量に対する生産量の比率を数値化し，労働生産性を評価する。労働生産性の評価の方法としてはいろいろな方法があるが，労働生産性は作業効率を表し，生産管理や経営管理の評価に用いられる（表5.7）。

⑤ 調理従事者の疲労度の評価　調理作業が効率的に安全に行われていたか評価する上で必要であり，調理従事者の疲労による集中力の低下は間違いや事故につながる可能性があるため，作業管理の評価として疲労度調査（fatigue survey）を行う。

　生産のむだ，むら，むりを減らし作業能率を高めるために定期的に生産管理の分析を実施し，改善策を見出すことが重要である。改善が進み，作業員の労力が軽減され，安全で楽しく作業ができるようになれば，生産管理の目的である「喫食者に対して安全で，安価で，おいしい給食の供与」が達成さ

れるであろう。

### 5.2.3　大量調理の方法・技術

　大量調理では計量が基本となる。重量を量
り，温度や時間を計ることが，大量調理の標
準化につながる。また，大量調理では容量よ
りも重量で量ることが多い。そのため，使用
する容器は予め重量を明記しておくと便利で
ある。量りは目的にあった目盛りの量りを選
び，効率よく作業できるように工夫する。

**表5.7　労働生産性の算出**

| 労働生産性（単位） | 計算式 |
| --- | --- |
| 従事者1人当たりの食数（食／人） | 食数／従事者数 |
| 従事者1人当たりの売上高（円／人） | 売上高／従事者数 |
| 従事者1人当たりの労働時間数（時間／人） | 労働時間数／従事者数 |
| 1時間当たりの提供食数（食／時間） | 提供食数／労働時間数 |
| 1食当たりの従事者数（人／食） | 従事者数／提供食数 |

従業者数＝フルタイム従事者数＋換算フルタイム従事者数
換算フルタイム従事者数＝（フルタイム従事者の早出・残業時間数＋パート
タイム従事者の就業総時間）／フルタイム従事者の基準労働時間

#### （1）下処理

　納入された食材に最初になすべき工程は，**洗浄**である。いも類など土がつ
いている食材は，下処理室に持ち込む前に下洗いをする。野菜類は生で食す
る場合には200mg/L の次亜塩素酸ナトリウム（sodium hypochlorite）水溶液
に5分間浸漬して殺菌する。この際，葉物などは内部まで浸漬液が行き渡る
ようにかきまぜ，また比重の小さい食材は浸漬液につかるように重しをする
など工夫する。その後，流水中で充分にすすぎ洗いをする。ただし，栄養成
分が流出しないように，洗浄する必要がある。

　洗浄された食材は下処理操作として切砕される。特に大量調理では，加熱
時間を均等にするためにも食材を同じ大きさに揃えて切ることが大切である。
同じ大きさに揃っていると，外観が良いばかりではなく，主調理作業での加
熱操作の標準化が容易となる。さまざまな種類の切砕機があるので上手に使
うと作業の効率化につながる。切砕機を使用する際の注意点は，繊維の方向
を考えて使用する。葉物は葉と茎に切り分けておくと加熱操作がしやすい。

#### （2）主調理

　主調理は，下処理によって準備された食材が，料理になるまでを指す。主
調理のなかで最も重要な操作は，加熱操作である。加熱操作は大別すると湿
式加熱，乾式加熱，誘電加熱，電磁誘導加熱に分けられる。

　湿式加熱は水を媒体とし，ゆでる，煮る，蒸すなどの操作がある。特に，
大量調理の場合，加熱される程度が個々の食材の大きさによって異なるため
水分蒸発量が異なる。火加減では，余熱を考え80％くらい煮えたところで
火を止め，加熱の程度が均等に行き渡るまで待つのがこつである。

　乾式加熱は，焼く，炒める，揚げるなどの操作がある。水の沸点（100℃）
を超える高温で加熱するが，水分含量が多い食材では加えた熱が水の相変化
に使われるため，中心温度はほぼ100℃に保たれる。加熱温度が高く（160～
190℃），食材の表面と中心部の温度差が大きくなり，加熱むらが生じやすい。

　誘電加熱はマイクロ波によって食品中の水分子の振動により発熱させるも

ので電子レンジ加熱のことである。電磁誘導加熱は電気で磁力線を出し，鍋の発熱によるもので，電磁調理器のことである。

調理中に栄養成分が何らかの影響を受けるのは避けることができない。献立表の栄養価と提供した給食の栄養量に差が生じないように，調理方法を検討する。

食中毒や異物混入などは特に気をつけなければならない。調理工程中での食材の安全性を確保するためには，第1に，菌をつけないことである。第2に，菌を増やさないために，食中毒菌の発育至適温度帯（約20〜50℃）を速やかに通過するように温度管理を徹底する。第3に，食材の中心部まで充分に加熱し（75℃1分以上（二枚貝等ノロウィルス汚染のおそれのある食品の場合は85〜90℃で90秒間以上）），菌を殺す。

調理中は非常にデリケートな物理的化学的変化が起こるため，温度管理と共に時間管理を意識して工程を管理することが重要である。給食は「決められた時間に食事を提供しなければならない」という納期があるため，各料理の調理作業に要する時間をあらかじめ割り出しておく必要がある。調理に要する時間が異なる複数の料理を取り扱わざるを得ないので，特定の時間に作業が集中しないように注意する。また，作業ごとに標準作業時間を決定する。

大量調理においては，食材の廃棄率は規格や調理機器・操作によって異なる。また，調理による目減りや品質低下が生じやすいため，提供時に足りなくなるということが起きないよう，食材発注時に配慮が必要となってくる。さらに，調理開始から配食・供食までの時間が長くなるなど，調理操作の面で少量調理と異なる点をよく理解して，大量調理における標準化を確立させておく必要がある。

### 1）新調理システム

HACCPの概念が導入され，クックチルシステム（cook chill system），クックフリーズシステム（cook-freeze system），真空調理（vacuum packed pouch cooking）など新調理システム（new production system）が，わが国でも病院，ホテル，レストランチェーンおよび院外調理の施設などで，取り入れられている。新調理システムの導入は，徹底した衛生管理と計画的な生産工程を可能とする。作業の平準化，生産性の向上，人件費の適正化，品質の安定化，在庫管理の効率化による食材コストの削減につながる。新調理システムにはそれぞれに適した料理があり，適切に組み合わせて活用することが望ましい。

### ① クックチルシステム

クックチルシステムとは，加熱調理（cook：中心温度75℃，1分以上）した食品を，加熱後30分以内に冷水または冷風により急速冷却（90分以内に中心温度3℃以下まで冷却）し，チルド状態で運搬，保存（chill）して，提供直

前に再加熱（中心温度75℃，1分以上）して盛付け・配膳する調理方法である（図5.10）。クックチルに適している料理は，カレーなどの固形物とソースが一体となった料理や蒸し物，茹で物，焼き物など多岐にわたる。一方，炒め物，和え物，パリッとした食感の料理などはクックチルに不向きである。また，再加熱後2時間以内に提供しなかったものは廃棄しなければならないこと，冷凍に比べ調理後の冷蔵保存許容限度が短いことを忘れてはならない。

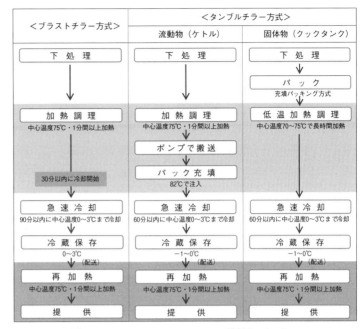

図5.10　クックチルシステムの種類とプロセス

### ② 真空調理法

　真空調理とは，鮮度管理された食品を生のまま，あるいは下処理をして調味液とともに真空包装し，パックごと低温加熱（加熱到達温度は食材の中心温度で60〜95℃の範囲）し，これを急速冷却または冷凍し，チルドまたは冷凍保存して，提供前に再加熱する調理法である（図5.11）。食材を真空包装することにより，調味液が食材に浸透し，熱伝導がよく，風味・香りを逃がさずに加熱調理できる。また，保存期間を調節することによって，調理作業を分散化・平均化することが可能であり，計画調理が容易となる。真空調理に適している料理は，煮物，蒸し物などである。焼き物，炒め物，揚げ物などをパック内で行うことは難しいが，再

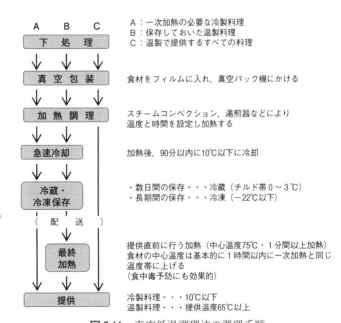

図5.11　真空低温調理法の調理手順

加熱後，パックから取り出し，焼き色つけや余分な水分を飛ばすことで，類似の仕上げにすることは可能である。

### 5.2.4　大量調理の調理特性

　**大量調理**（volume cooking）では，家族単位の少量調理と異なり，脱水・蒸発・加熱・冷却などの操作に要する時間が長くなる。食材の洗浄後の脱水に

時間がかかるようになると，限られた作業時間の範囲では付着水が多く残ることになる。すると最終的に料理に含まれる水分が多くなってしまう。このような場合には料理の最終的な味を調整するために，必要に応じて調味料の量を変えるなどの工夫が必要である。また，大量調理では加熱時の温度変化が緩慢であるため，加熱時間が長くなり栄養成分の変化が著しくなりがちである。このように調理工程での温度管理においては時間に対する注意が必要となってくる。

## (1) 廃棄率

廃棄率は同じ食材であっても食材の品質や規格，生産の季節，調理操作の方法，使用機器，切り方などによって変化する。また，作業員の技術レベルによっても廃棄率は異なる。したがって食品標準成分表に記載されている廃棄率は参考にはなるが，各自施設の廃棄量を記録しておき，それぞれ独自の廃棄率表を作成しておくことが望ましい。

## (2) 調理時間

大量調理での加熱時間は，少量調理での最適条件とは異なることも多く，調理機器によってもその差は大きいため作業時間が長くなる。

## (3) 食品の水分量および加熱時の水分変化

食材の洗浄，調味，加熱などの調理操作によって水分量は変化する。

① 付着水（remaining water）：洗浄後の水切り条件により付着水量が異なり，その後の吸水量が変化し，調味濃度，加熱温度に影響を及ぼす。そのため，洗浄によりどのくらい水が付着したか，計量して把握しておく必要がある。洗浄後の付着水は，野菜類で20～30％，米で10％位である。サラダなどでは水切りを充分に行わないと味の浸透が悪くなる。

② 脱水：和え物などの野菜に調味料を用いると，時間経過に伴い脱水作用が生じ調味濃度が減少する。また歯触りや色彩が悪くなる。脱水による品質劣化を少なくするために，供食の直前に調味するなどの配慮が必要である。

③ 加熱時の水分蒸発：加熱による水分蒸発を考慮して加水量を決める。その場合，加熱時間と火力管理を行い，蒸発量を一定に調整することが必要である。一般に大量調理は小規模の調理と比較して蒸発速度が遅い。したがって煮詰めるという操作は少量調理のように容易ではないため，最初に加水量を加減する。加熱時の加水量，蒸発量は使用食品の種類，調理法，使用機器の種類，大きさ，型，火加減，加熱時間などにより大きく異なるので標準化しておくとよい。

## (4) 調味濃度

加熱中の水分蒸発量が小さいために味のバランスをとることが難しく，味付けには十分注意しなければならない。煮物などの場合は，調味料は全体量

の約80％を入れ，残りは味を確かめながら加えていく。大量調理の調味については重量パーセントを用いる。

### （5） 調理における温度管理

大量調理においては，水や油の適温までの温度上昇は緩やかである。加熱調理の際，沸騰水または適温の揚げ油に大量の食材を入れると温度低下が著しく，温度回復に時間がかかり結果として均等加熱ができなくなる。1回に投入する食材の適正量は，水量の通常50％以内が好ましい。特に冷凍食品の場合には，素材の温度が低いため油の温度が下がりすぎないように注意する。また，加熱終了後そのまま放置しておくと余熱により加熱が継続されるため，余熱を考慮した調理が必要である。

### （6） 煮くずれ

でんぷん食品や魚類などは温度上昇が遅いが，保温性が良いため，煮えすぎによる煮くずれを起こしやすいので注意する。でんぷん量が多いほど熱保温性が良いので早めに火を止め，煮えすぎに気をつけることが大切である。料理ごとに火加減や加熱時間をマニュアル化しておくと，加熱時の作業が便利である。

### 5.2.5　施設・設備能力と生産性

給食施設がどのような生産システム（production system）を採用するかによって，施設・設備の内容は異なる。しかし，どのようなシステムにおいても，生産性（productivity）を高めることは経営管理（management）の観点からも重要である。投入する物的資源や人的資源が少なく，より多くの生産ができると，生産性が高いといえる。経営者，施設設置者のみならず，管理栄養士や調理従事者も生産性を意識して業務を行うことが大切である。

生産性とは能率と同じ概念で，生産現場での投入量（人・物・金）に対する生産量の比を表したもの（生産性＝生産量／投入量）である。作業が効率的に遂行できているかを数値で評価し，結果によっては作業の改善策を検討する必要がある。

労働生産性（labor productivity）とは単位労働力あたりの生産量を示すもので，給食において経営管理の評価として用いられる労働生産性は，調理従事者1人または1人1時間当たりに提供可能な食数あるいは料理数などで表す。また，1食当たりの労働時間数や従事者数を算出することもできる（**表5.7**）。労働生産性が高いと，効率良い生産ができたといえる。一方，労働生産性が低ければ，作業時間が延びて人件費が高くなり，給食の原価も上がるので，販売価格の値上げにつながったり，価格が一定の場合は利益幅が減少し，給食を運営する上で支障をきたす。

作業効率を上げるためには，器具などを効率良い配置にすることも重要で

ある。作業に用いる器具や材料の配置場所により，作業効率に差が出るばかりでなく疲労度にも影響する。また，調理作業分担を細分化しすぎると担当の作業範囲が分かりにくく作業効率が低下するため，大まかに分担する方が良い。

さらに給食の労働生産性を上げるためには，設備機械の機能を最大限に活用することはもちろん，施設・設備機器の改善を適宜行い，クックチルや真空調理などの新調理システムの導入も検討し，生産性・再現性を持ち合わせた施設・設備に整備していくことが必要である。

### 5.2.6　廃棄物処理（disposal of waste）

調理工程で食材の非可食部が廃棄されることに加えて，提供された料理のうち食されなかった残菜が廃棄物として発生する。

そのため，常に無駄の出ないように献立計画（menu planning），購入計画（purchase planning），調理管理を行うことや納入業者に対して梱包の簡素化などを指示することで，廃棄物を極力減らすよう努力する必要がある。

「廃棄物の処理及び清掃に関する法律」において，廃棄物は一般廃棄物と産業廃棄物に分類され，これらの廃棄物においては廃棄物の排出者が責任をもって処理を行わなければならないとされている。特定給食施設から廃棄されるごみは，事業系一般廃棄物として，排出事業者が責任をもって処理業者を選定し，処理を行わなければならない。処理方法については，施設が属する地域の条令などに準じて処置しなければならないが，大きく分けると可燃ごみ，不燃ごみ，資源ごみに分別される。一般に，厨芥は焼却場に運ばれ焼却されるが，最近では地球環境問題を考慮し，生ごみを堆肥化し，リサイクルするシステムが進んでいる。また，2001（平成13）年施行の食品リサイクル法（food recycling law）においても，食品廃棄物は「食品循環資源」として位置づけられ，堆肥化，飼料化を検討すべきものとされており，特定給食施設においても十分な対応が必要である。

廃棄物を処理する際の注意点としては，**非汚染作業区域**（non-contaminated zone）を通らないで搬出できるようにすることや，適切な方法で迅速に処理すること，収集日まで廃棄物を格納する衛生的スペースを確保することが重要である。特に食材の廃棄部分と残食などの厨芥は，水分，栄養素含有量とも多く，腐敗しやすく，害虫などの温床となりやすいため，できるだけ水分を除き密封容器などに収納し，所定の場所に保管するようにするほか，極力速やかに処理業者に引き渡し処分することが望ましい。

廃棄物の処理の際には社会的責任や地球環境問題を考慮し積極的に施設内を見直し，環境整備を遂行する必要がある。

#### 5.2.7 配膳・配食の精度

配膳（dish up）作業は，出来上がった料理を最適の状態で食器に盛付け（dish up），喫食者に提供することである。料理の品質が低下しないように，時間管理，温度管理，衛生管理に十分注意することが大切である。

##### (1) 配　膳

配膳とは出来上がった料理を食器に盛り付ける作業で調理作業の最終作業である。盛付けの出来・不出来により利用者に与えるおいしさに影響を及ぼす。また，盛り付ける分量を正確にすることが給与栄養量（nutrient provision）の精度につながる。

盛付けにおいて注意すべき点は ① 計画時に指定された料理に合った食器を使用すること，② 食器は清潔感のあるものを用い，絵や図柄のある食器は向きを考えて盛り付けること，③ 分量を均等に盛り付けられるよう，料理全体量を計量し，1人当たりの分量をあらかじめ割り出しておくこと，④ 盛付けのサンプルは正しい分量，配置で盛り付けること，⑤ 料理に合った器具で盛り付けること，⑥ 手順を標準化し，能率よく迅速に盛り付けること，⑦ 外観を美しく彩りを考え，立体的に盛り付けること，⑧ 盛付けする人や用具の衛生管理を徹底することなどがある。

##### (2) 配　食

配食とは，盛り付けた料理をトレーに組み合わせる作業と料理を喫食者に渡す作業とからなる。適時適温の食事提供を行うために，配食時間に合わせて，調理，配膳作業を計画する。喫食までに時間を要する時は，保温食器（heat-retaining dishes）や，保温トレー，冷温蔵配膳車（temperature control cart）を利用する。

##### (3) 配膳・配食時の温度管理

適温給食（food（meal）service at suitable temperature）はおいしい料理を提供する上で重要である。季節などの喫食条件や個人差はあるが，一般に料理の適温は体温（36〜37℃）±30℃とされている。衛生管理の観点では，料理の仕上げから提供までの品温を細菌の増殖を抑える温度帯，冷菜では10℃以下，温菜では65℃以上にすることが望ましいとされている。利用者に冷たい料理は冷たく，温かい料理は温かく提供することが大切であり，適温給食を行うためにも盛付け時間を短縮する工夫が必要である。そして，調理後の温度変化，衛生管理を意識して温度・時間管理を行うことが求められる。

##### (4) 配膳・配食方式

配膳・配食の方法には中央配膳や分散配膳，食堂配膳などがある。

① 中央配膳（centralized tray-setting system）

病院などで多く採用されている方法で，厨房で喫食者ごとの盛付けを行い，

配膳車等で搬送し食事を提供する。配膳開始から喫食までに時間を要するため、冷温蔵配膳車等を利用して適温での供食に配慮する。

② **分散配膳**（food dished up in room）

学校給食や、病院における病棟配膳などで多く用いられている方法で、必要な分量の料理を食缶などの容器に分配し、喫食場に運搬して盛付けを行う。温度管理はしやすいが、給食担当者以外が盛り付けることになるので盛付け作業人員が増え、1人当たりの分量が変動したり、衛生管理の徹底が難しい。

③ **食堂配膳**

社員食堂や学生食堂で採用されることが多い方法で、利用者が各自で、喫食場に備え付けられたトレイ、カトラリー類、湯のみ、料理を取る。適温を保つため、冷・温ショーケースの設置やウォーマーテーブルなどの利用を配慮する。提供方式には**セルフサービス**や**カウンターサービス**などがある。

【演習問題】

**問1** 随意契約方式での購入が適する食品である。正しいのはどれか。1つ選べ。
（2012 年国家試験）
　(1) 総購入費が大きい米
　(2) 価格変動が大きい生野菜
　(3) 使用頻度が高い卵
　(4) 年間の使用量が多い調味料
　(5) 危機管理対策用の備蓄用食品
　**解答**　(2)

**問2** 食材管理に関する記述である。正しいのはどれか。　（2010 年国家試験）
　(1) 貯蔵食品は、在庫下限値を下回ってから発注する。
　(2) 発注量は、［1人当りの純使用量÷廃棄率×100 ×食数］で求める。
　(3) 管理栄養士による検収では、温度測定が省略できる。
　(4) 納品された貯蔵食品は、棚の手前に整理して新しいものから使用する。
　(5) 食材料費の ABC 分析を行い、A の食材に重点をおいて管理する。
　**解答**　(5)

**問3** 食材料の購入と在庫管理に関する記述である。正しいものの組合せはどれか。
（2009 年国家試験）
　a　随意契約方式とは、複数の業者の見積書を比較して価格が有利な業者と契約を結ぶ方法である。
　b　発注量の算出に用いる発注換算係数は、廃棄率 / 可食部率で求めることができる。
　c　納入業者を選定するときの条件の1つとして、店舗の立地条件をあげることができる。
　d　在庫食品は、定期的に棚卸しを行って食品受払簿と在庫量の一致を確認する。
　(1) a と b　　(2) a と c　　(3) a と d　　(4) b と c　　(5) c と d

**解答** （5）

**問4** 調理作業の標準化に関する記述である。誤っているのはどれか。

（2008 年国家試験）

（1）品質基準を設定している。

（2）食数が変わっても仕込み量を一定に保っている。

（3）出来上り時刻を設定している。

（4）作業工程表を作成している。

（5）機器の取り扱いマニュアルを作成している。

**解答** （2）

**【参考文献】**

栄養法規研究会編：わかりやすい給食・栄養・管理の手引，新日本法規出版（2006）

太田和枝ほか編：給食におけるシステム展開と設備，建帛社（2008）

君羅満ほか編：給食経営管理論（第4版），建帛社（2012）

外山健二ほか編：給食経営管理論（第3版），講談社サイエンティフィク（2012）

中山玲子ほか編：給食経営管理論（第2版），化学同人（2011）

日本給食経営管理学会監修：給食経営管理用語辞典，第一出版（2011）

# 6　給食の会計管理

## 6.1　原　　価

原価（cost）とは，商品（製品）の製造，販売，サービスなどを行う際にかかる費用のことで，**原価の三要素**である「**材料費**[*1]」「**人件費（労務費）**[*2]」「**経費**[*3]」で構成される。商品を販売するときの売値（販売価格）は，原価＋利益（儲け）であり，原価がわからなければ適切な販売価格を設定できず，利益を上げる対策をたてることもできない。

### 6.1.1　給食の原価

#### （1）　給食の原価管理

**原価管理**（cost management）とは，原価を計算し，その原価が計画した価格と比べて適切であるかを分析・評価し，必要な原価節減（cost down）や原価調整（cost control）などの対策を打つことであるが，ただ単に原価を算定するのみでなく，経営分析を行うことにより経営改善をしていくことが重要である。給食では大量の食事を提供するため，大量の食材，労働力，諸経費を必要とするので，限られた予算の中で効率よく，品質のよい給食を提供し，その内容を向上させるには，原価管理は必須となる。

**原価計算**は通常各月，あるいは決算期ごとに行い，前月や前年同月比較，構成比率の推移などを検討する。それには次の資料を整備しておく。

① 材料費の資料：発注・請求書，食品消費日計表，献立表，食数表など
② 人件費（労務費）の資料：給与等関連書類，業務日誌，勤務簿など
③ 経費の資料：施設設備台帳，光熱水費記録，衛生検査台帳，消耗品購入伝票など

原価管理の目的は，**財務会計**[*4]としての財務諸表の作成と，**管理会計**[*5]としての経営管理の原価情報を提供することであり，給食経営管理においては後者の資料として使用することが多い。

#### （2）　給食の原価の構成（図6.1）

原価の構成割合は業態等によって異なり，販売業では材料費が，サービス業では人件費が原価の大半を占めるが，給食は，製造，販売，サービスなどが一体となった事業であるため，材料費，人件費，経費を個別にも総合的にも十分に把握しなければならない。

給食原価は，販売価格より利益を除いた総原価を指す。ただし，病院給食では製造原価を給食原価とみる場合もある。総原価は，直接費と間接費に分

**＊1 材料費**　直接材料費とは，調味料等も含めた料理の食材料費をいう。料理を彩るアルミカップやバランなどは直接的な食材とみてもよいが，食材料以外ではすべて間接材料費としたほうが区分は明確になる。

**＊2 労務費**　直接労務費とは，給食の生産に関わる調理師などの人件費をいう。運搬員や食器洗浄業務員などの人件費は間接労務費となる。

**＊3 経費**　直接経費とは，調理室の光熱水費，野菜の消毒剤やラップの費用などをいう。間接経費は，従業員の検便費用や白衣のクリーニング代，機器設備の減価償却費（p.90＊参照）などである。

**＊4 財務会計**　株主，債権者，取引先，投資家などの企業外部の利害関係者に対して，企業の実態を公正に伝えることを目的として営まれる会計で，商法や税法などの諸法規に基づいて行われ，財務諸表を作成し，株主総会で承認を得た後に外部へ公開することが義務づけられている。投資家や取引先は，この財務諸表の情報をもとに企業の実態を分析し，投資や取引の判断をする。

**＊5 管理会計**　企業の状態を定量的に把握し，経営者が戦略立案や経営計画の策定を行ったり，組織や人の業績評価を行ったりするための材料として利用することを目的とした会計。

─●── コラム 8　製品と商品 ──●─

　生産者が，客はこれを求めているだろうと思って生産したものが「製品」であり，客が，これが欲しいと思ってお金を出して買ったものが「商品」とするのがひとつの考えである。たとえば，個別受注生産は客の要求に応じて作るので「商品」を生産しているといえるし，一般的にみられる不特定多数を対象とした見込生産は「製品」を生産しているといえる。客が買ってくれてこそ，現金が回収され，支払いができ，事業が回転するので，売れない製品は不良資産とみてよい。見込生産の製品は，価値ある財産ではなく原価の固まりであり，売れなければ，作るムダ，保管するムダ，さらには捨てるムダを発生させて，結局は資金を捨てることになる。昨今，客の要求は多種多様で変化して止まない。それらの客の要求に応える「商品」を生産することは，利益を大きな目的としない特定給食施設であってもあたりまえのことであり，積極的に取り組まねばならないことであろう。

けて考えることができる。この場合，料理を構成するのに必要なアルミカップは直接材料費か間接材料費か，割り箸が直接経費となるか間接材料費かなどに絶対的な決まりはなく，施設ごとの分類に従うとよい。

### 6.1.2　給食における収入と原価・売上げ

　特定給食施設では，その経営目的において営利を追求する部分が少なく，業務内容も日々大きな変化がないため，全体の運営を経営として捉える意識が希薄で，原価意識をもつことなく旧来の流れのままに業務を行っ

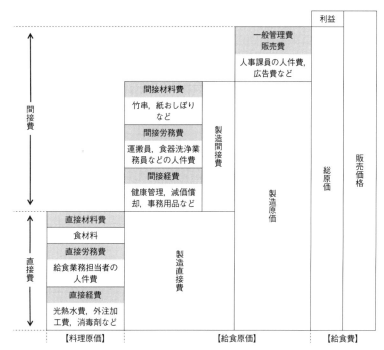

ている施設が多くみられる。し

**図 6.1　原価の構成（給食）**

かし，社員食堂があっても昼食時には職場周辺の飲食店やコンビニ弁当を利用したり，食事がおいしいことが病院選択肢のひとつになるなどの事例が散見されるように，特定給食施設も絶えず競争環境の中にあるのは疑いがない。また，施設の経営事情を背景に，独立採算性を求められるようになってきているのも事実である。効率の良い業務を展開し，かつ利用者のニーズに応え，安全でおいしく，顧客満足度の高い給食を提供するには，給食全般を財務・会計・予算管理の視点から捉えることが重要である。

### （1）　給食予算

予算とは収入と支出をあらかじめ計画することで，一定期間の給食を健全

＊費用と損失　費用とは売り上げ（収益）に役立つものをいい，売り上げと関係ないものは損失という。つまり，その違いは収益の獲得に貢献するか否かにある。費用は，結果はともかく収益の獲得を目指してつかわれるもの，損失は得意先が倒産して債権が回収できなくなった場合など，収益との関連性がないものを指す。

に運営するために，その収入および材料費，人件費，経費などを計画することである。給食施設では，利益率を求められることは総じて少なく，適正に計画された予算に基づき，**損失**＊を出さない経営が求められる。

### (2)　給食の収入と支出

給食における収入源は各施設それぞれだが，給食の目的は儲けが最優先ではなく，また，統制経済といってもよい状態なので，大きな利益を得ることはできない。よって，原価管理を行い，無駄な支出をしないことが収支調整において大切である。

#### 1)　病　院

入院時食事療養費・生活療養費に関わるものが収入源である（10.1.6 参照）。食事療養費等は，特別メニュー以外は定額であり，栄養部門の努力で入院患者数を増やしたり，患者食堂の新設をすること，特別食の比率を増やすことにも限界があるため，給食の収入を上げることは容易ではない。根拠ある給食予算の確保，効率の良い経営と支出削減が重要となる。

病院給食における栄養部の収入は入院時食事療養費を中心とし，栄養食事指導料もある。他に，栄養部門関連業務の収入には，チーム医療としてのものがあり，栄養部門単独の収入とするには無理がある。以下に病院給食における収益向上のポイントを挙げる。

① 入院時食事療養費による増収：患者の把握や医師の発行する食事箋のチェックを行い特別食加算を増やし，採算を考慮した特別メニュー対応に取り組む。臨床栄養管理に取り組み，食べられる患者を増やすなど。

② 栄養食事指導料による増収：対象になる患者が栄養食事指導を受けていない場合があるので，栄養食事指導依頼を担当医に働きかけ，栄養食事指導への流れを自動化するなど。

③ 入院時食事療養における支出を減らす：患者の退院・食止めなどの情報を厳密に把握し，廃棄に至る給食を減少，献立や作業内容を見直して食材の原価計算を徹底すると共に発注ロスや廃棄ロスを出さない。食材高騰時には適切に対応するなど。

④ 人件費や諸経費を減らす：効率のよい生産管理システムを導入し，教育・訓練などによって労働生産性を上げ，また残業を減らす。さらに業務委託化，パート化を含めて人の配置を見直す。光熱水費，消耗品等々の節減に取り組むなどである。

#### 2)　介護老人福祉施設

収入源は，利用者が負担する食費（食材費・調理費を含む）である。介護保険施設では，国が定めた食費の標準額（基準費用額）が 1,445 円/日となっている。栄養管理上の療養食加算は病院の特別食加算と同様に給食の収入と

考えてよい。病院同様，給食としての収入を上げることは難しいので，効率の良い原価管理と支出削減が重要となる。

### 3) 学 校

児童・生徒の保護者が支払う食材費相当額である給食費と，自治体，学校設置者が負担する費用，国からの補助金が収入となる。学校給食では，収入増を考えるのではなく，支出内容を吟味し，効率的な作業をして無駄な出費を抑えることが重要になる。

### 4) 事業所

会社の福利厚生費（業務委託費も絡む）と利用者が支払う食事代が収入である。一般に，福利厚生費が多ければ食事代が安くなり，食事内容に対して割安感が生じる。社員食堂の食事代が無料の会社も存在する。現在，事業所給食のほぼすべてが業務委託されており，その契約内容によって給食の質に違いが出ることは多々ある。社員食堂の利用は，多くは社員の自由意志によるので，利用者数の多少，販売数の多いメニュー，価格帯により収入に差が出る。医療施設，福祉施設，学校などと違い，経営が思わしくないと事業所給食は閉鎖になることもあるので，人，物，金を適切にコントロールし，利益を意識した経営努力が必要となる。

## (3) 原価の評価

利益を上げるには，売上げを増やして原価を抑えるとよいが，そのためには売上高に占める費用（原価）がどれくらいかを把握・分析する必要がある。

### 1) 損益分岐点分析（CVP分析：cost-volume-profit analysis）

損益分岐点とは，利益が出るか損失が出るかの分岐点，すなわち利益がゼロになる売上高と費用の採算点のことをいう（図6.2）。これを知ることで損益を予測でき，あるいは，一定のコストで利益を出すために最低限必要な売上高，一定の売上高で利益を出すために必要なコスト削減の金額などを推測できる。給食では，コスト構造を把握し，経営計画においてその収益性を予測するため，損益分岐点分析を活用する。

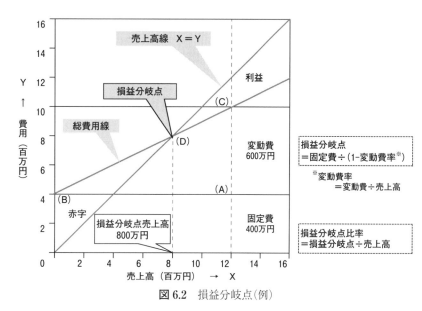

図6.2 損益分岐点(例)

損益分岐点を低くすることは利益の増加になるので，対応としては，食材料費の低減に努め（安価な食材購入だけでなく，食材の扱いにおいてムダ，ムラを省くこと），効率的な人員配置等により作業時間を減らし，作業能率や仕事の質を上げるなどして人件費の軽減に努め，人員構造を変えることを検討するなどである。光熱水費を適正に管理したり，消耗品の無駄遣いをしないなどの経費削減も図る。

【損益分岐点の求め方】

**売上高**が1,200万円，**固定費**[*1]が400万円，**変動費**[*2]が600万円の場合

**A　計算式で求める**

① 損益分岐点売上高＝固定費÷（1−**変動費率**[*3]）

② 変動費率が600万円÷1,200万円＝0.5なので，400万円÷（1−0.5）＝800万円となり，損益分岐点売上高は800万円となる。

**B　図を作成し求める**

① 縦軸に費用，横軸に売上高を配し，同じ金額を単位とした正方形をつくる。

② 基点（0点）からX＝Yとなる売上高線を引く（正方形の対角線となる）。

③ 売上高1,200万円と固定費400万円の関係から（A）と（B）を定める。

④ 売上高1,200万円と変動費600万円の関係から（C）を定める。変動費は固定費に上乗せする。

⑤ （B）と（C）を結ぶ総費用線と売上高線との交点（D）が損益分岐点となり，損益分岐点売上高は800万円となる。

損益分岐点比率とは，損益分岐点売上高が実際の売上高の何パーセントに当たるかを示す数値で，（損益分岐点÷売上高）×100％で示される。この損益分岐点比率が低いほど収益が高く，不況にも強いことになる。一般的には，70％未満が優，70〜79％が良，80〜90％が可，90％超では不可といわれる。

**2）ABC分析（ABC analysis：重点分析）**

給食原価に占める食材費の割合は極めて多いので，食材費の引下げやより安価な食材への変更は原価低減の最も一般的な手段である。**ABC分析**（図6.3）は，一定期間の売上げなどの多い順にA，B，Cランクに分類し，Aを重点的に管理する方法である。利益を生むグループを重点的に管理することで，管理業務が効率的になる。この場合，Cランクは今後扱わないようにするなどの検討もする。ここでは75％と90％で区切ったが，どこをランク分けの境目にするかの明確な

*1 固定費　食数（給食売上高）に関係なく必要な費用のことで，正社員の給料，光熱水費の基本料，施設設備費など。

*2 変動費　食数（給食売上高）に応じて増減する費用のことで，食材料費，消耗品費，光熱水費の従量料金，臨時社員の給料など。

*3 変動費率＝変動費÷売上高

| 順位 | 商品名 | 販売数 | 全商品中の割合 | 累積割合 | |
|---|---|---|---|---|---|
| 1 | い | 270 | 27% | 27% | A |
| 2 | ろ | 210 | 21% | 48% | A |
| 3 | は | 150 | 15% | 63% | A |
| 4 | に | 110 | 11% | 74% | A |
| 5 | ほ | 90 | 9% | 83% | B |
| 6 | へ | 80 | 8% | 91% | B |
| 7 | と | 30 | 3% | 94% | C |
| 8 | ち | 20 | 2% | 96% | C |
| 9 | り | 15 | 1.5% | 97.5% | C |
| 10 | ぬ | 10 | 1% | 98.5% | C |
| 11 | る | 10 | 1% | 99.5% | C |
| 12 | を | 5 | 0.5% | 100% | C |

合計 1,000

図6.3　ABC分析（例）

決まりはない。ABC 分析は，原価管理や販売管理，在庫管理などに利用される。

### （4）　財務諸表

経営には資金が必要であり，それをどう調達し，どう運用して，どれだけの成果を上げたのかを示す一連の手続きが**会計**である。企業は，財政状態と経営成績を取引記録に基づいて明らかにし，その結果を報告しなければならず，その財務内容を外部の利害関係者に伝える書類が**財務諸表**である。**貸借対照表**，**損益計算書**，**キャッシュフロー計算書**などがあり，これらは決算書とよばれ，企業の通信簿とイメージしてよい。給食部門では，給食経営の計画，評価のために使われることが多く，また給食業務委託の場合，委託側としては給食会社の経営状態をみる情報となる。あらゆる面で充実した給食を提供するため，これらを理解することは大切である。

### 1）　貸借対照表（BS：balance sheet）

貸借対照表とは，企業の決算日現在の財務状態を示すもので，資金の調達先と運用形態を表している。**表 6.1** にその概要を示す。右側の「**負債・純資産の部**」（貸方）が資金調達先，左側の「**資産の部**」（借方）が資金運用形態を表しており，両方が必ず釣り合うようになるのでバランスシートともよぶ。資金の調達には，返済しなければならない**他人資本**と返す義務のない**自己資本**がある。資産とは利益を生み出すため必要な資金や物で，資産の部は原則として現金化しやすい順になっている。負債とは第三者への返済義務をもつ

**表 6.1**　貸借対照表

| 資産の部 | | 負債・純資産の部 | | | |
|---|---|---|---|---|---|
| **流動資産**<br><br>1 年以内に現金化される資産 | 当座資産：現金預金，受取手形，売掛金，有価証券など | 負債 | 他人資本（返済義務あり） | **流動負債**<br><br>1 年以内に返済する負債 | 支払手形，買掛金，短期借入金など |
| | 棚卸資産：製品，原材料，貯蔵品など | | | | |
| **固定資産**<br><br>長期に保有する資産 | 有形固定資産：建物，機械，土地など | | | **固定負債**<br><br>長期の負債 | 長期借入金，社債，退職給与引当金など |
| | 無形固定資産：ソフトウエア，特許権，商標権など | | | | |
| | 投資その他の資産：投資有価証券，関係会社株式，長期貸付金，敷金・保証金など | | | | |
| **繰延資産**<br><br>効果が将来的に期待できる支出済みの資産 | 創立費，開業費，株式交付費，社債発行費，開発費 | 純資産 | 自己資本 | 株主資本，評価・換算差額，新株予約権，少数株主持分 | |
| （借方・資金の運用形態） | | （貸方・資金の調達先） | | | |

債務のことで，負債の部は原則として返済を急ぐ順になっている。純資産とは企業利益の蓄積と投資家から集めた資金のことで，自己資本を表しており，純資産＝資産－負債である。

**自己資本比率**（自己資本÷総資産）や**流動比率**（流動資産÷流動負債）が高いほど経営は安全とみる。一般には，自己資本比率は40％以上をめざし，理想は70％といわれている。また，流動比率の理想は200％といわれるが，現状での多くは120〜170％である。

① **流動資産**　1年以内に現金化が予定されている資産。主に当座資産（比較的短期に資金化ができる）と棚卸資産（営業・販売などをしなければ資金化できない）である。棚卸資産は，在庫商品が消費者・利用者のニーズに対応できなくなれば資金化できないケースがあるので，極端に多いのは好ましくない。

② **固定資産**　生産・営業活動の基盤となるもので，長期にわたって使用，保有できる資産。主に有形固定資産と無形固定資産がある。

③ **繰延資産**　流動資産にも固定資産にもならない資産で，損益計算上は費用として処理されるが，費用としての支出の効果が長期に渡って期待できるので，支出時に一気に費用化せずに貸借対照表上は資産として扱っている。

④ **流動負債**　買入債務（支払手形や買掛金），短期借入金など，1年以内に返済を要する負債。1年以内に返還見込みのある長期借入金や社債なども流動負債になる。

⑤ **固定負債**　1年を超えて支払いの義務が発生する負債。

⑥ **株主資本**　資本金，資本剰余金，利益剰余金，自己株式などによって構成されている。株主からの出資金やその剰余分，会社の利益などのこと。

⑦ **評価・換算差額**　有価証券の評価差額金や為替換算調整勘定などのこと。

2）　**損益計算書**（PL：profit and loss statement）

損益計算書とは，ある期間（多くは1年間）に企業がどれだけの利益，損失を出しているかをまとめた経営成績を示す計算書であり，その企業の利益構造（売上に対してどれだけ費用がかかったか）を知ることができる（図6.4）。記載事項は，3つの**収益**（売上高，営業外収益，特別利益），4つの**費用**（売上原価，販売費・一般管理費，営業外費用，特別損失），5つの**利益**（売上総利益／粗利，営業利益，経常利益，税引前利益，純利益／当期利益）となっており，5つの利益は以下の通りである。

① **売上総利益**　売上高から材料費，人件費，外注費，**減価償却費**＊などの売上原価を差し引いたもので，**粗利**ともいう。売上総利益が大きいということは事業規模が大きい，顧客のニーズに対応した商品を売っているとみることができる。

② **営業利益**　売上総利益から営業活動に必要な販売費・一般管理費（販管

＊**減価償却費**　厨房機器などを購入した場合，それは1年限りの消耗品ではないので，使う年数に応じて少しずつ費用にすると考えるのが合理的であり，その分割された費用を減価償却費といい，損益計算書に計上する。分割する年数を耐用年数（機械の寿命ではなく税法で決められた経済的寿命年数）といい，物にもよるが給食設備は約9年である。定額法で計算すると，90万円で購入した厨房設備（運搬費や据付費を含む）は，1〜8年は毎年10万円，9年目は1円を残した（忘備価格）9万9,999円が減価償却費となる。

費，営業費などという）を差し引いたもの。その企業の本業における強さがわかる。販売費とは，営業人件費，広告宣伝費，物流費など，営業活動に関わる経費のことであり，一般管理費とは，役員や事務職員の人件費，家賃，光熱水費といった，販売には直接関係しない経費のことである。

③ **経常利益**　営業利益に，本来の事業活動以外で生じる営業外損益である受取利息や配当金を加え，同時に支払利息などの営業外費用を差し引いたもの。臨時的に発生する特別損益を含めない，毎期ほぼ一定して繰り返される事業の結果の利益をさすので，その企業の総合的実力とみることができる。

④ **税引前利益**　経常利益に，自社の土地や建物の売却による損益，災害による損失，不況によるリストラの費用など，臨時的に発生した特別利益を加え特別損失を引いたもの。

⑤ **当期利益**　税引前利益から税金を差し引いた純利益。企業が最終的に処分することができる利益で（最終利益ともいう），株主資本を増やす源泉になる。当期利益から株主への配当や役員賞与などを引いた残りが企業の剰余金となる。

**3)　キャッシュフロー計算書（CF：cash flow statement）**

キャッシュフローは現金収支などともいい，企業の一定期間における，実際の現金・預金の流れ（資金の増減の流れ）を表すもので，貸借対照表と損益計算書をベースに作られる（表6.2）。企業の資金獲得能力，債務返済能力，資金調達と運用状況，配当金の支払能力などの評価を利害関係者に提供するものであり，会計期間内の経営活動の目標や意図，行動がわかる。

キャッシュフローが必要とされるわけは，実際に現金が動いた事実を知ることができるからである。損益計算書の収益と費用は発生

| | | | | |
|---|---|---|---|---|
| 経常損益の部 | 営業損益 | 売上高 | A | 事業規模 |
| | | 売上原価： | B | |
| | | ① **売上総利益（粗利）** | A−B | |
| | | 販売費・一般管理費 | C | 本業の強さ |
| | ② **営業利益** | | ①−C | |
| | 営業外損益 | 営業外損益：受取利息，配当金，その他 | D | |
| | | 営業外費用：支払利息，割引料，その他 | E | |
| | ③ **経常利益** | | ②+D−E | 総合的実力 |
| 特別損益の部 | 特別利益 | 固定資産売却，投資有価証券売却など | F | |
| | 特別損失 | 固定資産処分損，投資有価証券評価損，災害による損失など | G | |
| ④ **税引前利益** | | | ③+F−G | |
| ⑤ **当期利益（純利益）** | | | ④−税 | 最終利益 |

**図6.4**　損益計算書

**表6.2**　キャッシュフロー計算書

（単位：円）

| Ⅰ　営業活動によるキャッシュフロー | | |
|---|---:|---|
| ①　税引前当期純利益 | 3,000 | |
| ②　減価償却費 | 1,500 | |
| ③　売上債権の増減額 | −1,000 | |
| ④　棚卸資産の増減額 | −1,500 | |
| ⑤　仕入債務の増減額 | 1,200 | |
| ⑥　小計 | 3,200 | ①～⑤合計 |
| ⑦　法人税等の支払額 | −1,100 | |
| ⑧　営業活動によるCF | 2,100 | ⑥＋⑦ |
| Ⅱ　投資活動によるキャッシュフロー | | |
| ⑨　有価証券の取得 | −400 | |
| ⑩　有価証券の売却 | 300 | |
| ⑪　固定資産の取得 | −2,500 | |
| ⑫　固定資産の売却 | 1,000 | |
| ⑬　投資活動によるCF | −1,600 | ⑨～⑫合計 |
| Ⅲ　財務活動によるキャッシュフロー | | |
| ⑭　短期借入金の増加 | 1,700 | |
| ⑮　短期借入金の返済 | −1,300 | |
| ⑯　長期借入金の増加 | 1,400 | |
| ⑰　長期借入金の返済 | −1,200 | |
| ⑱　配当金の支払額 | −300 | |
| ⑲　財務活動によるCF | 300 | ⑭～⑱合計 |
| Ⅳ　現金および現金同等物の増加額 | 800 | ⑧＋⑬＋⑲ |
| Ⅴ　現金および現金同等物の期首残高 | 600 | |
| Ⅵ　現金および現金同等物の期末残高 | 1,400 | Ⅳ＋Ⅴ |

した時点での計上だが，実際に収益があっても現金を回収するのは後になることがあり，また，費用は売れた分しか計上されないので，在庫をいくらもっていても損益計算書上は費用にはならない。会計ルールにより計算される利益と現実の現金の動きが乖離している状態にあるので，キャッシュフロー計算書が必要とされる。実際には，現金不足により新規投資ができない，倒産するなどの事態も起こり得る。キャッシュフロー計算書では利益の段階に応じて次の3つのキャッシュフローに分けられる。

① 営業活動によるキャッシュフロー：企業が本業によって得たキャッシュフロー。企業のキャッシュ創出能力を測る指標となり，プラスなら順調だが，マイナスなら本業不調で現金不足である。

② 投資活動によるキャッシュフロー：投資活動におけるキャッシュフローを表し，営業活動によるキャッシュフローをどのように投資に充てて将来のキャッシュ創出を図ろうとしているかがわかる。プラスは資産売却を示す。マイナスは設備投資などを行っていることを示すので問題なく，通常はマイナスが多い。

③ 財務活動によるキャッシュフロー：財務活動においてどれだけキャッシュが増減したかを表し，主に借入金の増加や返済などが記入される。プラスは借金，社債発行などを示し，マイナスは借金返済や自社株購入などを示す。企業活動が順調な場合はマイナスであることが多いが，経営難にもかかわらず借金返済を迫られてやむなくマイナスとなることもある。また，積極的に成長を目指す場合，借入金などの資金調達が多くなりプラスになることがある。

**【演習問題】**

**問1** 給食の原価管理に関する記述である。正しいのはどれか。1つ選べ。
(2019年国家試験)
(1) 原価は，生産・販売およびサービス提供のために要した費用である。
(2) 損益計算書の売上原価には，間接経費が含まれる。
(3) 損益分岐点比率が高いほど，収益が高い。
(4) 減価償却費は，変動費に含まれる。
(5) パートタイム労働者の賃金は，固定費に含まれる。

**解答** (1)

**問2** 給食に関わる費用と原価の組み合わせである。最も適当なのはどれか。1つ選べ。
(2020年国家試験)
(1) 盛付け用アルミパックの購入費 ── 販売費
(2) 食器洗浄用洗剤の購入費 ──── 一般管理費
(3) 調理機器の修繕費 ────── 経費

　(4) 調理従事者の検便費 ————————— 人件費
　(5) 調理従事者の研修日 ————————— 人件費
　**解答**　(3)

**問3**　事業所の給食運営を食単価契約で受託している給食会社が，当該事業所の
　　　損益分岐点分析を行った。その結果，生産食数に変化はないが，損益分岐点
　　　が低下していた。その低下要因である。最も適当なのはどれか。1つ選べ。

（2021年国家試験）

　(1) 食材料費の高騰
　(2) パートタイム調理従事者の時給の上昇
　(3) 正社員調理従事者の増員
　(4) 食堂利用者数の減少
　(5) 売れ残り食数の減少
　**解答**　(5)

**【参考文献】**
井川聡子，松月弘恵編著：給食経営と管理の科学，理工図書（2011）
韓順子，大中佳子：給食経営管理論（第2版），第一出版（2012）
君羅満ほか編著：給食経営管理論（第4版），建帛社（2012）
國貞克則：超図解「財務3表のつながり」で見えてくる会計の勘所，ダイヤモンド社
　（2007）
鈴木久乃ほか編著：給食マネジメント論（第7版），第一出版（2011）
鈴木久乃ほか編：給食経営管理論（改訂第2版），南江堂（2012）
外山健二ほか編：給食経営管理論（第3版），講談社サイエンティフィク（2012）
野村総合研究所：経営用語の基礎知識（第3版），ダイヤモンド社（2008）
宮入勇二：会計の基本がわかる本（実務入門），日本能率協会マネジメントセンター（2008）

# 7 給食の人事管理と事務管理

## 7.1 給食の人事・労務管理

経営資源の要素である人（労働力）を適切に，効率的に活用すること，労働者と経営者の利害対立の調整をすることなどが人事・労務管理である。組織を円滑に運営するためにその組織が人に対して行う管理活動であり，人事管理と労務管理に分けることができるが，多くは，併せて人事管理として行われる。人事管理の項目を**表7.1**に示すが，教育訓練なども人事管理上の重要な項目である。

### 7.1.1 人事管理の概念

人事管理は，企業の目標達成に必要な従業員を確保し，その合理的な活用を図る管理活動であり，企業に必要な人材を採用し，適材適所に配置し，その労働を評価して報酬を与え，それらを通して，企業にとって合理的に人材活用を図ることである。

管理栄養士は給食部門の管理責任者となり，多くの場合ミドルマネジメントを行う。管理者には常にリーダーシップが求められ，第1章に示したスキル（① コンセプチュアル・スキル，② ヒューマン・スキル，③ テクニカル・スキル）が必要となる（1.1.4参照）。

### (1) 給食従事者の雇用形態

### 1) 労働者の雇用形態

労働者とは，事業または事務所に使用される者で，賃金を支払われる者をいう（労働基準法）。**雇用形態**は，企業と労働者が結ぶ雇用契約の採用種別分類であり，大きく分けて，**正規雇用**である正社員と**非正規雇用**である有期契約労働者，派遣労働者，パートタイム労働者がある（**表7.2**）。かつては，企業の主な雇用形態は正社員が主であったが，企業の経営戦略や諸事情，労働者の仕事に対するニーズの変化（価値観の変化）など

表 7.1　人事・労務管理の区分例

| 人事管理 | |
|---|---|
| 雇用管理 | 採用，配置，職務分析，人事考課など。良質な人材確保と適材適所の配置をめざす |
| 作業管理 | 時間・動作の研究，職務再設計など |
| 時間管理 | 労働時間制度や休業・休暇システムの構築など |
| 賃金管理 | 給料，退職金，各種手当など賃金制度に関する管理 |
| 安全・衛生管理 | 労働災害や従業員のモチベーション低下防止目的で，労働環境改善や従業員の健康管理を図る |
| 教育訓練 | 研修，OJT，ジョブローテーション，資格取得の推奨等の自己啓発推進など。労働力の質の向上を図る |
| 労務管理 | |
| 労働組合対策 | 団体交渉，労働協約など。労使協調体制をめざす |
| 従業員対策 | 福利厚生，苦情処理制度など。従業員個々人の不満等を除く |

出所）黒田兼一ほか：現代の人事労務管理，14，八千代出版 (2003)

表7.2　労働者の雇用形態

| 正規の職員・従業員 | |
| --- | --- |
| 正社員 | 使用者（企業）と直接に雇用契約した労働者のこと。原則として1日8時間，週40時間勤務で長期（無期）雇用である。 |
| 短時間正社員 | 正社員より労働時間が少ない正社員。 |
| 非正規の職員・従業員 | |
| パートタイマーおよびアルバイト | 所定労働時間が同じ職場の通常の労働者の時間よりも短い労働者（短時間労働者）のこと。総務省の労働力調査では週35時間未満勤務者を短時間労働者という。 |
| 契約社員 | 正社員とは別の労働条件の下に，給与額や雇用期間など個別の労働契約を結んで働く労働者のこと。 |
| 嘱託社員 | 多くは，定年退職後引き続きその会社で有期の再雇用契約をして働く労働者のこと。大卒者などの新規採用で嘱託職員として採用する場合もある。一種の契約社員である。 |
| 派遣社員 | 人材派遣会社（派遣元：賃金を支払う側）と雇用契約を結んだ上で，派遣元と労働者派遣契約を結んでいる別の会社（派遣先）において，その会社の指揮命令下で働く労働者のこと。労働者派遣法に労働者のための細かいルールを定めている。 |

により，非正規雇用が増えており，雇用形態は多様化している。他には，雇用形態のカテゴリーには入らないが，委託・請負などがある。

### 2)　給食における雇用形態

　給食施設では，管理栄養士・栄養士，調理師など，給食業務に従事するために必要な資格をもつ者が多く採用され，それらの資格にかかわらず雇用形態は前述のようにさまざまであることが多い。また，業務委託をしている給食施設では，その施設と雇用契約を結んでいない者が仕事をすることになり（委託側と受託側間の業務委託契約はある），その中での雇用形態もさまざまなため，人員構成はかなり複雑になる。たとえば，一部業務を委託している病院の栄養部門では，病院雇用の正職員や嘱託職員としての医師，管理栄養士・栄養士，調理師，そして病院雇用のパート・アルバイト，および給食業務受託会社の正社員としての管理栄養士・栄養士，調理師，そして臨時職員の調理補助や食器洗浄業務員などがおり，保有資格やそれに伴う能力，雇用形態は雑多な状態である。また，給食施設は年中無休も多いため，勤務体制を整えることは非常に重要である。そのため，管理者には高レベルの人事管理能力が要求され，さらに多彩な人員で構成される組織が適切な勤務体制でチームワークよく，一定の理念の下，充実した給食を提供するには，給食従事者の教育・訓練が欠かせない。

## (2)　給食業務従事者の教育・訓練

### 1)　教育・訓練の目的

　特定給食施設では，その業務内容が日々変化に乏しく，他施設との競争原理があまり働かないので，ともすればマンネリズムに陥りやすく，従業員は単純にルーチン業務をこなすだけの状態になりやすい。また，昨日までの知識や技術は陳腐化して，従業員の業務態度や施設の経営状態が緊張感のないものになっているかもしれない。組織においては，各従業員は常に適正なモ

ラル（道徳意識）をもって職場の規律を順守し，業務に対する**モラール**（やる気）を堅持し，積極的に真摯に業務遂行に向けてモチベーションを高める（動機を力に変える）ことが大切である。また，給食施設の理念に基づいた業務目標を達成するためには，社会情勢，経済情勢，利用者ニーズの変化などを敏感にとらえ，戦略を立てて実行しなければならない。日々の基本的業務はしっかりと行ったうえで，常により質の高い給食を提供し，利用者にも提供者にも利益をもたらすには，また，さらなる業務の円滑化を図り，研ぎ澄まされた業務を展開する。このように，従業員の絶え間ないレベルアップが必要である。そのための教育・訓練は，その質や量にかかわらず日々継続して行うべきものであり，これは他のインセンティブと同じくらいに**従業員満足度**（ES：employee satisfaction）を上げ，それは**顧客満足度**（CS：customer satisfaction）を上げることにつながる。

### (2) 教育・訓練の方法と内容

教育・訓練は計画的，継続的に行い，従業員がやる気を起こし，意欲的に職務を遂行するのによい方法を選択する（**表7.3**）。

#### 1) OJT（on the job training）

職場内教育・訓練である。給食施設では，① やるべき仕事を説明し，手本を示す，② 本人にその仕事をさせる，③ それをチェックし，評価する，④ 必要に応じてフォローするなどが日常に行われる。

#### 2) OFF-JT（off the job training）

職場外教育・訓練である。新人教育，専門的あるいは体系的な知識習得，スキルアップや資格取得の勉強などで活用されることが多い。

#### 3) 自己啓発

自己学習である。

表7.3　教育・訓練の内容と長所・短所

| | 内容 | 長所・短所 |
|---|---|---|
| OJT<br>(on the job training)<br>職場内教育・訓練 | 日常業務において，上司や先輩が部下や後輩に仕事に必要な知識や技術等を教える。 | 長所：個別的，具体的に知識や技術を得られ，その習熟度をみながら教育訓練が継続できる。業務に直接反映する。結果を評価できる。コストが安価で済む。<br>短所：業務と教育訓練のメリハリがなく，業務が優先されやすい。指導者の能力により効果に差が出る。日常的な業務の伝承では理論的な教育とならず経験主義に陥りやすい。 |
| OFF-JT<br>(off the job training)<br>職場外教育・訓練 | 職場を離れ，研修所や外部の施設等で，教育・訓練を受ける。会社の研修会，保健所での衛生管理の勉強会，職業訓練会社によるセミナーに参加する，他施設の見学など。 | 長所：特定領域や専門領域の体系的で高度な知識を習得できる。多人数研修のため公平，効率的である。研修に専念できる。<br>短所：内容が具体的でない。理解度や教育効果を評価しにくい。必ずしも日常業務に直接に役立たない。業務を休むことになる。費用が掛かる場合が多い。 |
| 自己啓発 | 自らの意思で能力向上に努める。業務関連の文献を読む，通信教育や外部の講座で学ぶなど。 | 長所：都合の良い時に自由に学べる。自由意思によるので能力のレベルアップがより大きく期待できる。<br>短所：企業が求める能力と一致しない場合がある。ほとんどの場合かかる費用は自己負担である。 |

### 7.1.2　給食従事者の業績と評価

#### (1)　人事考課とは

　従業員の所属している業務に対する貢献度（仕事の意欲，遂行能力，業績など）を評価し，昇格・昇任，部署移動や給与等の決定に反映させる管理活動である。本人および周辺の従業員の労働意欲やその組織の動きに大きく影響するので，評価には「客観性」「公平性」「透明性」が必要となり，本人も周辺も納得するものでなければならない。新しい仕事（やり方）への挑戦意欲を養い，活力ある職場にするためには，失敗を責める減点主義でなく，果敢に挑戦することを評価する加点主義を取り入れることも必要である。

#### (2)　人事考課運用の目的

　人事考課（人事評価）は単純に従業員を査定することと考えるのではなく，次のとおり，その企業を強くする戦術のひとつとみるべきである。

　① 人事評価の中に組織の運営・経営方針を組み入れることで，それらを従業員に浸透させる。② 従業員の能力を最大限引き出して活かす。適切な評価制度があることで，従業員は自分の能力をどう伸ばせばよいのか判断しやすい。③ 人件費やポストは無限にあるわけではないので，その適正配分をする。

#### (3)　人事考課の方法・進め方

　評価の基準は次の3つで構成される。① 能力評価：知識，理解，説明，判断，計画，指導，折衝などの評価。② 態度評価：仕事に取り組む姿勢を評価するもので，積極性，責任感，協調性，規律性，革新性，部下の指導・育成度，組織全体をみる視点などがどうであるかを評価する。③ 業績評価：目標管理による評価，である。

　職位や配置されたところによって業務の内容が違ってくるので，全員が納得する評価を行うのは難しいが，職位（一般社員，主任，課長，部長など）に従ってそれぞれに求められる評価項目や評価点を設定し，上司が評価する。

　評価はその結果を示すだけでなく，どんな観点からその評価になったか，今後の改善点は何か，そのためには何をすればよいかなど，上司と従業員は具体的なディスカッションをし，さらなる飛躍につなげなければならない。

　企業にはそれぞれの理念があり，長期の運営・経営方針がある。毎年，その実現に向かって組織運営目標が示される。一般的には，トップの経営者層が示した目標に沿ってその組織の各部門も目標を定め，それに向かって仕事を進めるために，各従業員は個人目標を設定する。これは個人が勝手に定めるのではなく，上司と相談・協議の上，その個人が達成するにふさわしいレベルのものとする。数種類の評価カテゴリーとそれぞれ数段階の達成レベルを設け，業務期間（4月から翌年3月）の中間と期末に，その達成度を上司

とともに考察し，評価結果（絶対評価）を出すのが，目標管理による評価である。相対評価ではないので，この評価結果だけで昇格・昇任を決定することはない。一次評価者は直近の上司が担当し，そのチェックとしての二次評価はさらなる上司が行う。評価者によって評価結果に大きな偏りが出ないよう，評価者には「**考課者訓練**」を実施する。

## 7.2 事務管理

### 7.2.1 事務の概要と目的

事務とは一般的に，書類や帳票類の作成・計算・処理など，主として机の上で取り扱う仕事をいう。給食では，利用者の把握，栄養・食事管理，生産管理，会計・原価管理，人事管理，安全・衛生管理，施設・設備管理，栄養教育等々のあらゆる部分において事務が発生する。

事務管理の目的は，さまざまな事務処理を効率的，合理的に行うことによって，その部門を円滑に運営することにある。すべての業務を滞りなく行うため，事務処理のほとんどは文書を通して行われる。各業務における事務処理にはコンピュータの利用により情報の共有化とともに保管と活用が容易になり，適切な情報管理が必要となっている。

#### (1) 事務処理

事務を適正，確実に，統一性をもって行うには，表示された内容が確実に存在し，いつでも確認できる文書（図面や写真等を含む紙および電子文書）による管理が適切に行われるのが最良である。文書には，命令（決裁），指示，報告，連絡，協議や業務内容，経理状況等々多くの情報があり，その取り扱いには以下の配慮が必要になる。

① 文書は，責任をもって丁寧に扱い，その扱いは正確，迅速でなくてはならない。

② 文書は，その処理状況を明らかにしておかなければならない。

③ 文書は，適正に保管し，適正に廃棄しなければならない。

文書管理の流れは，一連の業務のサイクル（plan-do-check-act）を能率的に進める上で，情報を収集し，必要な書類を作成，伝達し，分類して活用し，保管し，最終的に必要なものは保存（蓄積），不要なものは廃棄する（図7.1）となる。帳票類は，給食業務が進むにつれて準備する（あるいは出来上がる）ものと，月単位，年単位で処理

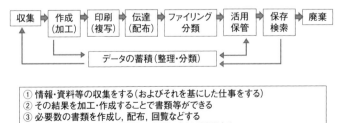

① 情報・資料等の収集をする（およびそれを基にした仕事をする）
② その結果を加工・作成することで書類等ができる
③ 必要数の書類を作成，配布，回覧などする
④ 原本はファイリングして保管し，必要に応じて活用する
⑤ 使用頻度が低くなると保存する（必要に応じて検索し活用する）
⑥ 不要になれば（保有期間が過ぎれば）廃棄する
　※新旧データを，新しい資料としたり，廃棄せずに整理して蓄積し活用する

**図7.1** 文書管理の流れ

表7.4　給食業務の主な帳票類

| 区　分 | 内　容 | 主な帳票 |
|---|---|---|
| 栄養・食事管理 | 対象集団の特性を評価し，給与栄養目標量を算定。定期的な見直しが必要 | 人員構成表，給与栄養目標量算出表，食品構成表，献立作成基準，食事箋，献立表 |
| 食材管理 | 予定献立と予定食数を基に食材を発注し，納品，検収や保管などが的確であるかを確認 | 予定食数表，発注・納品書，検収簿，食品受払簿，食品消費日計表 |
| 食事提供管理 | 食種別食数などを基に，調理，食事提供する | 献立表，食数表，調理作業表，温度管理記録表 |
| 人事管理 | 施設の実情に合った勤務計画と出退勤管理 | 勤務予定表，出勤簿，休暇管理簿 |
| 安全・衛生管理 | 調理従事者，食材料，設備機器，調理工程などの安全・衛生管理上の点検 | 健康診断記録，腸内細菌検査結果表，検収・保管記録簿，衛生管理マニュアル，衛生点検表，機器等点検記録 |
| 施設・設備・機器管理 | 常に正常に作動し，効率よく安全に稼働するよう管理する | 給食部門や厨房等の図面，機器使用マニュアル，機器備品台帳 |
| 評　価 | 栄養・食事管理，品質管理の評価，会計・原価管理を評価 | 検食簿，残飯菜調査結果表，栄養出納表，栄養報告書，嗜好調査結果，食品消費日計表，貸借対照表 |

するものがある。業務ごとに帳簿をまとめておくことは，事務として必須である。

## (2)　給食における主な帳票類

給食経営管理では多くの帳票類（**帳簿**[*1]と**伝票**[*2]）を用いる（**表7.4**）。主なものとしては，栄養・食事管理，食材管理，食事提供管理，人事管理，安全・衛生管理，施設・設備管理に関するものなどが，多種・多数にある。また，会計，予算に関連するものもある。これらは，日常の業務の中で作成，活用すると同時に，監督官庁の各種指導あるいは監査などに備えて，保管しておかなければならない。必要な情報が必要な時に，必要なところで，必要な量だけ正確に取り出すことができるようさまざまな手段を講じることは事務管理上重要なことであり，単なる事務処理だけで終わってはいけない。給食業務における帳票類の流れ（コンピュータ利用）を**図7.2**に示す。

帳票類の取り扱いのポイントは，① 使用目的を明確にする，② 各業務の関連を考慮して必要項目を検討する，③ 記録内容を合理化し，簡便にする（記入・記録方法をマニュアル化する），④ 記載責任者を明確にし，日付管理を確実にする，⑤ 帳票の種類によっては，外部漏洩，不正使用等に対応するため，利用規定や保管規定などを厳格にする，の5点である。

特定給食施設においては，給食開始・休止・廃止および給食事項変更の各届出，**栄養管理報告書**の提出が健康増進法に規定されている。また，衛生管理についての記録等も必ず作成・保存し，提出や提示ができるようにしておかなければならない。病院においては，入院時食事療養が適正に行われているか

*1 帳簿　業務上必要なことがらや会計などを連続的に記録した帳面・冊子であり，データを蓄積して記録や資料とし，業務に活用するものである。記録の蓄積により業務の現状把握や今後の計画の資料となる。

*2 伝票　業務発生と同時にある部門で作成される業務上の収支計算や取引の伝達や責任の所在を明らかにする紙片で，情報伝達の基礎となり，業務とともに他に移動する。口頭伝達による業務上のミスやトラブルを防ぐ役割がある。

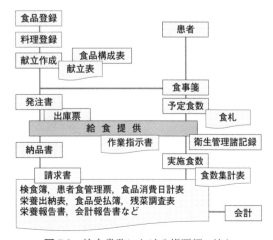

図7.2　給食業務における帳票類の流れ

表7.5　入院時食事療養 / 生活療養における書類・記録など

| | |
|---|---|
| 1 | 栄養士および調理師免許証/写しでも可 |
| 2 | 食事療養従業員の出勤簿(またはタイムカード) |
| 3 | 食事療養従業員の賃金台帳(委託業務の従事者を除く) |
| 4 | 食事療養従業員の社会保険関係諸届の控 |
| 5 | 入院時食事療養運営要綱(院内食事療養運営基準) |
| 6 | 食数表(食数伝票) |
| 7 | 普通食(常食)患者年齢構成表・給与栄養目標量 |
| 8 | 食品構成表 |
| 9 | 病院給食食品量表(栄養出納表) |
| 10 | 栄養報告書 |
| 11 | 院内約束食事箋 |
| 12 | 献立表(在院患者すべての食種) |
| 13 | 食品消費日計表 |
| 14 | 発注票(伝票) |
| 15 | 納品書 |
| 16 | 在庫品受払簿 |
| 17 | 食事箋(変更届) |
| 18 | 患者食管理票 |
| 19 | 嗜好調査結果表 |
| 20 | 残飯菜調査結果表 |
| 21 | 検食簿 |
| 22 | 食事療養委員会記録簿 |
| 23 | 栄養食事指導記録簿 |
| 24 | 検便結果表/写しは不可 |
| 25 | 健康診断結果記録票(健康管理簿)/写しは不可 |
| 26 | 業務委託契約書(委託している場合のみ) |
| 27 | 業務委託料請求書・領収書 |
| 28 | 水質検査および鼠・昆虫の駆除に係る委託契約書と実施記録 |
| 29 | 栄養管理計画実施記録 |

出所) 関東信越厚生局および東京都による個別指導時に必要な書類等(2012)

について不定期な立ち入り検査(厚生労働省等による個別指導)があり,各種の帳票類がチェックされる(表7.5)。業務委託をしている場合は円滑な業務運営のため,監督官庁等のチェックがあるなしにかかわらず契約書をはじめとする関連書類は整備しておかねばならない。また,各施設が外部評価を受けるにあたっても,同様に多くの書類による審査がある。これら必要な帳票類から,給食部門が最低限やらなければならない業務を知ることができる。

### 7.2.2　情報の概要と目的

　情報は,人,物,金と同じく,経営における資源である。給食では,膨大な情報を迅速かつ正確に処理し,業務,経営に有効に活用することが重要である。給食における情報を大きく分けると,給食利用者の情報,給食経営・運営に関わる情報(働く人の情報も含まれる),知識を得たり研究等に関わる情報があるが,膨大であり,その扱い方によって業務内容の質や量が変化するので,IT(情報技術:information technology)を有効に駆使しながらの情報管理が必要である。また,経営での情報管理とは,経営管理上の意思決定に必要な情報の収集・処理・伝達・保管・検索・廃棄を効果的に行うことであり,これらもITを駆使することで必要な情報を即時的に共有して,意思決定の質を高めることができる。コンピュータを用いたシステムを構築して適切に稼働させることは,給食経営管理において極めて日常的になってきている。

### (1)　給食部門でのIT活用

　給食業務にコンピュータを適切に用いることで,事務処理,情報の活用が正確かつ迅速になり,省力化され,施設や給食利用者の利益は拡大する。さらに医療施設でのオンラインシステムの導入は情報の共有化が図られることで,給食業務に限らず,チーム医療の進展にも大きな効果をもたらしている。**コンピュータシステム化**によって定型業務や計算業務などが省力化できる分,その人員は人が関わらなければならない業務へシフトさせることができ,病院では,NST(栄養サポートチーム)活動に代表されるような動きが活発になってきている。一方,コンピュータシステム化は今まであいまいだった業

務がより詳細・緻密になり，人手が必要になる部分も生じ，業務のすべてにおいて必ずしも人員削減ができるわけではない。また，コンピュータ動作の基礎となる日常業務の各種データや仕組み，流れが標準化されていない場合では，コンピュータシステムに組み込んでも効率的な動きにならない。コンピュータを利用することで業務が標準化されるわけではないので，まずは日常の業務を整備することが必要である。

### (2)　病院給食における情報の流れ

患者入院時の栄養・食事管理に関わる情報の流れを**図7.3**に示す。規模の大きい病院では，膨大な情報が錯綜するため，コンピュータによるシステム化がなければスムーズな業務が成り立たないのが現状である。昨今の医療施設では，医療連携（特に地域の**病診連携・病病連携**＊）が整備されており，**電子カルテ，オーダリングシステム**の導入（図7.4），インターネットの利用も日常的なため，適切な情報管理が最重要事項である。

給食の利用者の情報（患者，社員，児童生徒，入所者など）を扱う上で，プライバシーを守ることは重要である。病院の場合，コンピュータ内の情報はもちろん，食事箋，食札，病棟配膳表，入退院簿，栄養食事指導記録などの印刷物の扱いにも十分な注意が必要となる。

### A　コンピュータシステム化した場合のメリット

① 編集，複製，検索等が容易になり，定型業務，計算業務，繰返し業務の時間が短縮できる。
② 転記ミスなどが少なくなり，安全管理が強化される。
③ 人を必要とする業務が充実する。
④ 情報共有，双方向通信ができるので，業務の質の向上，ムダ・ムラの減少，事故防止などにつながる。
⑤ 文書等の保管・保存が容易になり，紙のように保管場所をとらない。

＊病診連携・病病連携　かかりつけ医（診療所）が入院や特別な検査・治療等を必要と判断した場合，入院設備や高度医療機器を備えた病院を紹介し，そこで治療や検査が行われ，病状が安定し，通院治療が可能になれば，再びかかりつけ医が診察にあたるのを病診連携という。病院は機能により地域支援型病院（急性期病院），慢性期病院，療養型施設などに分類されるが，各病院間が日頃から連携をとりながら，患者の症状に応じて機能を分担しながら治療にあたる仕組みを病病連携という。

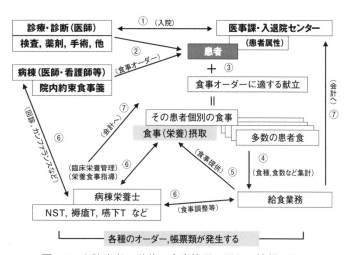

**図7.3**　入院患者の栄養・食事管理に関わる情報の流れ

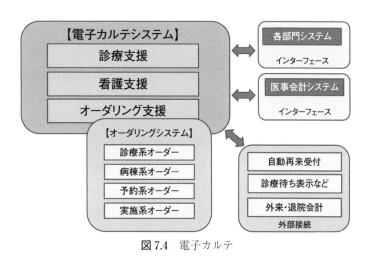

**図7.4**　電子カルテ

⑥ 報告書等の作成が容易になり，統計処理もしやすくなるので，多角的に業務評価・改善ができ，経営管理あるいは研究などに役立つ。

B　コンピュータシステム化に必要な対応

① あらかじめ業務を標準化しておく。

② 基本データのインプットを徹底的に正確に行う。

③ 給食利用者のプライバシー保護ができる環境にする。

④ セキュリティ（情報漏洩，改ざん等の防止）のため，PC の使用者制限などを講ずる。

⑤ 原本性を確保し，また，データのバックアップを必ず行う環境にする。

⑥ システムダウン時の対策を立てておく。

⑦ データ廃棄の基準を設ける。

⑧ 安易な人員削減策に走らない。

⑨ ハードおよびソフトの予算化。


【演習問題】

問1　調理従事者の OJT（on the job training）に関する記述である。最も適当なのはどれか。1つ選べ。　　　　　　　　　　　　　　　（2020 年国家試験）

(1) 調理作業中に，職場の厨房機器の操作方法について指導を受ける。

(2) 保健所で開催される，食中毒予防の研修会に参加する。

(3) 自らの意志で，厨房設備に関する通信教育を受講する。

(4) 休日を利用し，厨房機器展示会に参加する。

(5) 参加費を自己負担し，料理講習会に参加する。

解答　(1)

【参考文献】
黒田兼一ほか：現代の人事労務管理，八千代出版（2003）

# 8　給食の安全・衛生管理

## 8.1　安全・衛生の概要

### 8.1.1　安全・衛生の意義と目的

給食は，安全で衛生的に品質管理され，提供されることが前提である。給食施設において発生しうる事故や災害を未然に防ぎ，調理従事者が安全に作業を行えるような作業環境を整備することも重要である。管理栄養士は，給食の安全性を確保するとともに，調理従事者の労働安全衛生，調理施設・設備など給食業務全般において安全・衛生管理を徹底する必要がある。

給食の安全・衛生管理に関わる法律は**表8.1**に示すとおりである。

厚生労働省は，2000（平成12）年に「食の安全推進アクションプラン*」を策定し，食の安全対策の方向性を示すとともに消費者への情報提供に努めた。また，農林水産省は，2003（平成15）年に食品の安全性確保に関わる施策を推進することを目的に「食品安全基本法」を策定し，食品安全委員会を設立した。これに伴い，**食品衛生法**やJAS法が改正され，HACCPシステム，ISO認証制度，PL法なども設定され，日本における食品の安全性確保の動きが活発となった。

2018（平成30）年，日本の食を取り巻く環境変化や国際化等に対応し，食品衛生法が大幅に改正された。この改正において，すべての食品等事業者に対してHACCPに沿った衛生管理が義務づけられ，2021（令和3）年6月より完全施行となった。

*厚生労働省HP：http://www.mhlw.go.jp/topics/0101/tp0118-1.html#no1

### 8.1.2　給食と食中毒・感染症

給食施設における**食中毒・感染症**の発生は，被害拡大につながる。給食の安全性を確保するとともに，調理従事者，調理工程，調理施設・設備における徹底した安全・衛生管理を行い，食中毒・感染症発生を防止することが重要である。

#### （1）　食中毒

食中毒とは，有害微生物や

**表8.1　給食の安全・衛生に関わる法規**

| 食品の製造や給食の生産に関わる法規 | 食品衛生法・同施行規則<br>食品安全基本法<br>労働安全衛生法・同施行規則<br>医療法・同施行規則<br>水道法<br>製造物責任法（PL法）<br>感染症の予防及び感染症の患者に対する医療に関する法律（感染症法） |
|---|---|
| 原材料などに関わる法規 | JAS法（農林物資の規格及び品質表示の適正化に関する法律）<br>農薬取締法<br>BSE対策特別措置法<br>家畜伝染病予防法<br>と畜場法<br>食鳥処理の事業の規制及び食鳥検査に関する法律<br>飼料の安全性の確保及び品質の改善に関する法律 |

有害・有毒な化学物質により汚染された食品をヒトが摂取することにより起こる健康障害であり，主として急性の胃腸炎症状を呈する。

食中毒は，その原因物質により，細菌性，ウイルス性，化学性，自然毒食中毒，その他に分類される[*1]。1999（平成11）年4月に「感染症の予防及び感染症の患者に対する医療に関する法律」（感染症新法）が施行され，コレラ菌，赤痢菌，チフス菌およびパラチフスA菌についても，病因物質の種別にかかわらず，食品に起因して発生したことが明らかな場合は食中毒として取り扱われることになり，食中毒事件票が改正された。

毎年の食中毒の発生状況等については，厚生労働省ホームページ「**食中毒統計**[*2]」において，①都道府県別，②月別，③原因食品別，④病因物質別，⑤施設別に公表されている。1996（平成8）年の腸管出血性大腸菌O157による食中毒，その後1998（平成10）年にノロウイルスによる食中毒が発生し，発生件数は3,000件を超えた。現在では年間1,000〜1,500件が発生し，患者数は2万人程度である。病因物質では，細菌性食中毒件数が半数を占め，なかでもカンピロバクター・ジェジューニ／コーリによる食中毒が多くなっている。細菌性食中毒の予防策は，「付けない」「増やさない」「殺す」の3原則である。

ノロウイルスによる食中毒は患者数では，細菌性食中毒を上回って最も多く，半数以上を占めている。冬季に多発する傾向があり，年間をとおしての衛生管理が重要である。2015（平成27）年1〜3月には，遺伝子変異による新型ウイルスが流行した。また，最近のノロウイルス食中毒は，食品を扱う人（給食従事者）がノロウイルスに汚染された手指で触れた食品を介しての感染が増えている。食品汚染によるものが6〜7割を占める。発症者だけでなく，症状を示さない**無症状病原体保有者**[*3]の食品汚染による食中毒の事例も多く報告されている。ノロウイルスによる食中毒の予防策は，「持ち込まない」，「広げない」，「加熱する」，「付けない」の4原則である。

これらの統計データをもとに，給食施設の責任者は食品および食品を扱う人（給食従事者），さらには施設・設備の徹底した衛生管理を行い，食中毒発生防止に努めなければならない。

食品衛生法第21条の二では「食品，添加物，器具又は容器包装に起因する中毒患者又はその疑いのある者」を食中毒患者と定義しており，第63条においてこのような症状の患者を診断した場合，医師は食品衛生法施行規則に従い，24時間以内に食中毒の届出をするよう定められている。

### (2) 感染症[*4]

**感染症**は，細菌，真菌，ウイルス，寄生虫，異常プリオンなどの病原体が人の体内に侵入することにより発症する疾患の総称である。感染経路により

*1 吉田勉監修，佐藤隆一郎ほか編：食べ物と健康，118，表4.2，学文社（2012）参照

*2 http://www.mhlw.go.jp/topics/syokuchu/04.html

*3 **無症状病原体保有者（不顕性感染者）** 下痢や嘔吐などノロウイルス感染による症状が現れず健康な状態であるが，検便によりウイルスが確認される者。

*4 http://www.niid.go.jp/niid/ja/contacts.html

経口感染，飛沫感染，接触感染に分けられる。感染症の予防には，病原体およびその感染源（病原体に感染した人（感染者）・動物・昆虫，病原体で汚染されたものや食品など）を特定し，隔離および消毒を行い，感染経路を遮断することが重要である。特に，病原体が侵入していても発症していない保菌者（キャリア）が感染源となって感染を拡げる可能性もあり，検便の実施などにより早期発見する。給食施設では，飲食物を介した経口感染に対する予防だけでなく，飛沫感染や接触感染による集団感染の予防も極めて重要である。

近年，「SARS（重症急性呼吸器症候群）」，鳥インフルエンザ（H5N1）や新型インフルエンザなど感染拡大が世界的な問題となった。日本では，感染症の発症状況の急激な変化に対応するため，1999（平成11）年よりこれまでの「伝染病予防法」に代わって，「感染症の予防及び感染症の患者に対する医療に関する法律（感染症法）」が施行され，感染症予防のための諸施策と感染症の患者の人権への配慮を調和させた感染症対策について定められている。この法律において，感染症には，1類感染症，2類感染症，3類感染症，4類感染症，5類感染症，新型インフルエンザ等感染症，指定感染症及び新感染症が含まれる。このうちコレラ，赤痢，腸チフス・パラチフス，腸管出血性大腸菌感染症などの消化器系感染症は3類感染症に含まれるが，食品を介して発生したことが明らかな場合は食中毒として扱われる。調理従事者の家族が1，2，3類感染症に罹患した場合にも，感染の危険性がなくなるまでは調理に従事できない。

### 8.1.3　施設・設備の保守

食中毒・感染症などの衛生事故や従業員などによる労働災害を防止するためには，施設設備の保守点検はきわめて重要である。施設の作業区域を明確に区分し，防虫・防鼠や洗浄・消毒など十分に行い，施設・設備を清潔に維持する必要がある。

給食施設の施設・設備の具体的な保守管理方法については，「**大量調理施設衛生管理マニュアル**」の重要管理事項として，施設・設備の構造および管理（**表8.2**）が規定されているので熟知しておくことが必要である（8.2.2）。

## 8.2　安全・衛生の実際

### 8.2.1　給食における HACCP（hazard analysis critical control point）システムの運用

**HACCP**（ハサップまたはハセップ）とは，Hazard Analysis Critical Control Point の7つの頭文字をとったもので，「危害分析重要管理点」と訳される。食品の原材料の入荷から生産・加工，流通，消費におけるすべての工程において，発生の恐れのある危害をすべて分析し，それをもとに危害発生を防止

する上で極めて重要な工程を重要管理点として定める。これらの工程を連続的に監視・記録することにより，危害の発生を未然に防ぎ，食品の安全性を確保するための衛生管理手法である。1960年代アメリカの宇宙計画の中で宇宙食の安全性を高度に保証するために考案された食品の製造管理手法が始まりとされ，日本においては1995（平成7）年の食品衛生法改正に伴う「総合衛生管理製造過程承認制度」の中に初めて導入された。給食施設では，HACCPの概念を取り入れた衛生管理に基づく生産管理により，微生物等の汚染を回避し，衛生的に安全な給食を提供することが重要である。

HACCPシステムの運用にあたっては7つの原則が基本となる。

**原則1：危害分析** 食品の製造工程（原材料から最終製品ができるまでのすべての工程）において発生の恐れのある食品衛生上の危害または危害原因物質を特定し，それらの発生要因および防止措置を明らかにする。

**原則2：重要管理点**（critical control point：CCP）**の決定** 危害分析の結果，明らかになった食品衛生上の危害の発生を防止するために，特に重点的に管理すべき工程を**重要管理点**（**CCP**）として決める。

**原則3：管理基準の設定** それぞれの重要管理点において危害発生防止のために遵守すべき基準を設定する。管理基準は作業の中で即座に判断できるように，基本的には温度，時間，湿度，pH，濃度など計測機器で測定できる指標を用いる。

**原則4：モニタリング方法の設定** 重要管理点において管理基準が満たされ食品の安全性が確保されているかを連続的に監視（モニタリング）するための測定，検査方法を設定し，その結果を正しく記録する。

**原則5：改善措置の設定** モニタリングの結果が管理基準を満たしていないことが判明した場合の改善措置の方法や手順を事前に設定しておく。でき上がった製品への対処，原因追究の上で管理状態を迅速かつ的確に正常に戻すための対処法などを検討する。

**原則6：検証方法の設定** HACCPによる衛生管理が計画に従って適切に実施され，有効に機能しているかを定期的に確認，評価するための検証方法を決める。

**原則7：記録の作成および保管** HACCPにおける衛生管理に関する計画および実施状況を文書の形で記録し，保管する方法を定める。

### 8.2.2 大量調理施設衛生管理マニュアル

給食施設等における食中毒予防のために，厚生労働省は1997（平成9）年に大量調理施設衛生管理マニュアル（巻末資料）を作成した。1996（平成8）年の腸管出血性大腸菌O157による集団食中毒の発生がきっかけであり，発生が増加しているノロウイルスに対応するために2008（平成20）年に改正

された。HACCP の概念に基づき，原材料の搬入から給食の配食までの作業
工程における重要管理事項を示し，衛生管理体制を確立するとともに，重要
管理事項の点検・記録を行い，必要に応じて改善措置を講じることとされて
いる。

重要管理事項には，①原材料受入れおよび下処理段階における管理の徹底，
②加熱調理食品の食中毒菌等の死滅可能な十分な加熱，③加熱調理後の二
次汚染防止の徹底，④菌の増殖防止のための原材料および調理後の食品の
温度管理の徹底，の4つがあり，これらの項目についての点検表が示されて
いる。なお，このマニュアルは同一メニューを1回300食以上または1日
750食以上提供する調理施設に適用される*。

### (1) 給食施設における衛生管理

給食施設における食材料（調理食品を含む）の衛生管理，調理機器・器具
の衛生管理，調理従事者の衛生管理，施設・設備の衛生管理について，重要
管理事項をもとに**表8.2**にまとめた。詳細の内容は，大量調理施設衛生管理
マニュアル（巻末資料）で確認する必要がある。管理栄養士は，各作業工程
での食材や調理食品，調理機器・器具，調理従事者に対する衛生管理および
施設・設備の衛生管理について十分に理解し，徹底した指導を行うことが重
要である。

食材料や調理機器・器具，調理従事者の手指の洗浄や消毒には，次亜塩素
酸ナトリウム溶液やアルコールだけでなく，電解水やオゾン水なども利用さ
れている。

次亜塩素酸ナトリウム溶液は，安価で取り扱いが容易であることから殺菌
剤として広く利用されているが，残留塩素の点から殺菌後の水洗いを十分に
する必要がある。特にカット野菜の消毒においては，塩素による野菜の品質
劣化やトリハロメタンの発生などの問題が生じている。また従業員が手荒れ
を起こしやすい。

電解水は，水道水や希薄な食塩水または塩酸水を電気分解することによっ
て作られる水溶液をいい，有効塩素量や pH 等によって強酸性電解水，弱酸
性電解水，微酸性電解水，電解次亜水などいくつかの種類がある。1996（平
成8）年，厚生労働省により医療機器の洗浄・消毒に効果のある電解水生成
装置が認可されたことから注目されるようになった。食品分野への利用は，
生成された強酸性電解水および微酸性電解水が「次亜塩素酸水」の名で食品
添加物（殺菌料）として2002（平成14）年に指定された。主殺菌物質は，次
亜塩素酸（HOCl）であり，次亜塩素酸ナトリウム溶液に比べても殺菌効果
が高い。40ppm の次亜塩素酸水は，1000ppm の次亜塩素酸ナトリウム溶液
と同程度の殺菌力があるとされる。また，手荒れはなく，残留性も少ない。

*食品衛生法の改正により，学校
や病院その他の給食施設（集団給
食施設）において，外部事業者に
調理業務を委託した場合に，給食
受託事業者は，HACCP に沿った
衛生管理の実施が義務づけられた。
食品等事業者団体は，事業者の負
担軽減を図るため，「HACCP に
基づく衛生管理」又は「HACCP
の考え方を取り入れた衛生管理」
への対応のための手引書を策定し
ている。
https://www.mhlw.go.jp/stf/
seisakunitsuite/bunya/kenkou_
iryou/shokuhin/haccp/index.
html（2022.2.7）

表 8.2　重要管理事項をもとにした

| 作業区分 | 作業工程 | 作業場所 | 食材および調理食品の衛生管理 |
|---|---|---|---|
| | 作業前　↓ | | |
| 汚染作業区域 | 食品納入・検収　↓ | 検収場 | ・食肉類，魚介類，野菜類等の生鮮食品は，1回で使い切る量を調理当日に仕入れる。<br>・品名・仕入元・生産者の名称・所在地，ロットの情報，仕入れ年月日を記録し，1年間記録を保管する。<br>・調理従事者等の立ち会いのもと，品質，鮮度，品温，異物混入などにつき検収を行い，検収簿に記録。<br>・保存検食：原材料は洗浄・殺菌を行わず購入した状態で50g程度ずつ採取し，清潔な容器（ビニール袋など）に入れて，－20℃以下で2週間以上保存する。食中毒などが発生した場合の原因究明の試料とする。<br>・検収後，保管設備内への原材料の包装汚染を持ち込まず，また原材料相互汚染を防ぐために，専用のふた付き容器に入れ替える。<br>・食材の保管は，隔壁等で区分された場所に保管設備を設け，食材を分類ごとに区分し，適切な温度管理のもと保管する。搬入時刻および温度を記録する。 |
| | 下処理　↓ | 下処理室 | ・野菜や果物を加熱せずに供する場合は，流水（飲用適のもの）にて十分洗浄し，必要に応じて次亜塩素酸ナトリウム溶液等で殺菌を行い，流水で十分すすぎ洗いを行う。 |
| 非汚染作業区域 | 加熱調理　↓ | 調理室 | ・加熱調理食品は，中心温度計が75℃1分以上（二枚貝等ノロウイルス汚染の恐れがある場合は85～90℃で90秒間以上）であることを確認し，温度および加熱開始，終了時刻を記録する。中心温度の測定は揚げ物，焼き物，蒸し物では3点以上，煮物は1点以上とする。<br>・保存検食：配膳後に盛り付け作業前に調理済み食品を50g程度ずつ採取し，清潔な容器（ビニール袋など）に入れて－20℃以下で2週間以上保存する。 |
| 清潔作業区域 | 盛りつけ<br>温蔵・冷蔵　↓<br>配食 | 盛りつけ場<br>製品保管場 | ・調理後直ちに提供される食品以外の食品は10℃以下または65℃以上に管理される必要がある。<br>・加熱調理後の食品を冷却する場合は，食中毒菌の発育至適温度帯の時間を可能な限り短くするため，30分以内に中心温度20℃付近（あるいは60分以内に中心温度10℃付近）まで冷却する。冷却開始，終了時刻を記録する。<br>・調理終了後，30分以内に提供ができるように工夫する。調理終了時刻を記録する。<br>・調理後の食品は調理終了から2時間以内に喫食されることが望ましい。 |

施設・設備の衛生管理
《施設・設備の構造》
・食品の調理過程ごとに，汚染作業区域，非汚染作業区域と清潔作業区域を明確に区分する。
・手洗い，消毒設備などは各作業区域の入り口手前に設置する。
・便所，休憩室，更衣室は，隔壁で食品を扱う場所と区分し，調理場から3m以上離れた場所に設置することが望ましい。
・昆虫やねずみなど外部からの汚染物質の侵入を防ぐため，施設の出入り口・窓は極力閉め，開放される部分には網戸，エアカーテン，自動ドアなどを設置する。
・調理機器類や調理器具・容器等は，作業動線を考慮して適切な場所に適切な数を配置する。
・床面に水を使用する部分は，床面に2/100程度の勾配をつけ，2/100～4/100程度の勾配の排水溝を設けるなど，容易な排水が行える構造にする。
・ドライシステム化を積極的に図ることが望ましい。
《施設・設備の管理》
・施設の清掃：施設の床，内壁の床から1mまでの部分と手指の触れる場所は1日1回以上，施設の天井，内壁のうち床から1m以上の部分は1月に1回以上行い，必要に応じて洗浄・消毒を行う。清掃は全食品が調理場内から搬出された後に行う。
・施設におけるねずみ，昆虫等の発生：1月に1回以上点検するとともに，駆除を半年に1回以上（発生した場合はその都度）行う。その実施記録を1年間保管する。
・十分な換気と高温多湿を避ける。調理場は湿度80%以下，温度は25℃以下に保つことが望ましい。
・部外者を入れること，調理作業に不必要な物品等を持ち込むことはしない。
・便所：業務開始前，業務中および終了後など定期的に清掃および次亜塩素酸ナトリウム等による消毒を行って衛生的に保つ。

給食施設での衛生管理

| 調理機器・器具の衛生管理 | 従業員の衛生管理 |
|---|---|
| | ・健康診断と検便の実施：調理従事者は，採用時および採用後も年1回以上，定期的に健康診断を実施して健康状態を把握し，感染症等に罹患していないことを確認する。<br>消化器系感染症および食中毒予防のため，月1回以上（食中毒多発期は月2回以上）の検便を実施する。<br>検査項目には，赤痢菌・サルモネラ属菌（腸チフス・パラチフスA菌を含む）・腸管出血性大腸菌O157ノロウイルス（必要に応じて10月～3月は月1回以上又は必要に応じて検便検査）を含める。<br>調理従事者の家族が感染症にかかった場合にも感染の危険性がなくなるまでは調理を行わない。<br>・日常の健康管理：毎日，始業時に健康状態や化膿創の有無を確認し，下痢や嘔吐，発熱などの症状，化膿創がある場合には調理に従事しない。<br>日頃より規則正しい生活に務め，健康管理に留意する。<br>・衛生的な生活習慣：外衣・帽子・履物などは作業場専用でつねに清潔なものを身につける。<br>毛髪が帽子などから出ていないか，爪は切っているか・指輪ははずしているかなどのチェックを行う。<br>・手指の洗浄・消毒：毎日の調理作業開始前，大量調理施設衛生管理マニュアル標準作業書「手洗いマニュアル」に従い，手指の洗浄・消毒を行う。<br>調理作業中の二次汚染防止に努めるため，作業中も必要に応じて手指の洗浄・消毒を行う。<br>衛生管理点検表（大量調理施設衛生管理マニュアル）などを用意し，作業前に調理従事者のチェック，指導を行う。点検表は施設にて1年間保管する。 |
| | ・手指の洗浄・消毒：以下の作業の場合，マニュアルに従い，手指の洗浄・消毒を確実に行う。<br>汚染作業区域から非汚染作業区域に移動する場合および用便後，生の肉類，魚介類，卵類など微生物汚染の恐れのある食品に触れた場合 |
| ・包丁・まな板などの器具，容器等は，二次汚染防止のために用途別，食品別にそれぞれ専用のものを用意し，混同して使用しない。<br>まな板，ざる，木製の器具は汚染が残存する可能性が高いので十分な殺菌に留意し，できれば木製器具の使用は控える。<br>使用後，十分な洗浄・殺菌，乾燥を行い，衛生的に保管する。<br>・フードカッターなど，野菜切り機などの調理機器は，最低1日1回以上，分解して洗浄・殺菌，乾燥する。<br>・シンクは用途別に相互汚染しないように，特に加熱食品，非加熱食品，器具の洗浄は必ず別のシンクを設置する。<br>・給食の使用水は，飲用適の水を用いる。色，にごり，におい，異物のほか，貯水槽を設置している場合や井戸水を殺菌・ろ過して使用する場合は遊離残留塩素が0.1mg／L以上であることを，調理作業の前と後に毎日検査し，記録する。 | ・手指の洗浄・消毒：生の肉類，魚介類，卵類など微生物汚染の恐れのある食品に触れた場合，マニュアルに従い，手指の洗浄・消毒を確実に行う。<br>下処理から調理場へ移動の際は外衣，履物を交換し，また便所には，作業場での服装・履物のままでは入らない。 |
| シンクは用途別に相互汚染しないように，特に加熱食品，非加熱食品，器具の洗浄は必ず別のシンクを設置する。<br>食品並びに移動性の器具および容器の扱いは，跳ね水による汚染防止のため，床面から60cm以上の場所で行う（ただし，食缶等で扱う場合は30cm以上の台にのせて行う）。 | ・手指の洗浄・消毒：以下の作業の場合，マニュアルに従い，手指の洗浄・消毒を確実に行う。<br>直接食品に触れる調理作業前<br>生の肉類，魚介類，卵類など微生物汚染の恐れのある食品に触れた場合 |
| ・手指の洗浄・消毒：配膳の前，マニュアルに従い，手指の洗浄・消毒を確実に行う。<br>・検食：給食を利用者に提供する前に，施設長あるいは給食責任者が適切な品質（①栄養量および質，②味つけ，形態，③衛生面など）の給食ができ上がっているかを点検する。点検結果は，検食簿に記録し，保管する。 | |

しかし，次亜塩素酸は，光や空気，温度，有機物の存在などによって経時的に分解され，殺菌力が急激に消失する。基本的には，生成直後のものを流水式で使用することが望ましい。有効塩素濃度やpHなど使用環境を常に確認し，正常な電解水が生成されていることを確認する必要がある。

オゾン水は，大気中に存在し強い酸化力で大気を自浄（殺菌・脱臭・浄化など）する働きのあるオゾンを，超微細な泡状にして水道水中に溶解させた水である。オゾンは，食品添加物に指定されている。厚生労働省予防衛生研究所のデータでは，1〜2ppm前後の濃度で多くの微生物殺菌に効果がある。オゾン自体は不安定で，短時間で酸素に変化するため，残留性は問題ないが，使用する際に生成しないと殺菌力は消失することになる。オゾンの水への溶解が十分でないと殺菌力が落ちる。また，温度・湿度，施設の広さ，水量，使用時間によってはオゾンガスの濃度が高くなる可能性があるので，十分な換気を行う必要がある。

電解水やオゾン水は，水生成機を新たに設置するなど施設・設備の面でのイニシャルコストは高くなるが，生成のための材料は，塩化ナトリウムやオゾンなど入手しやすいもので安価である。有効な殺菌力を得るために，設備の定期的なメンテナンスも重要である。

### (2) 衛生管理体制の確立

給食施設の安全衛生管理を徹底するために，管理組織を確立し，その組織によって安全・衛生教育や事故防止対策を講じることが重要である。大量調理施設衛生管理マニュアルでは，給食施設の経営者または学校長などの施設責任者等が，施設の衛生管理に関する責任者である**衛生管理者**を指名することとされる。施設責任者は，食材の納入業者の管理指導，衛生管理者への衛生管理に関する点検の実施および結果報告の指示，点検結果の記録および保管，改善措置の検討，調理従事者等の健康状態の把握，調理従事者等への衛生教育を行う。衛生管理者は，施設責任者から指示された項目について点検を実施し，その結果を報告する。

また，献立や調理工程表に基づいて調理従事者等との十分な事前打ち合わせを行う。献立および調理工程表の作成においては次のことに留意する。

① 施設の人員等の能力を考慮し，調理工程に余裕のもてる献立を作成する
② 調理従事者の**汚染作業区域**（9.1.3参照）から**非汚染作業区域**（9.1.3参照）への移動がないようにする
③ 調理終了後速やかに配食し，喫食できるような工夫をする
④ 調理従事者等の1日ごとの作業の分業を図れるようにする

### 8.2.3 衛生教育（一般衛生管理プログラム）

大量調理施設衛生管理マニュアルにおいて，食中毒などの衛生事故や労働

災害を防止するために，施設責任者は，衛生管理者や調理従事者等に衛生管理に関する研修に参加させ，必要な知識・技術の周知徹底を図ることとされる。

　衛生教育は PDCA サイクルに従って，衛生管理の目標達成のための年間・月間計画を立て（plan），調理作業や調理施設に関する事項，調理従事者の健康管理に関する事項など重要度の高いものから教育を実施する（do）。方法は，OJT として日常業務でのミーティングや朝礼，ポスター掲示，施設内での定期的な勉強会や研修会，OFF-JT として施設外での講習会や研修会への参加などがある。いずれの方法においても，調理従事者自身が積極的に取り組むように意識を高めていくことが重要である。

　教育の実施後は，調理従事者へのアンケート調査による教育方法や教育内容の評価，衛生管理に関する点検表の確認により教育効果の検討を行い（check），問題点があれば順次教育方法や内容を見直す（act）。評価結果は調理従事者にも周知する。このような PDCA のサイクルを繰り返すことにより，調理従事者の衛生への意欲を高めていく。衛生教育の実施状況および評価結果，改善方法などについては記録して保管する。

### 一般衛生管理プログラム

　給食施設において，HACCP システムによる衛生管理を適用するために，その前提条件として食品の製造や加工を行う施設として整備されるべき一般的な衛生管理事項を，「**一般衛生管理プログラム**」（**表 8.2**）という。HACCP システムはそれ単独で機能するものではなく，一般衛生管理プログラムによる衛生管理が確実に行われていることが必要である。そのために各施設において，一般衛生管理プログラムに基づき，作業担当者や作業内容・手順，実施頻度，実施状況の点検および記録の方法を具体的に記載した**衛生管理作業標準**（衛生標準作業手順書）（sanitation standard operating procedure：SSOP）を作成し，作業の標準化をはかる。

## 8.3　事故・災害時対策

　給食施設においては，事故や災害が発生した場合でも，施設利用者への継続的な食事提供が求められる。そのため，日頃から事故・災害時の安全管理対策を講じておく必要がある。

### 8.3.1　事故の種類

　給食施設で想定される事故には，食中毒や感染症，誤配による食物アレルギー，異物混入など施設利用者に被害がおよぶもの，給食従事者の調理作業中の転倒ややけどなどのけがなどが挙げられる。

### 8.3.2　事故の状況把握と対応

　食中毒や異物混入などの事故が発生した場合，被害を最小限に抑えるため

に，正確かつ迅速な事故の状況把握と事故の内容に応じた適切な対応が必要となる。

### (1) 食中毒発生時の対応

給食施設内で食中毒が発生した場合には，発生直後の対応の仕方によっては被害が拡大し，原因究明も難しくなるため初期対応が重要となる。食中毒発生時の対応について**表 8.3** に示す。

### (2) 異物混入への対応

給食における**異物混入**は，食材の納入，**検収**\*，保管，調理，配食・運搬のすべての作業工程においても起こる可能性がある。異物混入の事例と対策例を**表 8.4** に，異物混入発生時の対応例を**表 8.5** に示す。

### 8.3.3 災害時対応の組織と訓練

災害には，地震，台風，洪水，津波，雪害，火山噴火などの自然災害と，火災，ガス爆発，停電，放射能・有害物質汚染などの人為災害などが挙げられる。

近年，日本では大規模な自然災害が多く発生し，想像をはるかに超える被害をもたらしている。建物の損壊，ライフラインや交通網のしゃ断などにより，水や食料の供給が停止する事態も発生している。しかし，そのような事態においても給食施設は，施設利用者さらには周辺住民に対する栄養確保のため，継続的な食事提供が求められる。災害時の被害を最小限に食い止め，できるだけ早期回復を目指すためには，平常時より各施設において，災害時の組織・体制と対応マニュアルを整備し，定期的な訓練によりその機能の確認と必要に応じた改善を行っておくことが重要である。また，自治体の連携体制，近隣の施設や企業間と相互に協力支援できる体制の構築も必要である。

### (1) 災害に備えた平常時の対策

#### ① 施設の管理体制の整備

施設長，各部門の責任者などで構成する対策委員会を設置し，災害発生における組織の運営および命令系統の明確化，施設職員への緊急連絡体制の整備，災害時対応マニュアルの作成などについて検討する。

#### ② ライフラインの確認

通常使用している水，電気，ガスなどのライフラインの設置状況を把握した上で，災害時に発生する障害とその対応策について検討しておく。

#### ③ 災害時用備蓄品の確保

施設の対象者の人数や特性に応じた非常用食品や生活用品を備蓄する。これら備品は在庫リストを作成し，数量や保存期限などを確認した上で，定期的に更新する。保管場所としては，建物の損壊なども想定し，施設外の資材棟などに分散して貯蔵することが望ましい。

*検収 業者から食材料が発注どおり納入されているかを，業者立会いのもと検収責任者が発注控えと納品伝票を照合しながら，検収記録簿に基づき現品を点検，記録して受け取ること。

**表8.3　食中毒発生時の対応**

| ① 保健所への届出 | 施設の管理責任者は，速やかに所轄保健所に届出をする。<br>食中毒患者を診察した医師は，24時間以内に保健所へ届出をする義務がある。(食品衛生法第58条，同法施行規則第72条により) |
|---|---|
| ② 患者の発症状況等の把握 | 患者の人数や発症範囲（家族や施設外部者などを含め），発症日時，症状（嘔吐，下痢，腹痛，発熱など），食物摂取状況等を調査し，記録する。 |
| ③ 給食関係者の健康状態の把握 | 調理従事者など給食関係者の健康状態のチェック，検便を実施する。<br>結果は保健所に報告する。 |
| ④ 保健所への提出 | 食中毒発生前2週間分の保存検食，献立表，原材料の購入先リスト，衛生管理に関する帳簿類を保健所に提出する。 |
| ⑤ 汚染経路の調査 | 食材料の入手から供食までの作業工程，それに関わった人およびものについての調査を行い，汚染経路を追及するとともに二次汚染防止に努める。 |
| ⑥ 給食業務の一時停止と代替給食の実施 | 保健所の指示があるまで給食の提供は停止する。施設利用者には代替給食や非常食により食事提供を行う。 |
| ⑦ 施設の消毒 | 保健所の指示に従って，施設内および調理機器・器具などの消毒を行う。 |
| ⑧ 再発防止策の検討 | 食中毒発生原因や汚染経路を究明し，給食業務内容や衛生管理体制の改善，給食関係者への衛生教育の徹底など再発防止策について十分な検討を行う。 |

**表8.4　異物混入の発生例と対策**

| | 発生例 | 対策 |
|---|---|---|
| 原材料 | 原材料包装資材の破片（ビニール，紙，プラスチック，ひもなど）<br>缶詰の金くず<br>土砂（野菜，いもなどについている）<br>昆虫類<br>木くず，わら | 検収の強化<br>原材料納入時の包装の見直し<br>十分な洗浄<br>異物除去のため下処理作業工程の見直し |
| 調理機器・器具など | 調理器具・食器の破片（プラスチック，ガラス，金属，陶磁器など）<br>洗浄時使うたわしやブラシの抜け毛<br>調理機器の部品や破片 | 混入リスクの低い調理器具や食器に更新，代替<br>調理機器の使用禁止および迅速なる点検，修理 |
| 調理従事者 | 毛髪<br>手指創傷で使用した絆創膏<br>ビニール手袋の破片<br>装着品（ヘアピン，アクセサリーなど）<br>糸くず | 作業前の身じたく点検の徹底<br>作業中の注意喚起<br>調理従事者の衛生への意識向上<br>調理従事者の更衣室の清掃 |

**表8.5　異物混入発生時の対応**

| ① 利用者の健康状態の確認 | 混入した異物を摂取したことにより体調が悪くなったり，けがをするなど異常が認められる利用者がいた場合は，ただちに病院に搬送する。 |
|---|---|
| ② 混入経路の追跡 | 異物の回収と発見時の状況を把握し，直ちに混入経路を追跡する。調理工程での混入の場合は，給食を停止することも検討する。 |
| ③ 関係部署への報告 | 必要に応じて関係部署に報告する。 |
| ④ 再発防止策の検討 | 原因の分析および異物排除のための対策を講じて，給食関係者への周知徹底，施設設備の点検を強化することにより再発防止を徹底する。事故発生から対応策までの流れを記録する。 |

#### ④ 外部との連携体制の確保

　ライフライン等の寸断により，自施設において給食提供が不可能になることを想定し，平常時より自治体および保健所，近隣の同系列施設や給食受託

会社などと連携がとれるような体制づくりと支援内容（物的支援，人的支援など）の確認を行う。また，災害時の食材などの確保のためには，複数の取引業者と契約を結ぶ。

### ⑤ 訓練の実施

定期的に模擬訓練を実施し，災害時の管理体制やマニュアルの実効性の確認，また非常食の利用や非常時献立に対するシュミレーションを行い，必要に応じて改善を行う。訓練を行うことで施設職員の危機管理に対する意識向上にもつながる。

### (2) 災害発生時の対策

災害発生直後，施設利用者および従業員の被害状況，ライフラインの使用の可否，食材および備蓄食品の点検，調理施設や設備・調理機器類などの被害状況を迅速かつ正確に把握する。市町村，保健所などに被災状況を報告し，外部からの支援を要請する。在庫食品や備蓄食品，外部からの支援物資などを使用して食事提供を行う。その後，復旧状況や支援状況に応じた時系列的な対応が必要となる*。

＊詳細は，日本公衆衛生協会：大規模災害時の栄養・食生活支援活動ガイドライン（2019），国立健康・栄養研究所：日本栄養士会災害時の栄養・食生活支援マニュアル（2011）などを参照。

### 8.3.4　災害時のための貯蔵と献立

### (1)　非常用食品の貯蔵

災害時は，調理施設や設備損壊，ライフラインの寸断など被害状況に応じて，施設内で確保している非常用食品を活用した献立に基づき食事提供を行う。過去の震災等での外部救援物資到着や自衛隊等の給食支援までの時間を考慮し，通常3日分の食料品および飲料水の貯蔵が各施設で必要とされる。食事提供に必要な使い捨ての食器や消耗品などの生活用品，ガス，電気などが使えない場合の熱源としての燃料も備品として貯蔵する。

非常用食品には，① 常温保存が長期可能，② 個別包装，③ 簡単な調理（温め，水や湯を加えるなど）で喫食可能，④ そのまま食べられるなどの条件を満たすものが考えられる。非常用食品の例を**表8.6**に示す。

また，常食では対応ができない対象者がいる施設では，施設に応じた特別な非常用食品も備えておく必要がある。医療施設では，流動食，経管栄養食，

**表8.6　非常用食品の例**

| 主食類 | アルファ米（白飯，五目ご飯），レトルトがゆ，乾パン，クラッカー，常温保存可能のうどんやパンなど |
|---|---|
| 主菜類 | 魚の缶詰（さば，いわし，さんまなど），魚のレトルト・真空パック，カレー・シチューのレトルト，おでん真空パック |
| 主食＋主菜 | 発熱剤内蔵型レトルト食品*（カレーライス・牛丼・玉子丼など） |
| 副菜類 | 野菜惣菜レトルト，乾物（カットわかめ，ふりかけ，ゆかり）など |
| 汁物類 | 即席（生みそ，粉末）みそ汁，粉末スープ，豚汁缶など |
| デザート類 | 果物缶，果汁缶，デザート缶（みつまめ，杏仁豆腐など） |

注）＊湯や水，熱源，食器がワンパックになっている

表8.7　非常食献立例

**A　一般成人用**

| | 朝　食 | 昼　食 | 夕　食 |
|---|---|---|---|
| 1日目 | ご飯（アルファ米）<br>（かゆ：レトルト）<br>吸物（粉末）<br>ふりかけ | 乾パン<br>クリームシチュー（レトルト） | ご飯（アルファ米）<br>（かゆ：レトルト）<br>吸物（粉末）<br>魚缶詰（さばみそ煮缶） |
| 2日目 | ご飯（アルファ米）<br>みそ汁（粉末）<br>ツナ缶 | わかめうどん<br>野菜の煮物（真空パック） | ご飯（アルファ米）<br>ビーフカレー（レトルト）<br>ポテトサラダ（缶詰） |
| 3日目 | ご飯（アルファ米）<br>（かゆ：レトルト）<br>ゆかり<br>みそ汁（生みそタイプ）<br>切り干し大根の煮物<br>　（真空パック） | ツナ缶スパゲッティ<br>オニオンスープ（缶詰）<br>フルーツミックス缶 | 五目ご飯（アルファ米）<br>魚肉ソーセージ<br>白いんげん豆の煮物<br>吸物（粉末） |

注）カセットコンロなどで湯は沸かせる場合を想定。水道水が使用できなければペットボトル飲料水を使用。

**B　高齢者用の献立例**

| | 朝　食 | 昼　食 | 夕　食 |
|---|---|---|---|
| 1日目 | 白粥（レトルト）<br>梅干し<br>ビタミンミネラル補給用飲料 | 白粥（レトルト）<br>鯛みそ<br>高エネルギーゼリー | かゆ（レトルト）<br>鮭フレーク（びん詰め）<br>牛乳 |
| 2日目 | パン粥（乾パン使用）<br>ポテトサラダ（真空パック）<br>ビタミンミネラル補給用飲料 | 白粥（レトルト）<br>魚と野菜の煮物（缶詰）<br>のり佃煮 | 白粥（レトルト）<br>親子丼の具（レトルト） |
| 3日目 | 白粥（レトルト）<br>肉じゃが（肉そぼろとマッシュポテト）（レトルト）<br>高エネルギー飲料 | 白粥（レトルト）<br>かに玉（レトルト）<br>高エネルギーゼリー | 白粥（レトルト）<br>クリームシチュー |

注）咀嚼嚥下困難な高齢者にはレトルト食品をすりつぶす，こすなどの調製を行う。または，咀嚼嚥下困難者用食品の缶詰やレトルト食品を備蓄しておく。

特別用途食品（病者用，妊産婦，乳児用食品），高齢者施設では，咀嚼嚥下困難者のための濃厚流動食や**ミキサー食**[*1]（ブレンダー食）など，乳幼児施設では，育児用調製粉乳，離乳食などである。

### （2）　献立作成

災害時に備え，非常用食品を利用した献立を作成する。

災害発生当初は，ご飯，パンなどエネルギー補給食品の摂取が主となるが，徐々に主食，主菜，副菜（汁物，デザートを含む）となる食品を組み合わせ，バランス良く栄養素の補給ができるような献立とする。災害時非常食献立例を**表8.7**に示す。

### 8.3.5　危機管理対策（インシデント，アクシデント）

**危機管理**とは，想定可能な危機の予測，分析を行い，危機が発生した場合の対応策を事前に講じ，危機の回避および最小限の被害に抑えるための管理である。給食施設において，食中毒・感染症，異物混入，**放射能**[*2]および有毒物汚染などの事故や地震，台風，火災などの災害における危機発生が想定される。日頃より危機の回避および危機発生時のためのマニュアル作成や組

*1 **ミキサー食（ブレンダー食）**　常食をミキサーにかけ，食べ物の形状を残さないペースト状にしたもの。

*2 **放射能汚染**　東京電力福島第一原子力発電所事故後，安全な食品流通のために検査が行われている。厚生労働省は2012年4月から食品の安全と安心を確保するために，事故後の緊急的な対応としてではなく，長期的な観点から新たな基準値を設定した。

━━ コラム9　日本栄養士会災害支援チーム（JDA-DAT）の災害地支援活動 ━━

　公益社団法人日本栄養士会は，2011（平成23）の東日本大震災における管理栄養士，栄養士ボランティアの災害支援活動をきっかけに，災害発生時に迅速に支援活動を行う機動性の高い管理栄養士・栄養士チームである「日本栄養士会災害支援チーム（JDA-DAT）」を創設した。JDA-DAT は，大規模な自然災害（地震，台風など）が発生した場合，迅速に被災地内の医療・福祉・行政栄養部門と協力し，緊急栄養補給物資の支援など，状況に応じた栄養・食生活支援活動を行うことを目的とし，平時においては地域での災害対策活動などへの支援も担っている。JDA-DAT は，指定栄養士会（JDA-DAT を有する意思と人員等を備え，日本栄養士会に申請済みの都道府県栄養士会）ごとに設置され（2020年8月現在19道府県），自発的あるいは出動要請を受けて活動を開始する。

織の構築，対応訓練の実施などの危機管理体制を整えておく必要がある。

### （1）インシデントとアクシデント

　インシデント*は「出来事」，アクシデントは「予測できないことが起きた事例，事故」の意味である。1件のアクシデントが起こるまでには，その兆候としていくつかの軽度の事故やインシデントが発生していることが多い。重大な事故発生を回避するためにも，インシデントの段階での対処が重要となる。

### （2）インシデント管理

　インシデントレポートを作成して記録を残すとともに，十分な分析を行い，事故発生防止や安全対策に役立てる。インシデントレポートの分析では，① インシデントの発生状況，② インシデント発生に関わる情報の収集，③ インシデント発生の原因，④ 解決すべき問題点の追究，⑤ 解決策の決定などを明確にする。

### （3）アクシデント管理

　アクシデントは実際に事故が発生し，利用者や調理従事者に被害が及ぶことを指す。事故の原因分析と再発防止策の検討に役立てるためにアクシデントレポートを作成する。管理者は事故発生後できるだけ早く調理従事者などに事故報告を行い，今後の再発防止策を検討する。アクシデントレポートは事故関係者の過失や責任を追及する目的のものではない。

*インシデントは，アクシデントに至る危険性のある出来事が生じ，実際には未然に防ぐことができたが「ヒヤリ」「ハット」した事例をいう。

### 【演習問題】

　問1　大量調理施設衛生管理マニュアルに基づき，施設の衛生管理マニュアルを作成した。その内容に関する記述である。最も適当なのはどれか。1つ選べ。
（2021年国家試験）

（1）冷凍食品は，納入時の温度測定を省略し，速やかに冷凍庫に保管する。

（2）調理従事者は，同居者の健康状態を観察・報告する。

（3）使用水の残留塩素濃度は，1日1回，始業前に検査する。

（4）加熱調理では，加熱開始から2分後に，中心温度を測定・記録する。

（5）冷蔵庫の庫内温度は，1日1回，作業開始後に記録する。

**解答**　（2）

**問2**　給食施設において，インシデントレポートを分析したところ，手袋の破損・破片に関する報告が多かった。その改善策に関する記述である。最も適当なのはどれか。1つ選べ。　　　　　　　　　　　　　　（2021年国家試験）

（1）手袋の使用をやめる。

（2）手袋の交換回数を減らす。

（3）手袋を青色から白色に変える。

（4）手袋を着脱しやすい余裕のあるサイズに変える。

（5）はめている手袋の状態の確認回数を増やす。

**解答**　（5）

**問3**　クックサーブシステムの給食施設における，ほうれん草のお浸しの調理工程に関する記述である。HACCPシステムの重要管理点（CCP：critical control point）として，正しいのはどれか。1つ選べ。　　　　（2020年国家試験）

（1）納品後のほうれん草は，10℃前後で保存する。

（2）ほうれん草は，流水で3回洗浄する。

（3）ほうれん草を茹でる際は，中心部が75℃で1分間以上加熱する。

（4）お浸しの盛り付け後は，10℃以下で保管する。

（5）お浸しの盛り付け後は，2時間以内に喫食する。

**解答**　（3）

**【参考文献】**

厚生労働書HP：食中毒統計，http://www.mhlw.go.jp/topics/syokuchu/04.html

厚生労働省HP：食品等事業者団体が作成した業種別手引書，https://www.mhlw.go.jp/stf/seisakunitsuite/bunya/kenkou_iryou/shokuhin/haccp/index.html

日本栄養・食糧学会監修, 板倉弘重ほか責任編集：災害時の栄養・食糧問題, 建帛社（2011）

日本公衆衛生協会：大規模災害時の栄養・食生活支援活動ガイドライン（2019），http://www.jpha.or.jp/sub/pdf/menu04_2_h30_02_13.pdf

国立健康・栄養研究所HP：災害時の健康・栄養について，http://www0.nih.go.jp/eiken/info/info_saigai.html

新潟県HP：災害時栄養・食生活支援活動ガイドライン（2006），http://www.kenko-niigata.com/21/shishin/sonotakeikaku/saiigaijieiyou.html

新潟県HP：災害時栄養・食生活支援活動ガイドライン―実践編（2008），http://www.kenko-niigata.com/21/shishin/sonotakeikaku/jissennhenn.html

日本公衆衛生協会：健康危機管理時の栄養・食生活支援メイキングガイドライン（2010），http://www.jpha.or.jp/sub/pdf/menu04_2_02_all.pdf

佐賀県庁HP：健康増進法に基づく栄養管理について，http://www.pref.saga.lg.jp/web/kurashi/_1019/ki-yobou-kennkou/_54104.html

野田衛：ノロウイルス食中毒対策―調理従事者からの食品汚染はなぜ起こるのか？，食と健康，58，8-20（2014）

# 9  給食の施設・設備管理

## 9.1  生産（調理）施設・設備設計

### 9.1.1  施設・設備の概要

給食施設における施設・設備管理の管理範囲は，給食の運営が，① 衛生的，② 能率的，③ 安全に実施されることを重視するため，検収室，調理室，盛り付け・配膳室，食器洗浄室，食堂，給食事務室，厚生施設（更衣室，休憩室，トイレ，シャワー室），食品保管設備，消毒保管設備，周辺環境の設備と広範になる。施設・設備の良否およびその効率的な利用方法が，給食運営全体に及ぼす影響は大きく，管理栄養士には，施設・設備の構造，**動力システム**[*1]，機器の使用方法と保守管理方法などの知識と技術・能力が求められる。

*1 動力システム　電気やガス，蒸気といった機器のエネルギー源，機器構造など。

### 9.1.2  施設・設備の基準と関連法規

給食施設・設備は，食品衛生法第 51 条において，各都道府県条例により「業種別に，公衆衛生の見地から必要な基準を定めなければならない」とされている。**表 9.1** に営業施設の共通基準として大阪府の例を示す。施設の設置場所および構造・設備の共通基準等について詳細な内容が示されている。また，「大量調理施設衛生管理マニュアル」では施設設備の構造，施設設備の管理として基準が記載されている。給食施設・設備管理の関係法令は，**表 9.2** に示すように，建築，ガス，電気，消防，環境などについても規制され，必要に応じて最新の内容に照らし合わせる必要がある。さらに，給食施設の種別によって，それぞれ設備および運営に関する基準が定められている。

### 9.1.3  作業区域と作業動線

#### (1)  給食施設の区分

給食施設は，調理を行う施設，給食従事者の厚生施設と食事をする施設に大きく 3 区分される[*2]。さらに，大量調理施設衛生管理マニュアルでは，調理を行う施設を「汚染作業区域」と「非汚染作業区域」に明確に分け，食材の二次汚染の防止に努めるよう示している。汚染作業区域は，検収場，原材料の保管場，下処理場が含まれる。非汚染作業区域は，準清潔作業区域（調理場）と清潔作業区域（放冷・調整場，製品の保管場）に区別する。なお，各区域は固定され，それぞれを壁で区画することを推奨しているが，床面を色別する，境界にテープを貼る等により明確に区画することでもよいとされている。

*2 給食施設の区分
　① 調理を行う施設：調理室，食器洗浄室，付帯施設（事務室，検収室，倉庫）
　② 給食従事者の厚生施設：更衣室，休憩室，便所，浴室
　③ 食事をする施設：食堂

**表 9.1**　営業施設の共通基準(大阪府の例)

| 項目 | | | 基準の内容 |
|---|---|---|---|
| 施設の設置場所及び構造・設備の基準 | 設置場所 | | 衛生上支障のない場所に設置すること |
| | 区分 | | 住居その他営業の施設以外の施設と明確に区分すること |
| | 作業場 | 面積 | 使用目的に応じて適当な広さを有すること |
| | | 明るさ | 充分な明るさを確保することができる照明の設備を設けること |
| | | 換気 | 換気を十分に行うことができる設備を設けること |
| | | 床 | ①排水溝を有する。②清掃が容易にできるよう平滑であり,かつ,適当なこう配のある構造であること。③水その他の液体により特に汚染されやすい部分は,耐水性材料で造られていること |
| | | 内壁 | 清掃が容易にできる構造とし,床面からの高さが 1.5m までの部分及び水その他の液体により特に汚染されやすい部分は,耐水性材料で造られていること |
| | | 床面と内壁面との接合部分・排水溝の底面の角 | 適度の丸みをつけ,清掃が容易にできる構造であること |
| | | 天井 | すき間がなく,清掃が容易にできる構造であること |
| | 防虫等 | | ねずみ,衛生害虫等の進入を防ぐ構造であること |
| | 洗浄設備 | | 熱湯を十分に供給できるものであること |
| | 手洗い設備 | | 消毒薬を備えた流水受槽式手洗い設備を,適当な場所に設けること |
| | 固定した設備・移動が困難な設備 | | 洗浄が容易にできる場所に設けること |
| | 更衣室 | | 従業員の数に応じて,更衣室その他更衣のための設備を設け,専用の外衣,帽子,マスク,履物を備えること |
| | 便所 | | ねずみ,衛生害虫等の侵入を防ぐ設備を設けるとともに,その出入口及び尿くみ取り口は,衛生上支障のない場所にそれぞれ設けること |
| 食器取扱設備等の衛生管理 | 設備及び機械,器具類 | | 製造量,販売量,来客数等に応じて十分な規模及び機能を有するものを設けること。また,器具の洗浄,消毒,水切及び乾燥の設備を設けること |
| | 機械 | | 食品又は添加物に直接接する部分が不浸透性材料で造られ,かつ,洗浄及び消毒が容易にできる構造であること |
| | 保管設備 | | 器具及び容器包装を衛生的に保管するための設備を設けること。また,原材料,添加物,半製品又は製品それぞれ専用のものとし,温度,湿度,日光等に影響されない場所に設ける等衛生的に保管ができるものであること |
| | 計量器 | | 添加物を使用する場合は,専用の計量器を設けること |
| | 冷蔵庫(10℃以下に冷却する能力を有するもの) | | 冷凍庫その他温度又は圧力を調節する必要のある設備には,温度計,圧力計その他必要な計器を見やすい位置に備えること |
| | 廃棄物容器 | | 十分な容量を有し,不浸透性材料で造られ,清掃が容易にでき,及び汚液,汚臭等が漏れない構造である廃棄容器を設けること |
| | 給水設備 | | 飲用に適する水を十分に供給できる衛生的な給水設備を専用に設けること |

出所) 大阪府食品衛生法施行条例第 4 条,大阪府条例第 14 号 (2000.3.31) をもとに作成

## (2)　給食施設の面積

　給食施設の面積に基準はないが,**表 9.3** に示す調理室面積の概算値のように,給食施設の種類,規模(提供食数),メニュー形態,供食形態,サービスの方法,給食システムなどにより必要面積が異なるため,これらを考慮した面積を確保する。調理室面積は,広すぎるより少々狭いぐらいが使いやすいとされ,多岐にわたる複合的作業空間を上手に活かしたコンパクトな立体的空間利用の工夫が必要で

**表 9.2**　給食施設・設備管理の関係法令

| 所轄庁 | 法令名 |
|---|---|
| 厚生労働省 | 食品衛生法,食品衛生法施行令,食品衛生法施行規則<br>水道法,水道法施行令,水道法施行規則<br>弁当及びそうざいの衛生規範について<br>大規模食中毒の発生防止について<br>総合衛生管理製造過程の承認と HACCP システムについて<br>ボイラー及び圧力容器安全規則の施行について　　　　など |
| 経済産業省 | ガス事業法,ガス事業法施行令,ガス事業法施行規則<br>液化石油ガスの保安の確保及び取引の適正化に関する法律<br>特定ガス消費機器の設置工事の監督に関する法律<br>ガスを使用する建物ごとの区分を定める件<br>ガス漏れ警報器の規格及びその設置方法を定める告示<br>電気用品安全法,電気用品安全法施行令　　　　など |
| 国土交通省 | 建築基準法,建築基準施行令法,<br>下水道法,下水道法施行令　　　　など |
| 総務省 | 消防法,消防法施行令,消防法施行規則<br>火災予防条例準則　　　　など |
| 環境省 | 環境基本法<br>大気汚染防止法,大気汚染防止法施行令,大気汚染防止法施行規則<br>悪臭防止法,悪臭防止法施行令,悪臭防止法施行規則<br>水質汚濁防止法,水質汚濁防止法施行令,水質汚濁防止法施行規則<br>廃棄物の処理及び清掃に関する法律　　　　など |

出所) 君羅満・名倉秀子ほか:給食経営管理論,建帛社 (2012)

**表 9.3　施設別調理室面積の概算値**

| 施設名 | 調理用面積 | 条件 |
|---|---|---|
| 学校給食 | $0.1m^2$／児童 1 人 | 児童数 700〜1000 人 |
| 同上センター | 同上 | 児童数 1000 人以上 |
| 病院 | $0.8〜1.0m^2$／ベッド | |
| 寮 | $0.3m^2$／寮生 1 人 | |
| 産業食堂 | 食堂面積×1/3〜1/4 | 回転率 1 回 |

出所）日本建築学会：コンパクト建築設計資料集成（第 3 版），丸善（2005）

ある。調理室の面積における効率化は，動線が短くなることに加えて，空調などのエネルギーコストを小さくすることが期待できる。

### (3)　給食施設の内装

床面，壁，天井，窓，出入口に求められる内容を**表 9.4** に示した。

**表 9.4　給食施設の内装に求められる事項**

| | |
|---|---|
| 床面 | 床面施工には，従来からのウェット（湿式）施工とドライ（乾式）施工があり，大量調理施設衛生管理マニュアルでは，ドライ施工を用いた**ドライシステム**＊化が推奨されている。どちらの床面においても，使用する床材は，荷重に対する耐久性，および耐火性，耐熱性，耐油性を有し，平滑で摩擦に強く，滑らず，清掃しやすい材質が要求される。 |
| 壁 | 内壁は，隙間がなく，平滑な構造とし，耐火性，耐熱性，耐水性，防湿性，耐腐食性，防かび性，清掃性などが求められる。床面から少なくとも 1 m 以上は，不浸透性，耐酸性，耐熱性の材料を用いる。床面と壁面の境界には丸み（半径 5 cm 以上のアール）を付けることにより微細な塵が貯留せず清掃しやすくする。 |
| 天井 | 天井は床面から 2.4m 以上，パイプやダクト等が露出しないよう二重天井とし，天井裏には断熱材を貼ることにより，結露を防ぎ，衛生上の問題が生じないような工夫が必要である。 |
| 窓 | 窓は，採光を第 1 の目的とする。窓の面積は，床面積の 1/5 以上，高さは床上 1 m 前後がよい。窓は極力開閉しないことが望まれるが，防塵，防虫用の網戸を設置しておく必要がある。 |
| 出入口 | 出入口は，引き戸や扉で仕切る。外部との出入口は，衛生管理およびねずみや昆虫の進入防止のために開放式にせず，網戸や自動ドア，エアーカーテン等を設置することが望まれる。 |

＊ドライシステム　「system for keeping dry」の和製造語であり，ドライな環境を実現するための建築や設備の内容，および作業手順や管理運営方法などを含む，ハードとソフトの両面を備えた総合的なシステムを指す。給食施設のドライ化によって低温・低湿・清浄空気化を実現することにより，衛生面の向上（細菌，雑菌の繁殖防止など），労働環境の改善（床が滑りにくい，軽装作業可能など）に伴う作業員の身体的負担の軽減や衛生管理意欲の向上が期待できる。イニシャルコスト（導入時費用）は割高だが，低湿度により機器損傷が減少し，耐久性が向上することで保全費が少なくすむ。

### (4)　給排水設備

#### 1)　給水設備・給湯設備

給水設備は，飲用，調理用，洗浄用，清掃用などに水を供給し，それぞれの使用水量，必要水圧（一般水栓 0.03MPa，その他調理機器，給湯器 0.05〜0.07MPa），使用時間，季節変動，水質（水道法）に適した給水システムを計画する。水量は，使用量がピークに達したときにも十分に確保できるよう必要給水量を計算する（**表 9.5**）。また，停電・断水などの非常時対策では，貯水タンクなどの検討が必要である。

給湯設備は，適切な温度の湯を適切な水量と水圧で供給する必要がある。給湯方式は，病院などの大規模施設において 1 ヵ所で大量の湯を沸かし，配管により各湯栓に送る中央式給湯法と，必要箇所で貯湯式ボイラーや瞬間湯沸かし器などにより給湯する局所式給湯法に大別される。給湯では，用途別の湯温（手洗い用 40℃，一般厨房用 45℃，食器洗浄機 60〜95℃など）と給湯量がポイントとなる。

**表 9.5　建物種類別単位給水量**
（厨房で使用される水量のみ）

| 建物種類 | 単位給水量（1 日あたり） |
|---|---|
| 喫茶店 | 20〜35L/客 |
| 飲食店 | 55〜130L/客 |
| 社員食堂 | 25〜50L/食 |
| | 80〜140L/食堂 $m^3$ |
| 給食センター | 20〜30L/食 |

出所）空気調和・衛生工学会：空気調和・衛生工学便覧（第 13 版），丸善（2001）

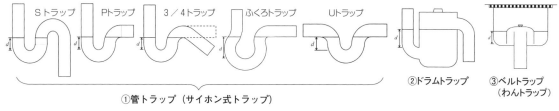

Sトラップ　Pトラップ　3／4トラップ　ふくろトラップ　Uトラップ　②ドラムトラップ　③ベルトラップ（わんトラップ）

①管トラップ（サイホン式トラップ）

**図9.1**　トラップの種類（$d$：封水深）

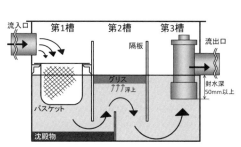

**図9.2**　グリストラップ（3槽式）の構造（断面図）

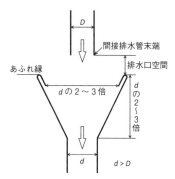

**図9.3**　間接排水管と水受け容器の例（SHASE-S206-2009）

### 2）排水*設備

排水管を直結する器具には，害虫や臭いの侵入を防ぐために**図9.1**のようなトラップを設ける。

調理室内の排水溝には，洗剤，油脂類，残飯類が混入するため，悪臭や害虫，排水づまりや逆流が発生しないよう，十分な勾配（1/100以上，2～4/100が望ましい）を設け，末端まで円滑に水が流れるようにする。

調理室外への排水は，生ゴミや油脂の流出を防ぐためグリストラップ（グリス阻集器）を設置する（**図9.2**）。グリストラップは，調理室からの排水に含まれている油脂（グリス）や残飯を阻止・分離・収集するための設備で，給食施設や飲食店では設置が義務づけられている。また，飲食物を貯蔵または取り扱う機器および医療機器などで排水口を有する機器（冷蔵冷凍庫，製氷機，洗米機，食器洗浄機など）は，一般排水系統からの逆流や下水ガス・衛生害虫の侵入防止のために，**図9.3**に示すように一度大気中に解放して所定の排水口空間を設けた間接排水とする。

### （5）熱源，電気設備

加熱調理の熱源は，ガスがよく使用されるが，電気や蒸気による機器の利用も増加している。**表9.6**に熱源の違いによる特性の比較を示す。ガス機器については，使用ガスの種類（都市ガス，液化石油ガス（LPG）など），熱量，供給圧力を確認する。ガス漏れ，一酸化炭素中毒，爆発などの危険に備えて安全装置の設置や適切な換気が必要である。また，停電時でも使用可能なガ

*排水の種類には以下のものがある。

① 汚水：大便器・小便器などから排出される排水。

② 雑排水：厨房機器，掃除流し，洗面器，浴槽などから排出される排水。

③ 雨水：敷地内に降水した雨水のほか，地下の湧水も含まれる。

④ 特殊排水：研究所，病院，工場などから排出される排水。下水道法，水質汚濁防止法などの基準にしたがって除害施設を設ける。

表 9.6　熱源の違いによる特性の比較

| | 電気 | ガス | 蒸気 |
|---|---|---|---|
| 安全性 | ・安全装置を装備しやすい<br>・漏電，接点不良等から発火する可能性がある | ・ガス漏れ，着火不良による爆発の危険性がある<br>・点検等の不良により，不完全燃焼（高濃度のCO発生）の恐れがある | ・安全装置の故障による，蒸気爆発があった場合，大きな事故になる場合がある |
| 衛生面<br>環境面 | ・輻射熱が少ないため，規定の室温に保ちやすい | ・排気，輻射熱により，室温が上昇しやすい<br>※低輻射機器もある | ・輻射熱が少ないため，規定の室温に保ちやすい |
| 制御性 | ・無段階または，多段階での出力調整が可能<br>・タイマー，温度センサーにより時間管理が可能<br>・調理のマニュアル化が可能 | ・無段階または，多段階での出力調整が可能<br>・タイマー，温度センサーにより時間管理が可能<br>・調理のマニュアル化が可能 | ・タイマー，温度センサーにより時間管理が可能<br>・調理のマニュアル化が可能<br>※ただし蒸気対応機器は限られる |
| 加熱性能 | ・ヒーター式は立ち上がりに時間がかかり，また余熱がある<br>・電磁誘導式は，立ち上がりが早く，間接加熱の熱効率が高い | ・立ち上がりが早い<br>・小面積で強力な火力が可能 | ・圧力を上げることで，熱量が増えるため立ち上がりが早い |
| 熱効率 | ・50～98％と比較的高い | ・30～70％と比較的低い | ・蒸気発生装置の熱効率を考慮すると60～80％ |
| 設備 | ・受電設備または供給電力量により制限があるため，事前確認が必要。設備費は比較的高い<br>・空調設備（室温上昇が少ないため）が軽減できる | ・設備費は比較的安い<br>・COを排出するため，排気設備を十分考慮する必要がある | ・蒸気発生装置（ボイラー），貯蔵タンク，配管等，設備費が高い<br>・空調設備（室温上昇が少ないため）が軽減できる |
| 運転費 | ・ガス燃焼機器と比較すると，少し高くなる傾向がある | ・電気と比べ安価である | ・ガスや電気に比べ安価な傾向がある |
| 耐久性 | ・ヒーターは長寿命であり，清掃性に優れた構造の機器が多い | ・燃焼部は，定期的メンテナンスが必要<br>・清掃しにくい構造の機器がある | ・シンプルな構造のため，清掃しやすく，故障しにくい |
| 法規制 | ・ガスに比べ，設置条件等緩和される場合がある | ・電気に比べ，設置条件等厳しい場合がある | ・ボイラー取扱作業主任者の選任が必要 |

出所）タニコー提供資料

スを用いた発電や，災害時に破損や損壊しにくい中圧ガス管によるガス供給，液化石油ガス（LPG）を都市ガス仕様の機器に変換できる臨時供給装置等がある。

　調理室では，機器等の動力や加熱機器の電熱利用により，多くの電力が使われる。そのため，電気容量や電圧（3相200V，単相100Vなど），同時使用率を考慮するとともに，コンセントの位置（床上0.6m以上）や個数についても検討する必要がある。

　近年では，エネルギー問題や環境問題，コスト面（ガス，電気，上下水道費）から給食施設においても省エネルギー化が求められており，給食（調理）部門でのエネルギー消費量を把握するために，調理室単体の計測器を設け，管理する施設が増えている。

### (6)　照明設備

　照明設備により，作業内容や作業場所に適した照度を確保する必要がある。表9.7に示すように，食品衛生と労働衛生の観点から調理作業をする場所で

は少なくとも 200lx，卓上では疲労度軽減のために 400〜500lx 程度の照度が好ましい。調理室内にみられるフード内の照明器具は，防湿型とし，天井面は，衛生管理と防災上から天井埋め込み型が好ましい。

#### （7）　空調・換気設備

空調設備により，温度，湿度，空気清浄，気流をコントロールする。調理室の熱負荷*は，調理機器発熱負荷，照明・人体発熱負荷，外気負荷，外壁負荷があり，このうち外気負荷が大きい。そのため，換気量（給気と排気）を適切にコントロールすることが重要である。

換気は，室内発生負荷（機器発熱，水蒸気，油煙，$CO_2$，臭気など）の除去，燃焼空気の供給，酸欠防止を目的とする。大量調理施設衛生管理マニュアルでは，高温多湿を避け，湿度 80％以下，温度 25℃以下に保つことが望ましいとされている。

### 9.1.4　施設・設備のレイアウト

レイアウトとは，一定のスペース内に作業動線に沿って機器類を配置したり，割り付けたりすることである。

#### （1）　ゾーニング計画

ゾーニング計画とは，調理室設計の目的（給食施設の構成，調理システム，規模，衛生など）にそった調理室の分割配置計画のことである。汚染作業区域と非汚染作業区域などについて，衛生面，円滑な作業動線を考慮して各作業区画を決め，間仕切りや床面の色別などで区別する。

#### （2）　作業動線計画

食材の搬入から厨芥処理まで，調理工程および作業工程の流れを考慮して機器・設備の配置を計画する。人，食材，食器および小型調理用具の動線は，短いほうがよく，いずれもワンウェイ（一方向の動線計画）を基本とすることで，二次汚染を防ぐことができる。調理従事者の汚染作業区域から非汚染作業区域への移動や交差は，極力行わないようにし，二次汚染防止に努める動線計画が求められる。

#### （3）　作業スペースの確保

十分な作業スペースを確保するには，通路の幅，人体の諸作業（座位作業，立位作業など）のスペースを基準としてレイアウトする。**図 9.4** に調理の基本寸法を示す。調理工程や作業工程を踏まえた機器配置，通路幅，収納位置，さらには調理台の高さなどを計画することで，作業効率の向上や負荷軽減が

**表 9.7**　推奨照度（JIS Z9110）

| 用途 | 活動場所 | 推奨照度（lx） | 照度範囲（lx） |
|---|---|---|---|
| 事務所 | 調理室 | 500 | 750〜300 |
| | 食堂 | 300 | 500〜200 |
| | 喫茶室 | 200 | 300〜150 |
| 学校 | 厨房 | 500 | 750〜300 |
| | 食堂，給食室 | 300 | 500〜200 |
| 保健医療施設 | 配膳室，食堂 | 300 | 500〜200 |
| 商業施設 | サンプルケース | 750 | 1,000〜500 |
| | 調理室，厨房 | 500 | 750〜300 |
| 宿泊施設 | 宴会場 | 200 | 300〜150 |
| | 食堂 | 300 | 500〜200 |
| | 調理室，厨房 | 500 | 750〜300 |
| 住宅 | 食卓 | 300 | 500〜200 |
| | 調理台 | 300 | 500〜200 |
| | 流し台 | 300 | 500〜200 |

*調理室内温度を上昇させる要因として，調理機器・照明・調理従事者が発する熱がある。また，夏場など外気温が高い場合は，窓や壁から調理室内に侵入する外気からの熱に加えて，調理室内の圧力を室外より高め（正圧）にして，室外菌の室内侵入を防ぐための吸気（外気）や調理器具の換気が保有する熱が大きくなる。通常，空調設備は，これらの熱量を考慮して選定・設置されるが，外気温が高く，想定以上の換気により，空調設備の冷房能力を超える熱が調理室内に発生した場合，調理室内は外気温の影響を受けることになる。

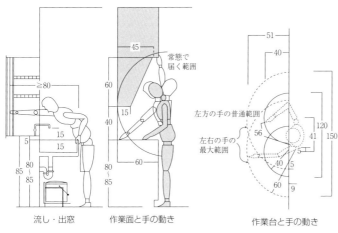

流し・出窓 　　作業面と手の動き 　　　　　作業台と手の動き

出所）日本建築学会：コンパクト建築設計資料集成（第3版），丸善（2005）

図 9.4 　調理の基本寸法

期待できる。

### (4)　調理機器の種類と選定

給食施設の種類や目的により，多種多様の機器が導入される。機器を購入する際には，機器占有率と作業スペース，手入れの方法，また，イニシャルコスト（導入時費用）とランニングコスト（日常費用）を試算するなど，機能性，生産性（作業効率），経済性，衛生・安全性，耐久性，保守性（メンテナンス性）などから検討する。

### (5)　機器の種類

給食施設では，作業区域ごとにさまざまな機器が使用されている（**表 9.8**）。**図 9.5** に機器写真を示した。

#### 1)　主な下処理機器

① ピーラー（球根皮むき機）（写真①）：じゃがいも，里芋などの根菜類を洗いながら皮をむく。

② フードカッター（写真②）：野菜，肉，魚，果物などあらゆる食品をみじん切りにする。ボウルをゆるやかに水平回転させながら2枚の巴型の刃が縦に高速回転することによって，食品の液汁を出すことなく切裁できる。

③ 合成調理機：野菜の切裁から肉類をひくまで1台でこなせる万能調理機。回転刃の取り替え，回転速度の切り替えによって使い分ける。

④ フードプロセッサー：フードカッターとミキサーの機能を併せ持ったもの。みじん切りにしてから混合・乳化までの作業が，連続的に1つ

**表 9.8** 　主な機器とその作業区域・区分

| 作業区域 | | 作業区分 | 調理機器名 |
|---|---|---|---|
| 汚染 | | 検収 | 計量器，検食用冷凍庫，冷蔵・冷凍庫，放射温度計 |
| | | 下処理 | シンク，調理作業台，球根皮むき機（ピーラー），フードカッター，合成調理機，フードプロセッサー，ミートチョッパー，洗米機，包丁まな板殺菌庫 |
| 非汚染 | 準清潔 | 調理 | 回転釜，ティルティングパン，スチームケトル，フライヤー，コンベクションオーブン，スチームコンベクションオーブン，焼き物機，ガスレンジ・電気レンジ，電子レンジ，ブラストチラー，炊飯器，真空包装機 |
| | 清潔 | 盛り付け配膳 | 温蔵庫，ウォーマーテーブル，スープウォーマー，コールドテーブル，コールドケース，冷温（蔵）配膳車，食器ディスペンサー，トレイディスペンサー |
| 汚染 | | 洗浄・消毒 | 食器洗浄機，食器消毒保管庫，包丁・まな板殺菌庫，器具消毒保管庫 |
| その他 | | | ボイラー，湯沸かし器，生ゴミ処理機，浄水機 |

①ピーラー

②フードカッター

③回転釜

④ティルティングパン

⑤フライヤー

⑥スチームコンベクションオーブン

⑦ガスレンジ

⑧IHレンジ

⑨ブラストチラー

⑩炊飯器

⑪真空冷却機

⑫真空包装機

⑬ウォーマーテーブル

⑭冷温(蔵)配膳車

⑮食器ディスペンサー

⑯トレイディスペンサー

⑰ドア（ボックス）型
食器洗浄機

⑱連続食器洗浄機

⑲食器消毒保管庫

⑳包丁・まな板殺菌庫

写真提供）⑪は三浦工業(株)，その他はタニコー(株)

**図9.5　主な機器写真**

の機械で行える。

**2) 主な調理機器**

① 回転釜（写真③）：煮物，汁物，炊飯，揚げ物，炒め物，湯沸かし，
蒸し物など多目的用途の丸形の釜。手回しハンドルにより前傾動回転
して，調理した食品の取り出しや清掃が容易にできる。

② ティルティングパン（写真④）：浅く平たい角型の回転釜。煮物，焼き物，炒め物，揚げ物調理が可能。平たく広い鍋底温度が均一に温度調節されているため，調理のマニュアル化が容易である。

③ フライヤー（写真⑤）：ガスや電気等で一定の温度に加熱制御できる深い油槽を備えた機器。揚げ物に使用される。卓上型または据え置き型がある。

④ スチームコンベクションオーブン（写真⑥）：熱風，スチーム，併用加熱が可能。焼物，蒸し物，煮物，炒め物といった多種類の調理ができ，再加熱，保温，真空調理，冷凍食品の解凍などにも活用できる。

⑤ 焼き物機：炭火やガスバーナー，電気ヒーターなどの熱源から放出される赤外線によって，主として，魚，肉などを直火焼きにする。上火式，下火式，上下両面式のものがある。

⑥ ガスレンジ（写真⑦）：上面（トップ）に多目的の加熱に使えるコンロやグリドルが配置され，下部にオーブンを備えた伝統的な万能調理機。昔，石炭や薪を燃やして暖をとることと調理することを兼ねていたため，「ストーブ」ともよばれる。電気式もあり，現在ではIHレンジ（写真⑧）が使用されている。

⑦ 電子レンジ：マイクロ波（周波数2450Hzの電磁波）を使用して，食品内部より急速加熱する機器。業務用では，主として冷凍食品の解凍・再加熱に使用される。単独では焦げ目等がつけられないため，対流加熱や輻射加熱との複合で使用されるものもある。

⑧ ブラストチラー（写真⑨）：加熱調理後の食品を安全な冷蔵温度までできるだけ早く冷却するための，冷風吹きつけタイプの急速冷却機。クックチルシステムに使用され，30分以内に冷却を開始し，90分以内に3℃以下に到達させることによって最大5日間の保存が可能になる。ホテルパンに食品を入れて使用するのが一般的であり，多くは速やかに出し入れができるように，加熱機器と共通のカートイン方式である。

⑨ 炊飯器（写真⑩）：縦に2段または3段と積み重ねた炊飯器。炊きあがりを自動で感知する自動炊飯器であり，一釜（一段）で最大5升（7.5kg）炊飯可能。

⑩ 真空冷却機（写真⑪）：庫内を減圧状態にすることで，加熱調理された食品内の水分を低温で蒸発させ，食品から熱を奪う蒸発熱により食品を急速に均一冷却する。水分が蒸発できないパック物の冷却はできない。蒸発により水分が減少することがあり，注意が必要。液状食品の場合，液が飛散することがあるが，機器の高機能化により抑制され

ている。

⑪　真空包装機（写真⑫）：食品を樹脂フィルムに入れ空気を除去した状態で密封シールするもの。真空調理で使用される。

### 3）　主な盛り付け・配膳機器

①　温蔵庫：加熱調理済みの食品を，菌の繁殖しにくい65℃以上の温度で盛り付け，直前まで保温するキャビネット。

②　ウォーマーテーブル（写真⑬）：温度管理された湯槽（湯煎）にホテルパンやポットを落とし込んで，そのホテルパンやポットに調理済み食品を入れて盛り付け直前まで保温するテーブル型の機器。

③　コールドテーブル：調理作業台の台下が冷蔵（冷凍）庫になっているタイプ。調理作業に直接必要な食材料の手元の一時保管として使われる。他のタイプが縦型といわれるのに対して，横型ともいわれる。

④　冷温(蔵)配膳車（写真⑭）：温かいものは温かいまま，冷たいものは冷たいまま，作りたてのおいしさを維持するために1つの配膳車の中に保温機能と保冷機能を併せもった配膳車。温冷配膳車ともいう。

⑤　食器ディスペンサー（写真⑮），トレイディスペンサー（写真⑯）：グラスや食器，トレイなどが取り出した分だけスプリングなどで押し上げられて，常に取り出しやすい位置に保つ装置。カフェテリアラインでは，差し替え補充が楽に行えるようにカート式になっていることが多い。

### 4）　主な洗浄・消毒機器

①　ドア（ボックス）型食器洗浄機（写真⑰）：洗浄室が箱型で，ドアを開閉して洗浄ラックに入れられた食器を出し入れするバッチ式の食器洗浄機。洗浄機の中では，洗浄とすすぎの工程が決められた時間で進む。

②　連続食器洗浄機（写真⑱）：コンベアで食器を流して，入り口から出口まで移動する間にすべての洗浄工程を終了する食器洗浄機。食器は前洗浄，主洗浄，すすぎ洗浄の各工程を進んだ後，新鮮な高温水による仕上げすすぎ工程を経る。コンベア式の形状によって食器の流し方が異なり，適する食器が異なる。

③　食器消毒保管庫（写真⑲）：洗浄後の食器や調理器具を消毒・乾燥させ，そのまま保管しておく機器。熱風による乾熱式が主流であり，温度調節器とタイマーにより設定した温度で一定時間加熱した後，自動的に終了する。

④　包丁・まな板殺菌庫（写真⑳）：包丁やまな板およびその他の道具類を洗った後の殺菌に使用される機器。殺菌力の強い260 μm近辺の波長の紫外線ランプの照射によって殺菌する。乾燥機能のついたものも

表 9.9　主に給食で使用されている食器の材質と特性

| 材　質 | 陶磁器 | 金属 | 熱硬化性 | | 熱可逆性 | | |
|---|---|---|---|---|---|---|---|
| | 強化磁器 | アルマイト | メラミン樹脂（MF） | ポリプロピレン（PP） | ポリカーボネート（PC） | ABS 樹脂 | アクリル樹脂 |
| 耐熱温度（℃） | － ＋ | ― | 120 | 120 | 130 | 80 ～ 100 | 70 ～ 90 |
| 電子レンジの使用 | 可 | 不可 | 不可 | 可 | 可 | ― | ― |
| 比　重 | 2.8 | 2.7 | 1.5 | 0.8(水に浮く) | 1.2 | 1.1 | 1.2 |
| 酸　性 | ○ | × | △ | ○ | ○ | ○ | ○ |
| アルカリ性 | ○ | × | ○ | ○ | △ | ○ | ○ |
| 重　量 | 重い | 軽い | やや重い | 軽い | 軽い | やや重い | 軽い |
| 熱伝導度 | 高い | 極めて高く，冷めやすい | やや高い | 極めて低く，保温性もよい | 極めて低い | やや低い | やや低い |
| 耐衝撃性 | 破損しやすい | 変形しやすい | 変形しないが，やや破損しやすい | 適度の弾力があり変形せず，破損しにくい | 適度の弾力があり変形せず，破損しにくい | 破損しにくい | 破損しにくい |
| 主な用途 | 食器全般 | 食器，食缶 | 食器全般，容器 | 食器全般，容器，食器カバー（蓋） | 容器，トレイ，カップ | トレイ，汁椀，箸 | コップ，サラダボール |
| そ　の　他 | メーカーによって高強度。リサイクルが可能 | ― | 絵付けが容易。紅生姜，ソースなど着色汚染がある。 | トマトケチャップ，カレーなどの着色汚染がある。 | 生姜，柑橘類の皮など着色汚染がある。 | ― | 透明度が高い |

ある。

⑤　器具消毒保管庫：洗浄後の調理器具を消毒・乾燥させ，そのまま保管しておく機器。熱風や紫外線ランプの照射によって殺菌する。

**(5)　食具（什器，食器）**

什器とは小型調理用具を指し，鍋，フライパン，ボウル，ざるなどがある。給食施設の種類や目的に応じて，大きさや材質を選択する。

給食施設で使用される食器の材質は，**表9.9** に示すように，材質により取扱いが異なる。食器は仕上がった料理の出来栄えを左右し，食事のイメージに大きな影響を及ぼすため，食器の色柄，材質，大きさ，耐久性，作業性などについて十分に検討する。

食器の中には，「保温食器」「保温トレイ」（適温サービス用の食器）や，障害のある人の食事用の自助具などもある。

### 9.1.5　施設・設備の保守・保全管理

給食施設で，常に安全な作業と衛生的な環境を維持するには，機器・設備の保全活動が重要である。保全活動とは，機器・設備の劣化によって発生する故障，停止，性能低下の原因を取り除き，修復する活動をいう。

保全には，用途・性能・機能を維持するために，清掃・点検・診断・保守・修繕・更新などを行う「維持保全」と，用途や機能の追加・設置など要求に応じて性能向上を図るために改修や模様替えなどを行う「改良保全」がある（**図9.6**）。維持保全は，「予防保全」「事後保全」に分かれており，「予防

保全」は，設備を正常・良好な状態に維持する
ために，耐用年数等に合わせて計画的に運用し，
計画的な点検，整備，清掃などにより，設備の
異常発生を事前に防止する方法である。故障な
どによって機能・性能が低下または停止した後
に行うのが「事後保全」である。

施設・設備の使用マニュアル，メンテナンス
についての管理マニュアル，日常点検や定期点
検マニュアルを作成し，実施の際にはその結果

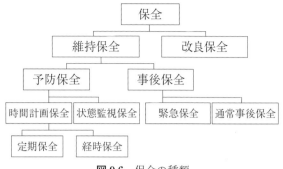

**図 9.6**　保全の種類

を記録する。なお，異常（緊急）時のための対応マニュアルなども必要である。
施設・設備の保守管理については**表 9.10** に，主要材質の特性と手入れ方法に
ついては**表 9.11** に示す。

**表 9.10**　調理室の保守管理

| 設備名 | 周期 | | | | 作業内容 |
|---|---|---|---|---|---|
| | 日 | 週 | 月 | 年 | |
| (1) 作業安全と装置の点検 | ○ | | | ○ ② | ○ 機器，用具などを常に整備，整頓し，作業通路と災害時の避難通路を確保しておく。<br>○ 人が近接して傷害，機器の操作ミスによる災害などのおそれがある箇所に安全作業等の方法を掲示し，また，付帯する安全装置等を定期に点検，整備する。<br>○ 人災・火災時の応急措置手順を定め，作業員全員に定期に伝達する。 |
| (2) 厨房機器など | ○ ○ | | | | ○ 使用前に機器，用具の正常を確認する。<br>○ 使用食品の量と品質の適正を確認する。 |
| (3) 電気機器 | | | ○ | ○ | ○ 移動機器のコード，プラグ，照明器具などを点検，整備する。<br>○ 分電盤および機器の開閉器，絶縁抵抗，接地線を点検，整備する。 |
| (4) 給水 (湯) 設備 | | ○ | | ○ ○ ○ ○ | ○ 給水 (湯) 栓を点検，整備する。<br>○ 給水圧を点検，保持する（瞬間湯沸器 49 kPa，水圧洗米器 68.65〜98.07 kPa）。<br>○ 専用水道を清掃・検査する。<br>○ 瞬間湯沸器と温水ボイラ，シスターンなどを点検，整備する。<br>○ 貯水槽を清掃する。 |
| (5) 排水設備 | | | ○ | ○ | ○ 機器の排水管から排水溝などまでの管接続部を点検，詰まり物を除去して整備する。<br>○ 排水溝，埋め込み管，グリース阻集器とそれらの開孔ぶたを点検し，清掃，整備する。 |
| (6) ガス設備 | | | ○ | ○ ② | ○ 機器への接続管（可とう管，ホースなど），ガス圧，機器の機能（特に自動安全装置）を点検，整備する。<br>○ 移動機器の使用時の位置と壁面などとの遠隔距離，または防熱板を点検し，正常にする。<br>○ 配管，ガス栓（末端閉止弁），ガス漏れ警報装置などを点検，整備する。 |
| (7) 蒸気設備 | ○ | | | ○ | ○ 蒸気漏れ箇所はそのつど補修する。<br>○ 給気弁，減圧弁，圧力弁，安全弁，蒸気トラップ，ストレーナなどを点検，整備する。 |
| (8) 空調・換気設備 | ○ | | | ○ | ○ 空調設備（エアコン）を清掃，点検する。<br>○ 排煙窓・排煙用手動開放装置を総合点検する。 |
| (8) 消火設備 | | | | ③ ③ | ○ 消火器・消火栓，簡易粉末消火設備，ファン停止スイッチ，などを点検，整備する。<br>○ 自動火災報知器，誘導灯・誘導標識，避難器具・救助袋，ダクト消火設備を点検，整備する。 |
| (9) 危険物 | ○ ○ | | | | ○ LP ガスのボンベなどの置き場とガス残量，その他の燃焼置き場を点検，整備する。<br>○ 食用油その他の少量危険物保管場所を点検，整備する（揚げかすはふた付き缶に入れる）。 |

○印の中の数字は，保守管理の回数を示す。
出所）厨房工学監修委員会：厨房設備工学入門，2011 を一部改変

表9.11　主要材質の特性と手入れ方法

| 材質・種類 | | 成分 | 用途 | 特性 | 手入れ方法 |
|---|---|---|---|---|---|
| ステンレススチール | SUS304<br>(ニッケル－<br>クロム系) | クロム<br>18〜20%<br>ニッケル<br>8〜11% | 調理台，調理器具，食器など | • クロムより一層優れた耐蝕性，耐熱性，低温強度を有し，機械的性質良<br>• 加工硬化性大<br>• 磁性なし<br>• 最も一般的<br>• 塩素に弱い | • 汚れは，中性洗剤や粒子の細かいクレンザーで落とし，乾いた布でよく拭く<br>• 表面の被膜を傷つけない<br>• 鉄合成成分で酸化を防止しているので手入れを十分に行う（サビを生じるような物質を長時間接触させない） |
| | SUS316<br>(モリブデン系) | クロム<br>16〜18%<br>ニッケル<br>10〜14%<br>モリブデン<br>2〜3% | 調理室内の特殊機器など | • モリブデンにより海上の大気，様々な化学的腐食剤に対し優れた耐蝕性をもつ<br>• 加工硬化性大<br>• 磁性なし<br>• 塩素に弱い | |
| | SUS430<br>(クロム系) | クロム<br>16〜18% | 調理台，調理器具，食器など | • 耐蝕性，耐熱性に優れ，ニッケル－クロム系に比し安価なため多く利用されている<br>• 磁性あり<br>• 塩素に弱い | |
| アルミニウム | | | 煮物鍋，蓋，回転鍋，調理器具など | • 酸，アルカリ，塩分に弱い<br>• 腐食防止のためアルマイト加工をする<br>• 強度が低く，変形しやすい<br>• 軽い | • 調味料や材料を長時間入れておかない<br>• 中性洗剤を用いて，傷つきにくいものを使用する |
| 鉄鋼類 | | | ガスレンジ本体，焼き物器，オーブンなどの骨組みや脚部 | • ステンレスと比して安価<br>• 赤サビが出て腐食されやすい（サビ止め用の塗装，メッキ仕上げを施してある） | • 汚れは洗剤で落とし乾燥させる<br>• サビは落とし，油性または合成樹脂系塗料を塗る |
| 鋳　鉄 | | | 五徳，ガスバーナー，回転釜など | • サビが出やすい<br>• もろい<br>• 汚れを落とし，油分の補給をしておく（濡れたままにしない）<br>• バーナー類はこまめに手入れする | |

## 9.2　食事環境の設計と設備

### 9.2.1　食事環境整備の意義と目的

　快適な食事環境は，喫食者の満足度を高めて喫食率を向上させる。人は食事をおいしいと感じる時に，味覚だけではなく，視覚，臭覚，聴覚などの五感が使われる。そのため，適切な照明，換気，食卓の配置などは食事の質の向上につながり，食堂の環境整備が重要である。また，食堂は喫食するだけの場所でなく，リラクゼーション，コミュニケーションの場，さらに各種媒体を通した栄養教育の場としての要素をあわせもつ。

### 9.2.2　食事環境の設計

### (1)　食堂の立地条件

　庭などの緑地に面した眺望，採光のよい場所で，利用者が出入りしやすいように階段やエレベーターに近い場所にするなどの便宜を図る。

―◆―◆―◆―◆―◆― コラム 10　調理機器の消費エネルギー量と光熱費の推算 ―◆―◆―◆―◆―

機器の取り扱い説明書に掲載されているガスや電力の「(定格)消費量(kW)」は，その機器が1秒間に消費するエネルギー(kJ) である。消費エネルギーは火加減や温度調節機能により上下するので，多くの場合は，最大消費量が掲載されている。次式にあてはめることで，各料金の最大値が算出できる。

$$ガス料金 = \frac{定格消費量(kW) \times 機器稼働時間(秒)}{40(MJ/m^3) \times 1000} \times 単位料金(円/m^3)$$

$$電気料金 = \frac{定格消費量(kW) \times 機器稼働時間(秒)}{3600(秒/1時間)} \times 単位料金(円/kWh)$$

## (2)　食堂のスペース

食堂は，食事をする姿勢，食卓の形状と配列，配膳のサービス形式などの要素にあわせて設計する[*]。

調理室と食堂の間には仕切りを設け，双方の衛生面を考慮する。

## (3)　食堂の環境整備

食堂は，採光，照明，換気，室温が調整できるようにする。また，BGMや観葉植物による環境整備や，行事食の際の飾り付けなどを適切な場所で行う。なお，植物の設置にあたっては，虫の混入原因とならないよう配慮が必要である。

[*]食堂は，労働安全衛生規則第8章「食堂及び炊事場」によって，面積1人当たり1m²以上，食卓及びいすを設ける（坐食の場合を除く）と定められており，人の接触がないようにテーブル間隔などに十分なスペースを確保する。また，「受動喫煙の防止」(健康増進法第25条) により，食堂内に禁煙コーナーを設置するなど分煙に配慮する。

## 【演習問題】

問 1　冷気の強制対流によって，急速冷却を行う調理機器である。最も適当なのはどれか。1つ選べ。　　　　　　　　　　　　　(2021 年国家試験)
(1) 真空冷却機
(2) タンブルチラー
(3) ブラストチラー
(4) コールドテーブル
(5) コールドショーケース
解答　(3)

問 2　給食の安全・衛生管理に配慮した施設・設備に関する記述である。正しいのはどれか。1つ選べ。　　　　　　　　　　　(2019 年国家試験)
(1) 窓は，十分な換気を行うために，開けておく。
(2) 排水中の油分を除去するためには，グレーチングを配置する。
(3) シンクの排水口は，排水が飛散しない構造のものとする。
(4) 配膳室の床は，排水のために勾配を設ける。
(5) 調理従事者専用トイレの手洗いは，厨房の手洗い設備と併用できる。
解答　(3)

**【参考文献】**

藤原政嘉，田中俊治，赤尾正：給食経営管理論，みらい（2014）

太田和枝，照井眞紀子，三好恵子：給食におけるシステム展開と設備，建帛社（2008）

富岡和夫：エッセンシャル給食経営管理論，医歯薬出版（2011）

木村友子，井上明美，宮澤節子：楽しく学ぶ給食経営管理論，建帛社（2009）

# 10 給食を提供する施設の実際

## 10.1 医療施設における給食の意義

### 10.1.1 医療施設（医療法，健康保険法）

**医療法**において，医療提供施設である病院・診療所・介護老人保健施設は「給食施設を有すること」となっており，これらの施設は入院患者へ食事を提供しなければならない。この「病院給食」は現在，**健康保険法**[*1] の**入院時食事療養制度**によって運営されており，療養**病床**[*2] に入院する 65 歳以上の者に対しては，介護保険制度との兼ね合いから入院時生活療養制度による運営となっている。

医療法施行規則では，病床数 100 以上の病院に栄養士の配置を，**特定機能病院**[*3] には管理栄養士の配置を義務付けており，健康増進法においては，病院は医学的管理を必要とする特定給食施設となるので，1 回 300 食以上または 1 日 750 食以上の食事を提供する施設では管理栄養士必置となっている。加えて，2012（平成 24）年度診療報酬改定により，栄養管理を担当する管理栄養士の配置（栄養管理体制の確保）が**入院基本料・特定入院料**[*4] の算定要件となった。

### (1) 病院給食を取り巻く環境（図 10.1）

生活のあらゆる面において国民ニーズは多様化，高度化し，病院給食が一定の財源での運営だと知ってもなお，質の高い病院給食を患者それぞれが要求する時代になってきている。病院給食の経済的基盤は入院時食事療養制度の枠内で形成されており，より効率的な運営をして，可能な限りの支出抑制をすることが経営上求められる。

管理栄養士は，給食管理が，栄養管理の根幹をなす重要なサービスであることを強く認識する必要がある。

【医療環境】
疾病構造の変化
医療技術の進歩
急速な少子高齢化
診療報酬（出来高払い）

【社会環境】
国民ニーズの多様化，高度化
アメニティの要求
安全，環境保護の追求

←医療側の姿勢（患者の意思の尊重，QOL重視）

医療費の高騰

←医療費の抑制
←医療制度改革

病院経営が困難
＝変革が必要

【栄養部門の運営】
・フードサービスの向上
・臨床栄養管理の充実
・高度な安全・衛生管理
・差別化（個性化）の推進
・効率的な運営

出所）鈴木久乃ほか編：給食マネジメント論（第 7 版），240，第一出版（2011）より改変

**図 10.1 病院給食を取り巻く環境**

*1 **健康保険法** わが国では，1958年に国民健康保険法が改正され，1961年には国民健康保険事業が始まり，相互扶助を基盤とした国民皆保険体制が確立した。それにより，誰もが，いつでも，どこでも基本的な医療（保険医療）を受けられるようになったが，疾病構造の変化，医療技術の進歩，急速な少子高齢化等々が要因となって医療費は年々上昇し続けている。

*2 **病床** 病床は，医療法により「結核」「精神」「感染症」「一般」「療養」の5種類に分類され，療養病床は，医療型病床（医療保険適用）と介護型病床・介護療養型医療施設（介護保険適用）の2種類がある。一般病床とは，病状変化の可能性が高い急性期患者を対象とし，療養病床とは，長期療養を必要とする慢性期の患者を対象とする。一般病床の患者の症状が安定したり，リハビリを行う段階になると療養病床の対象になる。

*3 **特定機能病院** 医療法により設置。1) 高度の医療の提供・評価・開発・研修ができる，2) 原則定められた16の診療科を標榜している，3) 病床数が400以上ある，4) 集中治療室などの高度な医療機器・施設がある，5) 医師・看護師・薬剤師らが特定数以上いるなどの条件を満たし，厚生労働大臣が承認した病院。一般の病院，診療所からの紹介による受診を原則とし，一般医療機関での実施が難しい手術や先進的な高度医療を行う。現在，承認されているのは，大学病院と国立がん研究センター中央病院，国立循環器病研究センターなど。

*4 **入院基本料・特定入院料** 患者を入院させた際，病院に支払われる診療報酬で，医師の基本的な診療行為，看護サービス，入院環境（病室・寝具・浴室・食堂・冷暖房・光熱水道など）の提供の対価。特定入院料とは，特定の症状・疾患に対して包括医療を行うICU，救急集中治療室，小児科病棟など，特別のケアが必要な病棟に入院した場合の診療報酬。

## (2) 病院給食の意義と目的

病院給食は入院時食事療養等において、「食事は医療の一環であり、管理栄養士・栄養士によって患者それぞれに応じた食事を適時・適温で提供し、その質の向上と患者サービスの改善をめざして行う」と示されている。その役割は、医学的管理のもとで患者それぞれに適切な食事（栄養管理）を提供することによって、① 直接的に疾病の改善や治癒を図る、② 栄養状態を改善し、さまざまな治療等に間接的に寄与する、③ 病状回復を目指して治療に臨める状態になるよう、美味しい、楽しいなどの面からサポートする、④ 入院中の生活環境を向上させる、⑤ 患者や家族が食事療法、栄養管理の知識を習得でき、その知識の広がりによって周辺の人々の健康の維持・増進に寄与する、などである。

患者は体力的にも精神的にも衰えている場合が多いので、食習慣、嗜好性、安全性、疾病や病期など複雑多岐にわたる条件を付した食事が求められる。常に患者の視点に立ち、満足度を高める努力、そして病院経営・運営にも十分に貢献できる給食管理を展開すべきである。

### 10.1.2 病院給食部門(栄養部門)の組織と業務

### (1) 栄養部門の位置付け

食事提供とともに、臨床栄養管理、栄養食事指導などを行う部門であり、診療、看護、薬剤、検査などと同様な位置付けである（**図10.2**）。

### (2) 栄養部門の組織・機能 （図 10.3）

医療は**チーム医療**の時代といわれ、栄養部門業務には、医師や看護師らが中心となる病棟はもちろん、各種医療チームが大なり小なり関わり、治療やサービスにあたっている。また、フードサービスに関しては業務委託する場合もあり、病院職員以外のスタッフもチームの一員になる。

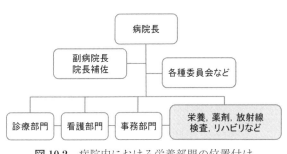

**図 10.2** 病院内における栄養部門の位置付け

栄養部門は、多種多彩な人員構成であり、病院内の部門でもまれである。構成は、医師、管理栄養士、栄養士、調理師、その他の調理員、運搬や食器洗浄員、事

\* （図10.3）栄養委員会（給食委員会、食事療養会議など）　患者に対する栄養・食事管理が適正に行われるよう、特に入院時食事療養に関連する業務内容の改善などについて検討する会議。医師を含めての開催が義務付けられており、会議の名称は自由。通常1ヵ月ごとに開催し、議事録を要する。メンバーは、医師、管理栄養士、看護師、NST スタッフ、事務職員、そして院長あるいは副院長など、必要に応じての構成でよい。

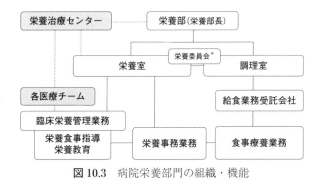

**図 10.3** 病院栄養部門の組織・機能

務職員，さらに雇用条件も多種類でそれ
ぞれに非正規雇用者がいる。また業務委
託される場合では，その受託会社には有
資格からパート従業員までが存在するの
で，人員構成の特性をよく把握して機能
させる必要がある。

　**クリニカルサービスとフードサービス**に
大別され，常にオーバーラップした状態
で動いている。ムダ，ムラ，ムリのない
適切な給食業務の継続で栄養管理業務の
内容は充実し，その効果は十分なものと

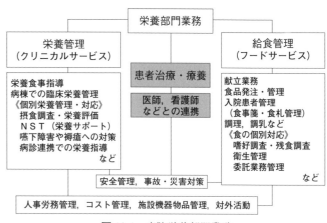

**図 10.4**　病院栄養部門業務

なる。病院栄養部門におけるマネジメントでは，クリニカルサービスとフー
ドサービスを，患者・従業員満足度を得るよう，また病院経営に貢献するも
のとして効率的かつ大胆に動かすことが求められ，栄養部門の責任者である
管理栄養士の力量が問われる。

### 10.1.3　栄養・食事管理

#### (1)　栄養補給法と病院における栄養・食事管理

　**栄養補給法**には，経口あるいは非経口的であっても，腸管を使う生理的な
補給法である**経腸栄養法**（EN：enteral nutrition）と，血管（静脈）に直接栄
養補給する，どちらか
といえば強制的で非生
理的な**経静脈栄養法**
（PN：parenteral nutri-
tion）がある（**図 10.5**）。
病院給食での対応は経
口・経腸栄養法が主に
なるが，薬剤扱いの**経
腸栄養剤**\*や経静脈栄
養法による栄養補給も
含めて栄養管理・食事
提供と考えるため，栄
養部門，病棟，各医療
チームなどが十分に連
携することが必要とな
る。したがって病院に
おける給食経営管理と

＊**経腸栄養剤**　医薬品扱いと食品
扱いがある。退院後は，医薬品扱
いのものは医療保険適用なので，
医師の処方せんがあれば費用の一
部負担により薬局で受け取れる。
食品扱いのものは薬局，病院の売
店，通信販売などで全額自己負担
にて購入する。両者に組成上，成
分上の明確な違いはない。

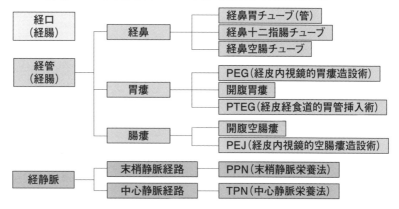

■**栄養投与経路**（病院給食においては，経口摂取以外の栄養管理もする）

| 経腸栄養法 | 経口栄養 | 普通食，軟食，流動食，ブレンダー食，治療食，検査食 | 栄養部門で扱う |
| | 経管栄養 | 濃厚流動食，半消化態栄養剤，消化態栄養剤，成分栄養剤 | 「食品」と「薬剤」がある。薬剤を扱う部門は施設により異なる |
| 経静脈栄養法 | 末梢静脈栄養 中心静脈栄養 | | 栄養部門では直接扱わないが，栄養管理はこれを含めてのもの |

出所）コメディカルのための静脈経腸栄養ハンドブック，148，南江堂（2008）より一部改変

**図 10.5**　病院における栄養・食事管理

*1 栄養サポートチーム（NST：nutrition support team，人員構成）　栄養サポートチーム加算のための施設基準には，「栄養管理に係る所定の研修を終了した常勤の医師，看護師，薬剤師，管理栄養士が専任となりチームを設置し，そのうちの一人は専従であること。他に，歯科医師，歯科衛生士，臨床検査技師，理学療法士，作業療法士，社会福祉士，言語聴覚士が配置されていることが望ましい」とある。

*2 クリニカルパス（クリティカルパス）　クリティカルパスとは，あるプロジェクトの開始から終了までの最短経路のこと。プロジェクト完遂の工程を合理的に管理するために考案された。これを医療に持ち込み，クリニカルパスと称した。成果目標に向かってできる限り無駄を削減した医療を行うための治療方針・計画のこと。入院診療の工程がほぼすべて予定されるので，診療側，患者側双方にわかりやすい医療になる。効果としては，在院日数短縮，コスト削減，医療ミス防止，オーダー数の減少，ケースマネジメント改善，チーム医療の推進，患者満足度向上など。

*3 医療スタッフの協働・連携によるチーム医療の推進について 2010年4月30日医政発0430第1号

は，臨床栄養管理を包含した極めて広い範囲のマネジメントと理解する。

臨床栄養管理は**栄養サポートチーム**[*1] などによって行われ，**クリニカルパス**[*2] も活用されている。チーム医療を推進するにあたって管理栄養士が担当できる具体的項目を以下に示す[*3]。

① 一般食（常食）について，医師の包括的な指導を受けて，その食事内容や形態を決定し，変更すること。

② 特別治療食について，医師に対し，その食事内容や形態を提案すること（食事内容などの変更を提案することを含む）。

③ 入院患者に対する栄養指導について，医師の包括的な指導（**クリニカルパス**[*2] による明示など）を受けて，適切な実施時期を判断し，実施すること。

④ 経腸栄養療法を行う際に，医師に対し，使用する経腸栄養剤の種類の選択や変更などを提案すること。

### (2)　病院給食の種類と食事基準

病院給食はすべてが治療食の意味合いをもち，**一般食**と**治療食**に分けられる。一般食を一般治療食，治療食を特別治療食と表現することもある。一般食とは，特別な食事療法を必要としない食事であり，その形態は普通食としての常食，全粥食から流動食，そして乳・幼・小児食などさまざまである。治療食とは，栄養量や形態等々を各疾患治療に適するよう栄養管理された食事であり，糖尿病食，腎臓病食，術後食，嚥下食などがある。

### 1)　栄養・食事基準（院内約束食事箋）

食事は疾患治療を考慮して，患者それぞれに最適な食事を提供するのが本来であるが，患者一人ひとりの食事オーダーが違うと種類が多く，給食業務がマヒすることが想像できる。また，食事になんらかの基準や名称がないと業務上の整理や記録もできない。そこで，「糖尿15」や「エネルギーコントロール食E-1」などと称して栄養量の基準や適する病名などを示したものを整備すると，栄養管理の指針となり，食事オーダーにも便利である。これが**院内約束食事箋**である。その内容は，提供する食事を，年齢，体位，活動量や疾患，食形態などを考慮してカテゴリーに分類し，入院患者の年齢構成の変化や食事療法の進歩などに応じて定期，不定期に改定する。カテゴリー別分類には，病名別方式と栄養成分別方式があり，それぞれ長短があるので，その施設に合った方式にするとよい（**表10.1**）。院内約束食事箋が整理された場合においても，治療食はほとんどが個人対応なので，必ずしも給食運営の業務が簡素になるわけではない。なお，院内約束食事箋に示した食種の献立はすべて作成し，常備しておく。

### 2)　一般食の給与栄養目標量（院内約束食事箋の一般常食の栄養量）

一般食は，患者それぞれに算定された栄養量を医師の食事箋によって提供

表10.1　院内約束食事箋の例

■病名別

| 食　種 | エネルギー | たんぱく質 | 脂質 | 食　塩 | 備　　　　　考 |
|---|---|---|---|---|---|
| 常食（大） | 2200 | 75 | 60 | 9 | 一般治療食（年齢，体格，食欲等を考慮） |
| 常食（中） | 1900 | 70 | 55 | 9 | |
| 常食（小） | 1600 | 65 | 45 | 9 | |
| 全粥食 | 1700 | 65 | 50 | 9 | |
| 糖尿15 | 1200 | 60 | 35 | 8 | 糖尿病，肥満，脂質異常症，高血圧など |
| 糖尿20 | 1600 | 75 | 45 | 9 | |
| 腎不全20 | 1600 | 20 | 50 | 6 未満 | 腎機能低下など |
| 腎70 | 2000 | 70 | 55 | 6 未満 | 慢性腎炎など |
| すい炎2 | 1600 | 50 | 15 | 6 | 膵炎，黄疸など |
| 脂質異常症1500 | 1500 | 70 | 40 | 6 未満 | コレステロール200mg以下 |

特徴：食事を選びやすい。特別食の分類に合致している。単なる減量目的の食事でも糖尿病食と名がつく。食事内容が同じでも各々に病名を付けると食種が増える。

■栄養成分別

| 食　　種 | | エネルギー | たんぱく質 | 脂　質 | 対　　　　象 |
|---|---|---|---|---|---|
| エネルギーコントロール食 | E-1 | 1200 | 60 | 35 | 糖尿病，肥満など |
| | E-2 | 1400 | 65 | 40 | |
| | E-3 | 1600 | 70 | 45 | 糖尿病，常食（小）など |
| | E-4 | 1800 | 75 | 50 | 糖尿病，常食（中）など |
| | E-5 | 2000 | 80 | 55 | |
| | E-6 | 2200 | 85 | 60 | 常食（大）など |
| たんぱくコントロール食 | P-1 | 1600 | 20 | 50 | 慢性腎不全など |
| | P-2 | 1800 | 30 | 60 | |
| | P-3 | 2000 | 40 | 60 | |
| | P-4 | 1800 | 50 | 60 | 糖尿病性腎症など |
| | P-5 | 2000 | 60 | 55 | |
| | P-6 | 2200 | 70 | 55 | 腎炎症候群など |
| 脂質コントロール食 | F-1 | 1200 | 30 | 10 | 膵炎など |
| | F-2 | 1600 | 50 | 15 | |

特徴：病態に応じて食事を選べる。病名別よりは食種を少なくできる。病気と食事の関係がわからないと食事を選びにくい。塩分制限などの条件を付ける必要がある。

することが原則であるが，これによらない場合は**日本人の食事摂取基準**（Dietary reference intake for Japanese）を用いる。この場合，一般常食を提供する患者の年齢構成表を作成し，各年齢層に必要なエネルギー量をその層の人数に乗じて，荷重平均した値をその施設における一般常食のエネルギー量とし，たんぱく質や脂質はエネルギー比で求めて給与栄養目標量にする。設定する栄養量が荷重平均値のひとつだけでは幅広い年齢層や体格，活動量の違いなどに対応できないので，運用としては常食の種類を大，中，小に分けたり，エネルギーコントロール食から適当な食事を選択するなどの対応をする。軟食や流動食は，基準となる一般常食より少ない栄養量を設定するのがふつうである。治療食はその施設の治療方針により決定する。

### （3）　献立の特徴

病院では年齢，性別，疾患がさまざまであるため，献立は，三次元＋αの対応をしなければならない。また，入院患者にとって病院での食事は生活食

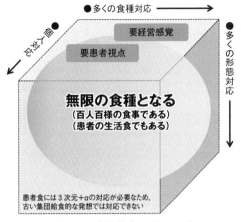

図 10.6　病院給食のイメージ

（図中）
多くの食種対応 →
↙ 要導入面
要経営感覚
要患者視点
↓ 多くの形態対応
無限の食種となる
（百人百様の食事である）
（患者の生活食でもある）
患者食には 3 次元 +αの対応が必要なため，
古い集団給食的な発想では対応できない

でもあることを忘れてはならない（図 10.6）。

　急性期病院では患者の平均在院日数が短いので，年間 365 日分の献立を整える必要性はきわめて低い。30 日程の一定期間のサイクル食を基本とし，同じ料理でも季節に合わせて使う食材を変え，折々に行事食を組み入れることで，十分な種類の献立が整備できる。長期療養施設では飽きが生じないように献立の工夫をする必要がある。サイクル食では，施設の平均在院日数等々を参考に整備するのがよい。

### 1）　献立作成

　献立は一般的には多種類になるので，給食運営における作業工程が最少の作業量となるよう，またコスト面を考慮して，可能な限り各食の食材，調理法，盛り付け等々が共通になるようにする。保温配膳車利用などの場合，温食と冷食を分けてトレーセットするため，温かい主菜に冷たい付け合わせを添えることができない場合も生じ，献立の規定に則った食器配置は難しい。そのため，献立は配膳車を意識したものにならざるを得ない。

　一般常食を基本に各種治療食を展開し，食形態，選択メニューや禁食，嗜好等にも対応させたものにするので，診療科が多く，食種が多くなる病院では，1 日分の献立すべてを作成するには膨大な時間を要する。そのため，献立作成は，経験豊富で作成に精通した者が作業するとよい。

### 2）　入院患者のニーズ

　入院患者が，病院給食に一番に求めていることとは何だろうか。評判の高いレストランからおいしい料理をケータリングして患者に提供しても，すべての患者がそれを喜ぶとは限らない。「おいしい」「楽しい」は給食に大切な要素だが，それだけでは病院給食の価値にならない。患者の一番の願いとは，「早く元気になって退院したい」である。表 10.2 に急性期病院の入院患者の声を示した。「自分に合ったやわらかさ」をおいしいと評価する患者，「多くのスタッフが関わった」ことによって食べることができたという患者，早く元気になるために「頑張って食べる」という患者などがいる。患者がおいしいと感じ，よい食事と感じるのは，患者それぞれへの配慮があり，さまざまなサポート（医療行為）があるからである。病院給食においてはホスピタリティが特に大切である。

### 10.1.4　生産管理

　病院では，**クックチル**や**クックフリーズ**，**真空調理**，また近年，**ニュークックチル**などを導入しているが，古くからの施設では**クックサーブ**が主流である。

**表10.2 患者の声**

- 入院中は手作りのお食事をありがとうございました。お陰で退院させていただくことが出来ます。お礼まで。
- 胃を取って1ヶ月。おいしいきし麺ありがとうございます。でも全部食べられないのが残念です。前回の入院時も心効いた食事を出して頂き，思い出します。「桃の花，一枝を添えて患者食」
- とてもやわらかで食べやすくおいしかったです。
- 毎日ご苦労様です。人の口を預かるというのはなかなか大変なことです。ましてや何百人の症状や医師の指示による作業は大変です。毎日のお礼を申し上げます。
- 私も福祉の仕事をしていました。今は目が悪く手も不自由ですが，毎日のお食事ありがとうございます。たくさん戴き元気になります。
- 食事はとてもおいしくありがとう。でもあちらこちら不自由で食べられない者も居ることをプロならわかってください。一度見にきて下さい。
- 限られた予算で栄養面も考えると大変なことと思います。毎日の食事は味もほどよく心のこもるもので，大変おいしく戴きました。私は退院しますが，これからも患者さんやよき医療のためにお努めください。
- 貴院の1ヶ月間の食事には深い喜びを感じました。皆様のお力添えに感謝いたします。同室の皆さんも同感とのことです。
- いつもご面倒をおかけしています。いろいろのご配慮のお陰で毎食おいしく戴いています。何も恩返しが出来ないのでせめて全量を食べて一日も早く回復し，外来になったら皆さんに会いにきます。
- いつもお世話になっております。今日は正月気分を味わせて頂きました。早く治るよう頑張ろうと思いました。
- 今日退院できるのも皆様のおかげと感謝しています。あなた方の献身的な努力で大勢の患者さんを生きる希望に導いて下さったことは忘れません。

配膳システムは大きく**中央配膳**と**病棟配膳**に分けられる。患者に直接関わるためには，設備や人の配置に相当な費用がかかるが，各病棟に栄養士・管理栄養士が配置され，病棟配膳になるのが好ましい。現状は，ベルトコンベヤーなどを利用しての中央配膳が行われ，これに保温配膳車を組み合わせて適温給食につなげている。中央配膳では，患者の喫食状況を把握できないことがデメリットだが，病棟担当栄養士がそれを補う努力が求められる。

### (1) 病院給食の栄養管理から生産・提供管理

患者基本情報と食事基準に基づき，各種献立が整備されていることを前提として，以下の流れで食事を提供する。

① 医師による食事オーダー（禁食コメントなども含んだ食事箋を発行）。

② 管理栄養士による食事箋の内容のチェック（間違いがないか，適切か）。

③ 患者基本情報と①②の患者食事情報をつなげる。

④ ③によって，病棟別患者食表（誰が，どの病棟・病室で，どの食事），食種別食数表（一般常食が何食，糖尿病食が何食など），コメント表（豚肉抜きが何食，刻み食が何食など）等を作成する。

⑤ 各患者の食札を作成する（**図10.7**）。

⑥ 献立表（料理表，調理作業表など）や④のデータを基に各種の食事（料理）の必要数を作成する。

⑦ 各患者の食札通りに食事（料理）をトレーにセットする。

⑧ 各患者の病棟ごとに運搬し，配食する。

⑨ 調乳，おやつ，分割食などは別に時間を定めて対応する。

⑩ 検査などによる延食（食待ち）としての食事は別途対応する。

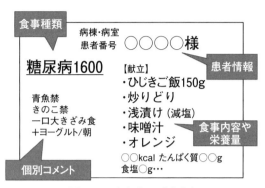

**食事種類**

病棟・病室
患者番号 ○○○○様

**糖尿病1600**

青魚禁
きのこ禁
一口大きざみ食
＋ヨーグルト/朝

**個別コメント**

**患者情報**

【献立】
・ひじきご飯150g
・炒りどり
・浅漬け（減塩）
・味噌汁
・オレンジ
○○kcal たんぱく質○○g
食塩○g…

**食事内容や
栄養量**

図10.7　患者食の「食札」

発注，検収では，緊急入院，患者状態の変化によって食数や内容は刻々と変化するので，発注や食事作成は予測数に依ることが多い。その予測数は，過去のデータと直近のデータを基に，提供数との間に差が出ないよう作業を進める。発注は1週間前，1日前などのように数回行い，数や食材の変化・変更に対応する。急な食数増加の備えとして，広い範囲に使い回しのきく食事を予備食として計画することもひとつの方法である。

### (2)　病院給食における帳票類

日常の給食業務や各種届出に必要な帳票，厚生労働省などによる入院時食事療養等に関わる個別指導（立ち入り検査）に備えるための帳票等，多種類あり，すべて整備しておく必要がある（詳細は7.2「事務管理」を参照）。

### (3)　業務委託

病院給食は1986（昭和61）年に**業務委託**が認められ，食事療養の質が確保されるなら，病院の責任下で第三者に業務委託ができる（**院外調理*も可**）。その場合，病院が自ら行うべき業務は示されているので，それ以外の業務は受託業者が担当でき，その範囲は広い（委託できる業務を病院側が行ってもよい）（**表10.3**）。昨今は給食運営サービスをすべて業務委託する場合が増え，円滑な業務のためには随時協議し，協力し合うことが必要となる。なお，調理業務，食器洗浄業務などに分けて複数の業者に委託をすることは差支えない。

保険医療の中で，業務委託は単なるコスト削減を目的とした下請け的なものになりやすい。栄養部門は給食を医療の中で最重要なものとして位置付け，受託側は給食運営の能力を一層高めて，互いに良きパートナーとなることが給食の質の向上につながる。

*院外調理　病院施設以外の給食施設で調理し，出来上がった食事を3℃以下または−18℃以下で病院へ運搬し，喫食直前の再加熱は病院内の給食施設で行って患者に食事を提供する。1996年から認められた。HACCPによる適切な衛生管理の下，クックチル，クックフリーズ，真空調理を原則とするが，調理施設が病院に近接していればクックサーブでもよい（4章p.55用語解説参照）。

### 10.1.5　施設・設備管理

産科や小児科がある施設では調乳室が設置され，高レベルの衛生管理が必要となる。また，食堂加算可能な病棟食堂やパントリーなどが整備されている施設も多々ある。**冷温(蔵)配膳車**（9章図9.5に写真あり参照）も病院には普及しており，台数に応じた電源の確保と配膳車の放熱に対する配膳車プールの室温管理は欠かせない。自走式配膳車の場合は，操縦ミスにより患者に危害が及ぶことが想定されるので，使用マニュアルを整備し，病棟スタッフを含むすべての人が正しく運転できるよう訓練する。加えて，食事をなんら

かの危害から守るために扉が施錠できる配膳車が望ましい。

　病院給食は，1年間365日休みなく提供しているため，厨房施設の清掃や設備機器のメンテナンスは計画的，継続的に行い，その予算も確保しなければならない。機器の故障はいつでも起こり得るので，盆暮れ正月でも対応できる体制の業者を選定する。新設やリフォームの際は，一夜で工事が終わらない部分，水が流れる床や排水溝などは特に，たとえ費用がかかったとしても長期にわたって改修が不要と見込める仕様にすべきである。また病院は，人や物の運搬が頻繁に行われるため，食事も日に3度以上各所に運搬される。院内の通路に傾斜がある場合は，配膳車の内部構造や車輪の仕様を検討したり，トレー上で食器類が滑ったり，汁物がこぼれないような対応が必要となる。配膳専用エレベータがない場合は，他の業務と使用時間が重複しないよう利用時間割をつくり，各種検体や臭気の強いものの運搬は禁忌とすることも検討する。共用であればなおのこと，清掃消毒は欠かせない。

　給食の業務には患者情報管理や献立，食札管理なども含まれるので，コンピュータの整備は重要である。特に大規模病院になるほどコンピュータによる作業管理により効率化が求められ，業務に適したソフト（**オーダリングシステム**[*1]，**電子カルテ**[*2]，栄養部門専門システムなど）の導入，必要なカスタマイズ，年間を通じたメンテナンスなどは極めて大切である。システムダウンを想定し，食事提供に関わる帳票類はプリントアウトしておくことが望ましく，日々のデータバックアップを忘れてはならない。病院給食施設は年中無休，早朝から夜遅くまで業務にあたっているため，あらゆるリスク等を想定した管理体制が必要となる。

**表 10.3**　病院自らが実施すべき業務

| 区分 | 業務内容 | 病院側が実施すべき項目 |
|---|---|---|
| 栄養管理 | 給食運営の総括 | ○ |
| | 栄養委員会の運営 | ○ |
| | 院内各部門との連携 | ○ |
| | 栄養部門内の会議など | |
| | 献立作成基準の作成 | ○ |
| | 献立表作成 | |
| | 献立表の確認，評価 | ○ |
| | 食事箋管理 | ○ |
| | 食札管理 | |
| | 食数管理 | ○ |
| | 嗜好調査，喫食調査などの実施 | ○ |
| | 作業改善のための調査 | |
| | 臨床及び業務研究 | |
| | 職場研修 | |
| | 検食 | ○ |
| | 関係官庁に提出する給食関係書類の作成 | |
| | 関係官庁に提出する給食関係書類の確認，提出，保管 | ○ |
| 調理管理 | 作業仕様書の作成 | |
| | 作業仕様書の確認 | ○ |
| | 作業指示 | |
| | 作業実施状況の確認 | ○ |
| | 作業点検記録の作成 | |
| | 作業点検記録の確認 | ○ |
| 材料管理 | 業者選定，契約，発注，検収など | |
| | 食材料の保管，在庫管理 | |
| | 食材料点検（院外調理の場合を除く） | ○ |
| | 出納関係伝票の作成，管理 | |
| | 食材料使用状況の確認 | ○ |
| 施設管理 | 病院内の調理施設，設備の設置，改修 | ○ |
| | 使用食器の確認 | ○ |
| 業務管理 | 業務分担，従事者配置表の作成 | |
| | 業務分担，従事者配置表の確認 | ○ |
| 衛生管理 | 衛生管理基準，マニュアル等の作成 | ○ |
| | 衛生点検簿の作成 | |
| | 衛生点検簿の確認 | ○ |
| | 緊急対応の指示 | |
| 労働衛生管理 | 健康診断等の実施 | |
| | 健康診断等の実施状況の確認 | ○ |

出所）厚生省：医療法の一部を改正する法律の一部の施行について，平成5年2月15日健政発98号，改正平成11年5月10日健政572号

[*1] **オーダリングシステム**　医師が発生源となるオーダーを電子化したシステムのことで，処方・注射，検査指示，撮影指示，栄養指示などをコンピュータを用いて行う。

[*2] **電子カルテ**　看護指示や処置等も含め，すべてのオーダーと紙カルテに記載・貼付していた情報を電子的に保存するシステム。

### 10.1.6 病院給食および栄養部門業務に関わる収入支出

### (1) フードサービスの収入

#### 1) 入院時食事療養費・入院時生活療養費 (図10.8, 10.9)

入院患者への食事提供は入院時食事療養として運営される。その費用は健康保険と患者の自己負担で賄われ，費用の構成は，保険負担＋自己負担である「**入院時食事療養（Ⅰ）あるいは（Ⅱ）**」「**入院時生活療養（Ⅰ）あるいは（Ⅱ）**」の療養費が基本となり，それに保険負担である「**特別食加算**」や「**食堂加算**」，自己負担である「**特別メニュー**」が加わる（**図10.8**）。入院時食事療養（Ⅰ）等を行うには所在地の社会保険事務局長に届け出が必要であり，その届け出にあたっては，下記の全ての事項を満たさなければならない[*1]。

---

① 栄養部門が組織化され，常勤の管理栄養士または栄養士が責任者である。

② 病院の最終責任の下，給食業務は第三者に委託することができる。

③ 一般食の栄養補給量は，原則として医師の食事箋または栄養管理計画によるが，そうでない場合は，健康増進法第16条の二に基づき定められた食事摂取基準の数値を適切に用いる。

④ 特別食が必要な患者には適切な特別食が提供されている。

⑤ それぞれの患者の病状に応じた**適時・適温の給食**[*2]が提供されている。

⑥ 提供食数，食事箋，献立表，患者入退院簿，食料品消費日計表等の食事療養関係の帳簿が整備されている。

⑦ 職員食を提供している場合，患者食とは明確に区分されている。

⑧ 衛生管理は，医療法や食品衛生法に定める基準以上のものである。

---

また，入院時食事療養・入院時生活療養を適正に行うための一般的留意事項や留意点を**表10.4**および**表10.5**に示すが，これらは絶対に行わなければならない事項である。病院給食においては，医学的管理を土台に多くの医療スタッフがさまざまに関わってはじめて患者に食事を提供できるので，入院時食事療養費は単なる食事代ではないことを理解しなければならない（**コラム11**）。

なお，入院時食事療養（Ⅰ）等の届け出を行わない場合は，入院時食事療養（Ⅱ）等を算定することとなっている。また，生活療養とは，食事療養および適切な居住環境（温度，照明，給水など）に関する療養を併せたものである。

#### 2) 特別食加算

治療食のうち，厚生労働大臣が示した一定条件を満たすものは加算が可能

[*1] 入院時食事療養費に係る食事療養及び入院時生活療養費に係る生活療養の実施上の留意事項について　別添：入院時食事療養及び入院時生活療養の食事の提供たる療養に係る施設基準等　保医発0305第14号

[*2] 適時・適温給食　適時給食とは，夕食提供時間が原則午後6時以降（病院施設の構造上，厨房から病棟への配膳に時間を要する場合には，午後5時半以降でも可）のことで，朝食と昼食については示されていない。適温給食とは，食事提供手段として保温（保冷）配膳車，保温食器，保温トレー，食堂利用のいずれか（電子レンジの利用は含まない）の方法を取っていることであり，温度の設定基準はない。

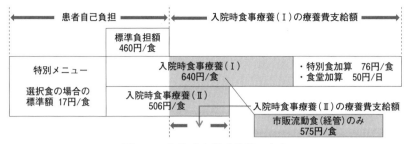

**図 10.8**　入院時食事療養費の内容

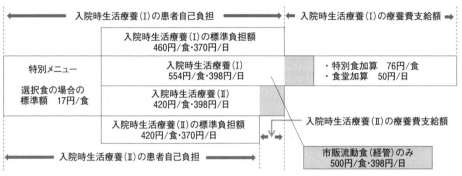

■療養病床に入院する 65 歳以上の者に対しては，介護保険制度との兼ね合いから，入院時生活療養制度による運営となる。

**図 10.9**　入院時生活療養費の内容

になり，これらを**特別食**\*という。その内訳は，疾病治療の直接手段として，医師の発行する食事箋に基づいて提供される患者の病状等に対応した各種治療食，無菌食，検査食であり，治療乳（乳児栄養障害症に対するもので，既製品は含まない）を除く乳児用の調乳，離乳食，幼児食や単なる流動食，軟食などは除かれる（**表 10.6**）。この中で明確に栄養量の規定があるのは減塩食（食塩相当量 6 g 未満/日）だけであり，他は病院それぞれの判断による内容の治療食でよい。

　特別食加算は，入院時食事療養（Ⅰ）または入院時生活療養（Ⅰ）の届出を行った保険医療機関において前述の特別食が提供された場合に，患者ごとに 1 食単位で 1 日 3 食を限度として算定できる。ただし，特別食の献立表が作成されている必要がある。

　現状では，各種がん，高血圧症，高尿酸血症，軽度の肥満や脂質異常症，食事性アレルギー，嚥下障害，神経性摂食障害などは加算できないが，病院給食においては，疾病予防・重症化阻止の観点から，これらにもしっかりと取り組まねばならない。なお，脂質異常症は薬物治療で検査値が正常域に入っても，医師が特別食を必要とすれば加算できる。また，特別食加算の対象となる食事において経管栄養を提供した場合も加算は可能である。

\*特別食（非加算例）　肥満した非糖尿病の患者が膝関節の疾患で整形外科に入院し，医師が肥満もその疾患の要因と考え，治療のひとつとして減量させるために糖尿病食（あるいはエネルギーコントロール食）の食事箋を発行し，管理栄養士が献立の整備された糖尿病食を提供しても，その患者は糖尿病と診断されていないので加算はできない。

**表 10.4　入院時食事療養および入院時生活療養の実施上の一般的留意事項**

(1)　食事は医療の一環として提供されるべきものであり，それぞれ患者の病状に応じて必要とする栄養量が与えられ，食事の質の向上と患者サービスの改善をめざして行われるべきものである。また，生活療養の温度，照明及び給水に関する療養環境は医療の一環として形成されるべきものであり，それぞれの患者の病状に応じて適切に行われるべきものである。

(2)　食事の提供に関する業務は保険医療機関自らが行うことが望ましいが，保険医療機関の管理者が業務遂行上必要な注意を果たし得るような体制と契約内容により，食事療養の質が確保される場合には，保険医療機関の最終的責任の下で第三者に委託することができる。なお，業務の委託にあたっては，医療法（昭和 23 年法律第 205 号）及び医療法施行規則（昭和 23 年厚生省令第 50 号）の規定によること。食事提供業務の第三者への一部委託については「医療法の一部を改正する法律の一部の施行について」（平成 5 年 2 月 15 日健政発第 98 号厚生省健康政策局長通知）の第 3 及び「病院診療所等の業務委託について」（平成 5 年 2 月 15 日指第 14 号厚生省健康政策局指導課長通知）に基づき行うこと。

(3)　患者への食事提供については病棟関連部門と食事療養部門との連絡が十分とられていることが必要である。

(4)　入院患者の栄養補給量は，本来，性，年齢，体位，身体活動レベル，病状等によって個々に適正量が算定されるべき性質のものである。従って，一般食を提供している患者の栄養補給量についても，患者個々に算定された医師の食事箋による栄養補給量又は栄養管理計画に基づく栄養補給量を用いることを原則とするが，これらによらない場合には，次により算定するものとする。なお，医師の食事箋とは，医師の署名又は記名・押印がされたものを原則とするが，オーダリングシステム等により，医師本人の指示によるものであることが確認できるものについても認めるものとする。

　　ア　一般食患者の推定エネルギー必要量及び栄養素（脂質，たんぱく質，ビタミン A，ビタミン B1，ビタミン B2，ビタミン C，カルシウム，鉄，ナトリウム（食塩）及び食物繊維）の食事摂取基準については，健康増進法（平成 14 年法律第 103 号）第 16 条の 2 に基づき定められた食事摂取基準の数値を適切に用いるものとすること。なお，患者の体位，病状，身体活動レベル等を考慮すること。また，推定エネルギー必要量は治療方針にそって身体活動レベルや体重の増減等を考慮して適宜増減することが望ましいこと。

　　イ　アに示した食事摂取基準についてはあくまでも献立作成の目安であるが，食事の提供に際しては，病状，身体活動レベル，アレルギー等個々の患者の特性について十分考慮すること。

(5)　調理方法，味付け，盛り付け，配膳等について患者の嗜好を配慮した食事が提供されており，嗜好品以外の飲食物の摂取（補食）は原則として認められないこと。なお，果物類，菓子類等病状に影響しない程度の嗜好品を適当量摂取することは差し支えないこと。

(6)　当該保険医療機関における療養の実態，当該地域における日常の生活サイクル，患者の希望等を総合的に勘案し，適切な時刻に食事提供が行われていること。

(7)　適切な温度の食事が提供されていること。

(8)　食事療養に伴う衛生は，医療法及び医療法施行規則の基準並びに食品衛生法（昭和 22 年法律第 233 号）に定める基準以上のものであること。なお，食事の提供に使用する食器等の消毒も適正に行われていること。

(9)　食事療養の内容については，当該保険医療機関の医師を含む会議において検討が加えられていること。

(10)　入院時食事療養及び入院時生活療養の食事の提供たる療養は 1 食単位で評価するものであることから，食事提供数は，入院患者ごとに実際に提供された食数を記録していること。

(11)　患者から食事療養標準負担額又は生活療養標準負担額（入院時生活療養の食事の提供たる療養に係るものに限る。以下同じ）を超える費用を徴収する場合は，あらかじめ食事の内容及び特別の料金が患者に説明され，患者の同意を得て行っていること。

(12)　実際に患者に食事を提供した場合に 1 食単位で，1 日につき 3 食を限度として算定するものであること。

(13)　1 日の必要量を数回に分けて提供した場合は，提供された回数に相当する食数として算定して差し支えないこと（ただし，食事時間外に提供されたおやつを除き，1 日に 3 食を限度とする）。

出所）入院時食事療養費に係る食事療養及び入院時生活療養に係る生活療養の実施上の留意事項について　令和 2 年 3 月 5 日　保医発 0305 第 14 号

**表 10.5　入院時食事療養（Ⅰ）または入院時生活療養（Ⅰ）の留意点**

(1)　入院時食事療養（Ⅰ）又は入院時生活療養（Ⅰ）の届出を行っている保険医療機関においては，下記の点に留意する。

　①　医師，管理栄養士又は栄養士による検食が毎食行われ，その所見が検食簿に記入されている。

　②　普通食（常食）患者年齢構成表及び給与栄養目標量については，必要に応じて見直しを行っていること。

　③　食事の提供に当たっては，喫食調査等を踏まえて，また必要に応じて食事箋，献立表，患者入退院簿及び食料品消費日計表等の食事療養関係帳簿を使用して食事の質の向上に努めること。

　④　患者の病状等により，特別食を必要とする患者については，医師の発行する食事箋に基づき，適切な特別食が提供されていること。

　⑤　適時の食事の提供に関しては，実際に病棟で患者に夕食が配膳される時間が，原則として午後 6 時以降とする。ただし，当該保険医療機関の施設構造上，厨房から病棟への配膳に時間を要する場合には，午後 6 時を中心として各病棟で若干のばらつきを生じることはやむを得ない。この場合においても，最初に病棟において患者に夕食が配膳される時間は午後 5 時 30 分より後である必要がある。

　⑥　保温食器等を用いた適温の食事の提供については，中央配膳に限らず，病棟において盛り付けを行っている場合であっても差し支えない。

　⑦　医師の指示の下，医療の一環として，患者に十分な栄養指導を行うこと。

(2)　「流動食のみを経管栄養法により提供したとき」とは，当該食事療養又は当該食事の提供たる療養として食事の大半を経管栄養法による流動食（市販されているものに限る。以下この項において同じ）により提供した場合を指すものであり，栄養管理が概ね経管栄養法による流動食によって行われている患者に対し，流動食とは別に又は流動食と混合して，少量の食品又は飲料を提供した場合（経口摂取か経管栄養の別を問わない）を含むものである。

出所）表 10.4 に同じ

表 10.6　特別食加算が可能な食事　｜　＝栄養食事指導料算定の対象

■肝臓食，膵臓食，腎臓食，糖尿食，痛風食，てんかん食
■胃・十二指腸潰瘍食（および侵襲の大きい消化管手術後）
■心臓疾患・妊娠高血圧症候群等に対する減塩（食塩相当量 6 g 未満/日）食
■貧血食（血中ヘモグロビン 10g/dL 以下で鉄欠乏由来の場合）
■脂質異常症食（空腹時の LDL-C140mg/dL 以上または HDL-C40mg/dL 未満もしくは TG150mg/dL 以上の場合）
■無菌食（無菌治療室管理加算算定の場合）
■フェニルケトン尿症食，楓糖尿症食，ホモシスチン尿症食，ガラクトース血症食
■潜血食，大腸 X 線・内視鏡検査食
■低残渣食（クローン病，潰瘍性大腸炎などの場合）
■肥満症食（肥満度 70％以上または BMI 35 以上の場合）
■治療乳（既製品は不可）
■経管栄養（特別食加算対象の食事であること。胃ろう注入も加算可）
注意①　高血圧症，小児食物アレルギーについては，特別食加算扱いにならないが栄養食事指導料は算定できる。
注意②　がん患者，摂食機能又は嚥下機能が低下した患者，低栄養状態にある患者への栄養食事指導は指導料算定可。

出所）表 10.4 出所より作成

### 3)　食堂加算

　入院時食事療養（Ⅰ）または入院時生活療養（Ⅰ）を行っている施設が，病床 1 床当たり 0.5m² 以上の食堂（他の用途と兼用でもよい）を備えている病棟に入院する患者（療養病棟の患者を除く）に対して食事の提供をした場合，1 日に付き病棟単位で算定できる。患者が利用しなかった場合でも算定できるが，利用しやすい環境を作り，食堂利用を促すことが大切である。

### 4)　特別メニュー

　入院時食事療養と入院時生活療養の（Ⅰ），（Ⅱ）のいずれにおいても行える。入院患者の多様なニーズに対応して，通常の食事療養の範囲では提供できない特別なメニューの食事を，患者の注文に応じて提供することで料金の支払いを受けることができる。メニューと料金は適正に掲示し，患者が納得して自己選択できるようにすると共に，提供にあたっては診療担当医の確認を受ける必要がある。複数メニューから食事を選択する方式（選択メニュー）をとる場合は，基本メニュー以外のメニューを選択した場合に限り標準額程度の支払いを受けることができる。

### 5)　クリニカルサービスの収入（1 点＝ 10 円）

　栄養管理・栄養食事指導による収入としては，栄養管理体制が整っていることが条件の「入院基本料・特定入院料」，チーム医療を評価する「栄養サポートチーム加算」「糖尿病透析予防指導管理料」「摂食障害入院医療管理加算」など多数，また，「栄養食事指導料」がある（表 10.7）。

　ただ，今や多くの医療業務はチームにより行われており，各業務の収入をある 1 部門のものとはしにくく，栄養食事指導料を除く前述の収入も栄養部門単独のものとは言い難い。栄養部門が関連するあらゆる収入と支出を把握することは，適切な病院給食経営管理に直結する重要な管理業務である。

---
**── コラム 11　入院時食事療養費とは単なる「食事代」ではない ──**

　入院時食事療養では，医師の診断を根拠とした食事オーダーと適切な食事提供，患者および診療側から出る治療・療養上の多くの要求への十分な対応，院内約束食事箋の完備，管理栄養士・栄養士による一定条件を満たす献立と食事説明，管理栄養士による臨床栄養食事指導，栄養部門と病棟スタッフによる食事介助や配下膳，高水準の衛生管理，多数の関係帳票類の整備と記録保存，保険診療における立ち入り検査（個別指導）に対応できるシステムの構築等々，多くの事項が整備されている必要がある。このことから，入院時食事療養費を単に入院中の食事代と解釈するのは極めて不適切なことがわかる。

---

表 10.7　クリニカルサービスの収入

| 栄養部門が主に関わるクリニカルサービス | 算定要件概要 | 点　数 |
|---|---|---|
| 入院基本料・特定入院料 | 栄養管理体制が整っている（常勤管理栄養士の配置が必要） | 一般病棟入院基本料<br>988～1,650/日<br>など |
| 栄養サポートチーム加算 | 専任の医師，看護師，薬剤師，管理栄養士などから成るチームで栄養管理に取り組む。チーム専従者が必要。 | 200/週 |
| 糖尿病透析予防指導管理料 | 外来糖尿病患者に対し，医師，看護師，管理栄養士らの透析予防診療チームで医学的管理を行う。 | 350/月 |
| 摂食障害入院医療管理加算 | 摂食障害の専門的治療経験を有する医師，管理栄養士，臨床心理技術者が，患者に対し集中的，多面的な治療をする。 | 200/日（30日以内）<br>100/日（31～60日） |
| 栄養食事指導料（入院，外来，在宅） | 特別食を必要とする患者に対して，医師の栄養食事指導依頼票に基づき，施設の管理栄養士が所定の栄養食事指導をする。個人指導，集団指導それぞれにおいて算定できる。 | 外来栄養食事指導料1：初回260点，2回目以降200点（情報通信器を使用する場合180点）<br>外来栄養食事指導料2（診療所）：初回250点，2回目190点<br>入院栄養食事指導料1：初回260点，2回目200点<br>入院栄養食事指導料2（診療所）：初回250点，2回目190点<br>集団栄養食事指導料：80点/回<br>在宅患者訪問栄養食事指導料1：530～440点　など |

### 10.1.7　病院給食と栄養教育

　入院患者ごとに安全で適切な食事を提供すること自体が栄養教育となる。入院して一般常食を食べただけで適正体重になり，血圧が正常化するなどはしばしばみられることで，特に意識した治療食ではなくとも，よい病院食は**栄養・健康教育**のよい教材となる例である。もちろん，栄養食事指導が患者や家族に対する栄養教育になるのはいうまでもなく，集団栄養食事指導を院外に広く公開する施設も多くある。また，栄養部門が主催する栄養・食事をテーマとした公開講座なども多くみられる。国民の健康の保持増進，生活習慣病の予防や改善に病院給食がさらに役立つよう，その位置付けが医療の中で確固たるものになるよう，栄養部門のさらなる進展が望まれる。

### 10.1.8　病院給食への評価

　わが国では，1997（平成9）年から公益財団法人日本医療機能評価機構が**病院機能評価**を行っている。その中では栄養食事管理も評価対象となっており，

栄養給食管理体制，部門の機能，業務の質改善への取り組みなどが事細かに評価される（**表10.8**）。

**表10.8**　栄養管理機能の評価項目

**4.13　栄養管理機能**

| 4.13.1　栄養給食管理の体制が確立している |
|---|
| 4.13.1.1　栄養管理等に必要な人員が適切に配置されている<br>①管理・責任体制が明確である<br>②機能および業務量に見合う人員が配置されている |
| 4.13.1.2　栄養管理等に必要な施設・設備・器具などが整備され，適切に管理されている<br>①栄養管理や栄養指導のための施設，設備が整備されている<br>②給食施設・設備が整備され，適切に管理されている |
| 4.13.1.3　栄養管理の業務マニュアルが適切に整備されている<br>①栄養管理の基準・手順が明確である<br>②栄養指導の基準・手順が明確である<br>③調理業務の基準・手順が整備されている |

| 4.13.2　栄養管理機能が適切に発揮されている |
|---|
| 4.13.2.1　栄養相談・指導・管理機能が適切に実施されている<br>①必要な患者に栄養指導が実施されている |
| 4.13.2.2　食事が適切に提供されている<br>①食事が適時に提供されている<br>②食事の快適性に配慮されている<br>③患者の特性や希望に応じた食事が提供されている |
| 4.13.2.3　食事の安全性が確保されている<br>①食材の検収・保管，調理，配膳，下膳，食器の洗浄・乾燥・保管のプロセスが衛生的に実施されている<br>②延食への対応が適切である<br>③使用した食材および調理済み食品が2週間以上冷凍保存されている |

| 4.13.3　栄養管理機能の質改善に取り組んでいる |
|---|
| 4.13.3.1　栄養管理にかかわる職員の能力開発に努めている<br>①院内外の勉強会や学会・研修会の機会があり参加している<br>②学会・研修会への参加報告が行われ，業務の改善に役立てている<br>③職員個別の能力に応じた教育がなされている |
| 4.13.3.2　栄養管理業務の質改善を推進している<br>①栄養管理の課題が検討されている<br>②調理業務の課題が検討されている<br>③改善の計画と実績がある |

出所）日本医療機能評価機構：病院機能評価統合版評価項目 V6.0（2008）

**2　良質な医療の実践1**

| 2.2　チーム医療による診療・ケアの実践 |
|---|
| 2.2.17　栄養管理と食事指導を適切に行っている<br>【評価の視点】患者の状態に応じた栄養管理と食事指導が実施されていることを評価する。<br>【評価の要素】①管理栄養士の関与　②栄養状態，摂食・嚥下機能の評価　③評価に基づく栄養方法の選択　④必要に応じた栄養食事指導　⑤食形態，器具，安全性，方法の工夫　⑥喫食状態の把握　⑦食物アレルギーなどの把握・対応 |

**3　良質な医療の実践2**

| 3.1　良質な医療を構成する機能1 |
|---|
| 3.1.4　栄養管理機能を適切に発揮している<br>【評価の視点】快適で美味しい食事が確実・安全に提供されていることを評価する。<br>【評価の要素】①適時・適温への配慮　②患者の特性や嗜好に応じた対応　③衛生面に配慮した食事の提供　④使用食材，調理済み食品の冷凍保存　⑤食事の評価と改善の取り組み |

出所）日本医療機能評価機構：病院機能評価機能種別版評価項目 一般病院1（3rdG：Ver.1）2014年9月版

━━━━━━ コラム 12　病院は禁煙！━━━━━━

　今や病院は，屋内はもちろん，広く敷地内も全面禁煙があたりまえとなった（健康増進法による）。診療報酬面でも，受動喫煙による健康への悪影響をふまえ，生活習慣病患者，小児，呼吸器疾患患者等に対する指導管理にあたっては，全面禁煙を原則とするよう要件が見直され，病院スタッフはもちろん，出入りの業者，入院・外来患者やお見舞いの人たちもすべて，病院敷地内では喫煙できないとなっている（緩和ケア病棟※においては，適切な措置を講ずれば分煙でもよい）。この禁煙が診療報酬の算定要件となっている項目は多数に及び，そこには，外来・入院・集団栄養食事指導料もあげられている。よって，もし病院が全面禁煙でなければ，せっかく栄養食事指導をしても指導料は算定できないということになる。健康増進対策としても，病院収入確保の面からも，今や「病院は禁煙」が常識である。

※緩和ケア病棟：いわゆるホスピスのうち，厚生労働省の一定基準を満たして保険適用される終末期介護専用病棟。末期がんなどの患者を対象にした，治療よりも人生の最後を落ち着いて送るための施設。

## 10.2　高齢者を対象とする医療，介護（福祉）施設（老人福祉法，介護保険法，医療法）

### 10.2.1　給食を提供する施設の種類

　人生100年の時代といわれるように，私たちの寿命は伸び続け，急速に高齢化が進んでいる。我が国の65歳以上の人口が，昭和25年には総人口の5％に満たなかったが高齢化率はその後も上昇を続け，令和2年10月1日現在，28.8％に達している（内閣府令和3年版　『高齢社会白書』）。多くの人は最後まで健康に生き，静かに穏やかに一生を終えたいと考えるが，誰もが「寝たきりにならずコロッと」と人生を終えることができるわけでもない。大半の高齢者は身体的，精神的な衰えに伴い，終末期に近づくにつれ家族だけでなく，医療・福祉・介護の支援を受ける人が増加している。

　現在，高齢者が福祉や介護などのサービスを受けることができる入所施設は，大きく2つに分類される。高齢者の公的扶助による生活の安定や充足を目的にした老人福祉法を根拠法とする「福祉系施設」と，急性期の病院での入院を経て，在宅復帰を目指すリハビリや，長期の看護や介護サービスを受けることができる介護保険法を根拠とした「医療・介護系施設」に分けられる（表10.9）。「老人福祉法」による養護老人ホームや軽費老人ホームは生活支援が目的であり，「医療法」による医療サービスや「介護保険法」による介護サービスの提供はない。施設の運営基準は，施設の種類ごとに「設備および運営に関する基準」が示されており，食事提供については，「栄養並びに入所者の心身の状況及び嗜好を考慮した食事を適切な時間に提供しなければならない」と，健康増進法施行規則による「栄養管理の基準」同様に栄養管理の実施が示されている。

　特別養護老人ホームは「老人福祉法」に基づく施設であるが，要介護3以上の入所条件が設けられ，「介護保険法」による介護サービスが提供される。

そのため，介護保険法上，施設を「指定介護老人福祉施設」と呼び，介護にかかわる職員が配置されている。

　介護老人保健施設は，高齢者は病院での急性期の治療直後，在宅で自立した生活にすぐ戻れない場合が多いことから，3か月程度の短期間を目安に在宅復帰を目指し医師の医学的管理の下，機能訓練，リハビリテーションを行う傍ら，「介護保険法」による介護サービスを合わせて提供している。

　一方，長期にわたり介護が必要な高齢者は介護医療院に入所となる。この施設では，医学的管理の下，介護サービス計画に基づいた介護サービスや機能訓練，日常生活の支援を行っている。

　これら介護保険法による施設の運営基準は，各施設の「人員，設備及び運営に関する基準」に示されており，食事提供においても栄養管理だけでなく，ベッドから離床し，食堂等で食事をするなどの支援などが示されている。

### (1)　高齢者施設におけるケアの考え方

　高齢者施設におけるケアは，施設では介護度の高い高齢者を主な対象とし，在宅では介護度の低い高齢者を対象とする方針が進められており，介護保険制度には介護度を上げない，重症化させないという予防重視の考え方がある。そのため，介護保険では事業者が利用者（要介護者又は要支援者）に介護サービスを提供した場合に，「介護報酬」というサービスの対価として国や自治体から施設側へ費用が支払われる。高齢者施設における食事の費用負担は，食費と調理費が利用者の自己負担であるが，個別対応に対する費用は一定額が介護報酬として施設へ支払われる。

　施設の食事提供では，**表10.9**に示した各施設の利用者の栄養管理や食事提供についての運営基準が定められている。基準を満たすため，個々の入所者の栄養状態や疾病等に応じた栄養ケアの方法として「栄養ケア・マネジメント」が用いられている。栄養ケア・マネジメントの手順を**図10.10**に示した。施設における栄養ケア・マネジメントは，他職種と連携し利用者の栄養スクリーニングから栄養アセスメント，栄養ケア計画の作成，栄養ケアの実施，再栄養スクリーニングとして栄養状態等の再評価が実施されている。

### (2)　施設の栄養管理にかかる介護報酬

　**表10.10**は，介護老人福祉施設，介護老人保健施設，介護医療院などに対し，介護保険で報酬が支払われる栄養管理に関連する加算／減算条件である。「基本サービス費」に加え，利用者の各個別サービスの利用状況に応じて加算・減算される仕組みになっている。

　令和3年改正の介護保険による介護報酬では，栄養ケア・マネジメントの取り組みを一層強化する目標を掲げていることから，入所者の栄養状態の維持および改善を図り，できるだけ自立した日常生活を営むことができるよう，

表 10.9　高齢者を対象とした福祉・介護施設（抜粋）

| 区分 | 根拠法 | 施設の種類 | 介護サービス | 医療サービス | 食事提供回数 | 施設の目的 | 施設設備の運営基準 | 食事に関する条文（抜粋） |
|---|---|---|---|---|---|---|---|---|
| 福祉系施設 | 老人福祉法 | 養護老人ホーム | — | — | 1日3回 | 環境上の理由，および経済的な理由により，家庭での生活が困難な 65 歳以上の高齢者を入所させ，日常生活において不都合がないように，また，自力で生活ができるように支援する目的の施設。 | 養護老人ホームの設備及び運営に関する基準 | 栄養並びに入所者の心身の状況及びし好を考慮した食事を，適切な時間に提供しなければならない。（第 17 条） |
| | 老人福祉法 | 軽費老人ホーム | — | — | 1日3回 | 家庭環境，住宅事情などの理由により，居宅に置いて生活することが困難な高齢者が低額な料金で入所し，食事提供その他日常生活で必要な支援を行う施設。 | 軽費老人ホームの設備及び運営に関する基準 | 栄養並びに入所者の心身の状況及びし好を考慮した食事を，適切な時間に提供しなければならない。（第 18 条） |
| | 老人福祉法（介護保険法） | 特別養護老人ホーム（指定介護老人福祉施設） | ○（介護保険） | — | 1日3回 | 65 歳以上要介護 3 以上の身体，および精神上の著しい障害があり，常時介護を必要とし，かつ，在宅生活が困難な高齢者を対象とした施設。入浴，排せつ，食事などの日常生活の世話，健康管理，機能訓練など療養上の世話を行う。 | 指定介護老人福祉施設の人員，設備及び運営に関する基準 | 1．指定介護老人福祉施設は，栄養並びに入所者の心身の状況及びし好を考慮した食事を，適切な時間に提供しなければならない。2．指定介護老人福祉施設は，入所者が可能な限り離床して，食堂で食事を摂ることを支援しなければならない。（第 14 条） |
| 医療・介護系施設 | 介護保険法 | 介護老人保健施設 | ○（介護保険） | ○（後期高齢者医療保険等） | 1日3回 | 介護を必要とする高齢者の自立を支援し，在宅復帰を目指し，医師による医学的管理の下，看護やリハビリテーションに加え，食事・排せつ・入浴などの日常生活を支援する介護サービスを行う施設。3 か月程度の短期間を目安に入所継続の見直しを行う。 | 介護老人保健施設の人員，設備及び運営に関する基準 | 1．入所者の食事は，栄養並びに入所者の身体の状況，病状及びし好を考慮したものとするとともに，適切な時間に行われなければならない。2．入所者の食事は，その者の自立の支援に配慮し，できるだけ離床して食堂で行われるよう努めなければならない。（第 19 条） |
| | 介護保険法 | 介護医療院 | ○（介護保険） | ○（後期高齢者医療保険等） | 1日3回 | 長期にわたり療養が必要な要介護者に対し，医学的管理の下，看護や機能訓練などの医療並びに介護サービスを受けながら日常生活を送る施設。 | 介護医療院の人員，設備及び運営に関する基準 | 1．個々の入所者の栄養状態に応じて，摂食・嚥下機能及び食形態にも配慮した栄養管理を行うよう努めるとともに，入所者の栄養状態，身体の状況並びに病状及び嗜好を定期的に把握し，それに基づき計画的な食事の提供を行う。2．入所者の自立の支援に配慮し，食事はできるだけ離床して食堂等で行われるよう努めなければならない。（第 22 条） |

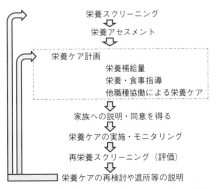

図 10.10　栄養ケア・マネジメントの手順

各入所者の状態に応じた丁寧な栄養管理を計画的に行う介護サービスに対する加算単位が高い。施設における基本サービスでは，「利用者の状態に応じた栄養管理の計画的な実施である栄養ケア・マネジメント」の実施および栄養士又は管理栄養士を 1 名以上配置することが定められている。この栄養ケア・マネジメントの実施を前提条件に「栄養マネジメント強化加算」「経口維持加算」「経口移行加算」を実施した際にそれぞれの介護報酬が加算される。

入所者が医療機関に入院し，その後退院して再入所した際に，入所時と比べて栄養状態や摂食機能が大きく異なること

**表10.10**　施設サービスにおける栄養管理関連の介護報酬と算定条件（指定介護老人福祉施設，老人保健施設，介護医療院に該当する内容を抜粋）

| 介護報酬の加算／減算 | | 算定条件 |
|---|---|---|
| 栄養ケア・マネジメントの未実施は減算　　14単位／日減算 | | 基本サービスとして状態に応じた栄養管理の計画的な実施とともに，入所者全員への丁寧な栄養ケアの実施や体制の強化が求められるため，栄養ケア・マネジメントを実施していない場合は，3年の経過措置期間内で減算される。 |
| 栄養ケア・マネジメントの実施を基本条件として | 栄養マネジメント強化加算　11単位／日 | 以下に示す丁寧な栄養管理を全施設で行っていることを条件に加算される。<br>1）高リスクおよび中リスクの低栄養状態の入所者に対し，医師，管理栄養士，看護師等が共同して作成した栄養ケア計画に従い，食事の観察（ミールラウンド）を週3回以上行い，入所者ごとの栄養状態，し好等を踏まえた食事の調整等を実施する<br>2）低栄養状態のリスクが低い入所者にも，食事の際に変化を把握し，問題がある場合は早期に対応する<br>3）入所者ごとの栄養状態等の情報を厚生労働省（LIFE）に提出し，継続的な栄養管理の実施に当たり，当該情報およびその他継続的な栄養管理の適切かつ有効な実施のために必要な情報を活用している |
| | 経口維持加算Ⅰ<br>経口維持加算Ⅱ<br>Ⅰ：400単位／月<br>Ⅱ：100単位／月 | 摂食障害があり，誤嚥が認められる入所者ごとに経口維持計画を作成し，計画に沿った栄養管理を行った場合に加算される。 |
| | 経口移行加算<br>28単位／日（180日） | 経管栄養の入所者ごとに経口移行計画を作成し，計画に沿って栄養管理を実施した場合に加算される。 |
| 再入所時栄養連携加算　200単位／回 | | 医療機関から退院し，施設に再入所においても栄養ケア・マネジメントを行うことから，医療機関側から利用者の再入所までの身体状況や栄養必要量，し好や食事量などについて施設側と連携して情報を共有した場合に加算される。 |
| 療養食加算　6単位／回（3回／日） | | 「療養食加算」は，医師の指示の下，指定の疾病に対する療養食を提供した場合に加算される。しかし，経口移行加算や経口維持加算の算定の場合は算定しないなどの条件がある。 |

介護報酬の算定単位　　1単位＝10円
出所）老老発0316第2号　令和3年3月16日リハビリテーション・個別機能訓練・栄養管理及び口腔管理の実施に関する基本的な考え方並びに事務処理手順及び様式例の掲示について　pp.37-42　第4施設サービスにおける栄養ケア・マネジメント及び経口移行加算等に関する基本的な考え方並びに事務処理手順例及び様式例の提示について，厚生労働省老人保健課　令和3年2月19日通知「科学的介護システム（LIFE）の活用等について」より作成

がある。「再入所時情報連携加算」は，医療機関の管理栄養士と施設の管理栄養士が連携し，施設に再入所後も医療施設側から施設側へ必要栄養量，食事摂取量，嚥下調整食の必要性など食事上の留意事項等の情報を提供することで，適切な栄養管理を行うための介護報酬である。

「療養食加算」は，入所者の病状に応じて医師の指示の下，以下の指定の疾病に対する療養食を提供した場合に加算される。

　1）糖尿病食　2）腎臓病食　3）肝臓病食　4）胃潰瘍食　5）貧血食
　6）膵臓病食　7）脂質異常症食　8）痛風食　9）特別な場合の検査食
なお，経口移行加算又は経口維持加算を算定している場合は，算定しない。
管理栄養士は，介護にかかわる他職種と連携しながら，利用者個々人に寄り添い，専門的な対応を行っている。

### 10.2.2　施設の理念と組織

#### (1)　施設の理念

　高齢者福祉・介護施設が掲げるサービスの理念は，施設の目的に応じて多少の違いはあるものの，個人を尊重し人生の最後まで幸せに生きることを支

多くの施設のホームページには「施設サービス理念」が掲げられている。共通するキーワードは「その人らしい生活ができるケア」「生きがいを持ち健全かつ穏やかな暮らし」「つながりを大切にし心に寄り添う」「先駆的なケア」「支援」などがある。福祉とはすべての人が幸せに生きられるようにすることであり，入所者の「いのち」「くらし」「いきがい」をどうするかを介護士，看護師，その他施設内の専門職が一丸となって考え，サービスとして提供している。施設の職員全員は，その組織の理念を実行することが使命である。施設の管理栄養士・栄養士は，施設サービス理念の実現に向けて，入所者接点の多い他の職種の意見も取り入れ，給食受託会社の管理栄養士・栄養士の協力を得たうえで，個人の生活に寄り添った栄養管理や家庭的で穏やかな食の充実に取り組む姿勢が求められる。

援することである。この理念を実現化するために職員はそれぞれの専門性を発揮し，個々の入所者への援助を行っている。

### (2) 組　織

#### ① 組織の構成

高齢者福祉・介護施設の多くは，施設長をトップとしたライン＆スタッフ組織が多い。**図10.11** は，特別養護老人ホームの組織の例であり，施設長をトップとして介護，看護，生活相談，栄養部門がラインであり，事務部門がスタッフである。給食を委託している場合は，ラインである栄養部門と別に給食生産部門を位置することが多い。

### 10.2.3　入所者の特徴とニーズ

#### (1)　十分な栄養を補給し，健康を維持したい—低栄養のリスク

高齢者の健康状態は，同年齢であっても個人差は大きい。生活環境の問題の不安や，疾病や障害などに加え，ADL（activities of daily living：日常生活動作）の低下，消化・吸収機能，味覚機能など体内の機能の低下がみられる。

足腰の衰えは活動量の減少を引き起こし，動かないことによる筋肉の減少や食欲の低下が起きやすい。全身の筋肉量が減少することは，摂食・嚥下機能の低下にもつながる。食事時の「むせ」「誤嚥」により，食事がストレスとなり，さらに食事量の減少につながる。

特に施設に入所している高齢者にとって，自宅とは異なる環境に順応することは容易ではなく，食事量の減少が継続するとたんぱく質・エネルギー低栄養状態 PEM（protein-energy malnutrition）を引き起こす傾向にある。低栄

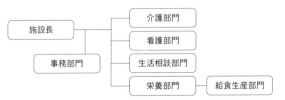

**図10.11**　特別養護老人ホームの組織図（例）

養は，身体全体の機能が低下するために，自力歩行や自力摂食ができなくなり，寝たきりになれば褥瘡を発症するおそれもある。

　これらのことから，施設入所により健康度が低下しないよう，栄養状態を維持・向上させ，心身の健康維持を支援することが期待される。

### (2)　口から自分で食べたい

　食事は介助により食べる場合と，自力で食べる場合とでは味わいは異なる。

　健康に生きるための栄養量の補給は，本人の期待に沿った食事ができたという満足感が伴うことで成せるものであり，単なる栄養素の補給ではない。摂食・嚥下能力が衰えた場合においても，なるべく口から自分で食べたいと思うのが人間の基本的な欲求である。

### (3)　心躍る食事で笑顔の食生活を過ごしたい—食事の関心が高い

　食べる意欲や興味は生きる意欲の表れで，「おいしいものが食べたい」という期待が，入所者の毎日の楽しみである。

　また月々に行う「ハレの日」の行事食では，今までの生活の想い出に触れることや，行事食や料理作りに参加し，それらを通して食事を五感で感じる機会ともなる。

### (4)　入所者の生活環境を見守る家族の信頼を得る

　入所者が家庭から施設に入所してくるまでにはさまざまな家族の葛藤がある。家庭で介護ができない理由で入所した者の家族は，施設の生活環境がどのようであるか不安である。特に食事や清掃，おむつ交換数など食事やケアの状態は一目瞭然で，施設の良否を判断するポイントになりやすい。献立や味付け，食器など極力今までの生活環境に近づける努力を惜しまず，多くの専門性を活用して入所者の環境に配慮することが，笑顔で生活する姿となり，家族に安心を与えることにつながる。

### 10.2.4　高齢者・介護老人保健施設の給食の役割

　高齢者福祉施設の給食には3つの役割がある。

### (1)　栄養ケア—他職種での個々の入所者の心身に合わせた食生活を支援

　身体機能には個人差があるが，入所者一人ひとりが「その人らしく生きる」ための健康維持につなげるのが「栄養ケア」である。適切なエネルギーと栄養素の補給は，心身の健康を保ち，生きる意欲や楽しく穏やかに暮らす意欲，感性の原動力となる。各職種の職員が，専門性を共に活用し，入所者個々の心身に適合した施設での適切な栄養補給を支援することによって入所者が心身の健康を保つことが給食の役割のひとつにある。

### (2)　食事を通して生活を楽しむことを支援する

　毎日単調になりやすい施設の生活では，毎回の食事に期待を抱いている人も少なくない。食事に対する期待は，生活背景や文化による嗜好性が強い。

さらに疾患など身体的理由による条件も加えると，食事に対する個別ニーズは多岐に渡る。給食は，食事内容だけでなく，食事時の接遇も個人に合わせて対応し，食事が生活の潤いとなるよう，行事食などを楽しめる食の企画も大切な役割である。

### (3) 食べたいものを食べやすく提供─穏やかに最期まで過ごす支援

入所者の状況によっては，施設で食べた食事が「人生最期の食事」となる可能性も否定できない。「その人らしく穏やかに最期まで暮らす」ために，栄養や食事面で他職種と共に本人（場合によっては家族）の希望に沿った食べものを提供することがある。

### 10.2.5 給食の栄養・食事管理

高齢者福祉・介護施設の入所者に対する給食の栄養・食事管理は，入所者個人の栄養補給量，食事形態，禁止食など個別対応の食の種類が多いという特徴がある。しかしどのような栄養計画であっても，食品を調理し1食の食事としての提供が利用者の食欲をそそり，食べていただけるものに展開できなければ，栄養管理の効果は期待できない。

給食の食事計画は，栄養管理に関する関係法規をふまえ，利用者すべてに必要な栄養素を含む食品を調理することで，再び個々人へ食事として配分することを考える。そのためには，施設の資源（調理員や配食員，介護担当者数，設備，配食方法，費用など）に応じた基準を作成し，できるだけ利用者ニーズとの乖離を少なくする給食の標準作業手順が求められる。個別対応のためには，多数の選択肢を作ると細かく対応できるが，人の確保，細かな基準に対する教育も煩雑となる。施設の入所者，介護等他職種の状況も含め，最もよい基準作りは，日々の給食のオペレーション，利用者の摂食状況，介護支援者の意見などを取り入れ，見直しながら作成することが必要である。

### (1) 給与栄養目標量の設定

個人の栄養素の必要量は，栄養アセスメントの結果から日本人の食事摂取基準（2015年版）を基に算出される。給食施設の給与栄養目標量は，個人が集まったものを「集団」と考え，個人の各栄養素の必要量の分布から許容範囲を考慮し設定する。高齢者福祉施設における，食事療法を必要としない集団は，「一般常食」として健康維持増進を目的にした給与栄養目標量を設定している。高齢者は特に身体状況，栄養状態等の個人差が大きいことから，栄養素の不足リスクのある個人の有無を把握し，不足の無いよう配慮する（「第3章栄養・食事管理」の図3.2参照）。

また，疾患があり食事療法を必要とする個人や集団には，日本人の食事摂取基準（2015年版）におけるエネルギー及び栄養素の摂取に関する基本的な考え方を理解した上で，その疾患に関連する治療ガイドライン等の栄養管理

指針を用いた目標量を設定する。

### (2) 食事配分

朝・昼・夕食のエネルギーや栄養素の食事配分については，入所者の食べ方によって設定する。高齢者は，起床からの1日の活動で疲れがたまりやすく，夕食の時には寝てしまい，食事摂取量が少なくなることがある。

したがって食事配分は施設入所者の特性に応じて弾力的に行い，食事時間に食事量が確保できない場合は，栄養補助食品の活用だけでなく，介護者と相談して活動量を確保する取組みや，食事イベント，食べる意欲につながる声かけなどの工夫が必要である。

### (3) 食事管理

それぞれの入所者に必要なエネルギーや栄養素は，食品や料理の調理を行い，食器に盛りつけた1食の食事に展開しなければ食べることができない。

入所者の栄養補給の機会は給食を食べることである。入所者の食事の期待は，食べたいと思わせる献立とその品質に向けられる。管理栄養士・栄養士の専門業務には，施設の利用特性を考慮し，施設で継続的に食事を食べている入所者集団の栄養学的・医学的な配慮に個別的な配慮を加えて，給食管理を行うことが栄養士法に示されている。近年導入された栄養ケア・マネジメント等の人に対するサービス業務にかける時間を長く確保するためには，栄養素を食品，料理，食事に転換してゆく手順および帳票との関係を明確にし，給食管理業務の中の食事作りや帳票作成などモノに対する作業の効率化を行うことが必要である。

① **食品構成**：食品の使用頻度や使用量は，季節や価格，施設により異なる。食品構成は，施設で使用頻度の高い食品を食品群ごとに分類し，群別荷重平均食品成分値を用いて，栄養量の充足を目標とした食品群別の目安量を示した表を指す。1日の食事の献立作成で，できるだけ食品構成にある食品群の重量に近い食品重量を使用すると，栄養価計算をしなくても，給与栄養目標量に大きく外れることなく献立が作成できる。そのため施設の食品構成表はときどき見直して活用することが必要である。

② **献立作成基準**：食品構成や入所者の食物選択の傾向などを考慮し，提供する主食，主菜，副菜，汁物などの料理パターンごとに，使用する食材料の種類や使用重量の基準を設定する。施設によって献立の傾向や入所者ニーズが異なるため，施設ごとに設定する。食器の変更や料理パターンの異なる場合も，見直しを行う。

③ **期間献立**：期間献立は，献立作成基準を用いて一定期間に料理を和・洋・中華風別，料理パターン別に配置し，食品の計画購入や調理作業や調理員配置を考慮して重複しないように設定している。

高齢者・介護老人保健施設の献立は，一定期間に献立を決めているところが多い。その期間は，おおむね月ごとや四季ごとなどである。月ごとの場合，介護プログラムでの食イベントや，季節の行事食を配置し，その他を日常食の献立として入所者に喜ばれる献立を設計する。

　④ **モニタリングポイント，指標の作成**：給食の実施において，モニタリングポイントは多種にわたる評価の指標である。栄養ケア計画で設定した栄養補給量の評価は，利用者の食事の摂取量の把握がなければ評価できない。予定献立による栄養量はあくまでも予定の目安量であり，利用者個人の実際の摂取量把握が重要である。また，摂食量の把握は給食の生産プロセスの評価として記録される盛付重量等などの適合品質のデータの把握も欠かせない。さらに給食の衛生管理手順をモニタリングするポイントは衛生事故防止の危機管理の一環として各調理プロセスで基準化された「大量調理施設衛生管理マニュアル」の指標を確認する。最終的には，利用者が満足して食べたかという総合品質の確認も指標を設けて記録ができるようにする。

　⑤ **食種・食数把握システムの作成**：各施設において食種の決定，見直しや最終的な食数決定時期をいつ，どのように誰が決めるかを決定することが必要である。給食数や食事の種類はデイサービスや入退所など日々変動する。ベット稼働率を上げるために午前，午後で利用者が変わることもある。また，高齢者の体調は急変することが多く，食種の変更などの最終期限を決めておかないと混乱する場合がある。福祉・介護職側の職員とお互いの対応方法を理解したうえで，変更の最終期限と連絡方法を決める。

　また，給食業務を委託している場合は，条件を契約書に明記したうえで契約を行い，さらに受託側栄養士と実際の食事提供状況を確認するなど，受託会社の運営ともすり合わせ，詳細な対応を心がける。

　⑥ **他職種の協力（栄養管理，サービス，食の考え方）**：高齢者福祉・介護施設において食べることは，それぞれの専門性により心理面，身体面，生活環境など配慮の視点が異なる。管理栄養士は，他職種の専門から見た食の考え方，他職種のサービス業務の現状などに耳を傾け，食事対応の方法や摂取量把握の方法を決定してゆく。

## (4)　個別対応の方法

　献立はできるだけ同じメニューを使い，類似した食品や料理を入れ替えた食事を食堂で食べられるよう配慮する。個々の食事の個別対応は，施設の利用者の状況から**図10.12**に示す手順等により常食か，療養食か，投薬による制限など体調による制限はないか，嗜好，咀嚼・嚥下機能，盛付や食器，食具など個別の配慮事項を分類する。

　この情報は，食札（**図10.13**）に集約され，給食の食数管理や配食が行われる。

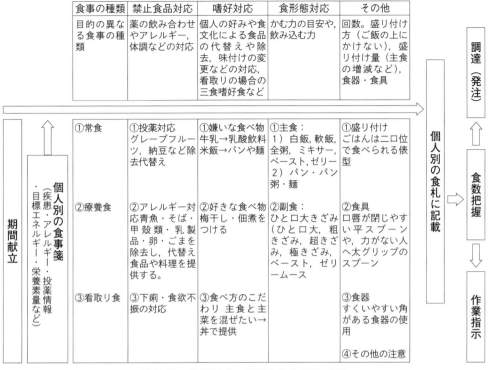

| 食事の種類 | 禁止食品対応 | 嗜好対応 | 食形態対応 | その他 |
|---|---|---|---|---|
| 目的の異なる食事の種類 | 薬の飲み合わせやアレルギー，体調などの対応 | 個人の好みや食文化による食品の代替えや除去，味付けの変更などの対応，看取りの場合の三食嗜好食など | かむ力の目安や，飲み込む力 | 回数。盛り付け方（ご飯の上にかけない），盛り付け量（主食の増減など），食器・食具 |

| 期間献立 | 個人別の食事箋（疾患・アレルギー・投薬情報・目標エネルギー・栄養素量など） | ①常食 | ①投薬対応グレープフルーツ，納豆など除去代替え | ①嫌いな食べ物牛乳→乳酸飲料米飯→パンや麺 | ①主食：1）白飯，軟飯，全粥，ミキサー，ペースト，ゼリー，2）パン・パン粥・麺 | ①盛り付けごはんは二口位で食べられる俵型 | 個人別の食札に記載 |
|---|---|---|---|---|---|---|---|
| | | ②療養食 | ②アレルギー対応青魚・そば・甲殻類・乳製品・卵・ごまを除去し，代替え食品や料理を提供する。 | ②好きな食べ物梅干し・佃煮をつける | ②副食：ひと口大きざみ（ひと口大，粗きざみ，超きざみ，極きざみ，ペースト，ゼリームース | ②食具口唇が閉じやすい平スプーンや，力がない人へ太グリップのスプーン | |
| | | ③看取り食 | ③下痢・食欲不振の対応 | ③食べ方のこだわり 主食と主菜を混ぜたい→丼で提供 | ③食器すくいやすい角がある食器の使用④その他の注意 | | |

| 調達（発注） |
|---|
| 食数把握 |
| 作業指示 |

図 10.12　個別対応の種類と決定手順（例）

① **食事の種類**：施設の食事には大きく分けて常食と，食事療法の必要な入所者に医師からの食事箋によって指示される療養食がある。その他，常食や療養食で対応できない「看取り」の時期を迎えている入所者には，食べたいもの，食べられるものを優先的に提供することがある。

② **禁止食品の対応**：利用者の食事を決める際には，食べてはいけない食品（禁止食品または禁食と呼ぶ）の混入を避けなければならない。禁止食品にはアレルゲンを含む食品だけでなく，薬との相互作用

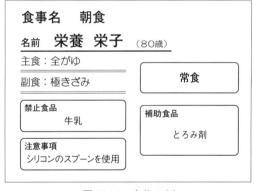

図 10.13　食札の例

を持つ食品，宗教や主義に基づくルールにより制限される食品も含まれる。禁止食品が含まれていないか，毎回の食事の度に入念な確認が必要である。

③ **嗜好の対応**：高齢になると，食欲や食べたいものの個人差も大きく，日による変動もみられる。また，子どものころに食べなれた食品や料理，食べ方を好む傾向がみられる。調理作業や保管方法，対応者数などを考慮し，出来る限りの範囲内で対応可能な食品や料理のアイテムを揃えておくとよい。

④ **食形態対応食**：入所者の摂食・嚥下能力を把握し，食品や料理の「かたさ」や「粘度」を考慮した食形態に対応する。高齢者にとって，パサパサ，ポ

ソポソした食感，焼きのりのようにヒラヒラしたものや粘るもの，酸っぱい味やすする食べ方の料理は食べにくい。刻んだだけでは口の中でまとまりにくい料理もある。そこで入所者の嚥下能力に合わせて煮込む，とろみやつなぎに工夫をするなど口の中で唾液と混ぜて飲みやすくするような工夫を施す。

食形態の対応は，施設で実施可能な区分数を決める必要がある。主食の種類では米飯，軟飯，かゆ，麺，パン，など7〜8種類であることが多く，副食で常食，ひと口大，きざみ，ペースト，ゼリー，ムースなど4〜6種類などが多い。この食形態区分数は，施設の入所者の介護度，調理員数，ユニットでの調理状況など物的・人的資源により変動する。

料理の食形態を指示しても，入所者の摂食能力では食べこぼしやむせなどで摂取できないことがあるので，直接の観察が欠かせない。栄養補給計画を給食として一定期間食べてもらう中では，個々の入所者の摂食状況（おいしそうに食べているか，食べさせ方，摂食・嚥下方法，食事摂取量の把握など）について，介護士や言語聴覚士などの他職種とともに観察し，合わせて給食の品質の確認など，さまざまな点から栄養補給方法と栄養摂取量を推定し，評価することが必要である。

⑤ **行事食**：施設での生活は，刺激が少なく，日々の時間の経過がわかりにくい。食事は1日や1週間の流れを感じる場でもあり，季節を感じる場でもある。高齢者福祉施設ではおおむね毎月1回行事が行われ，それに伴い行事食が提供されている（**表10.11**）。行事食でも全入所者が食べることができるよう食形態等の個別対応が行われている。

高齢者施設の食事は，1つの献立であっても，刻みの大きさ，とろみの付け方，ミキサーにかけるなど，調理操作後の味わいは同じではない。

管理栄養士・栄養士は，食形態の適合性を他職種と相談する際には，実際に常食だけでなく，他の食形態の食事を五感（見た目，味，香り，食感，喫食者）と相互に関連づけた視点で把握しておくなど専門的な観点で見極める。

さらに入所者がどう感じて食べているか観察し，入所者の心に耳を傾けながら，入所者に対する食事の適合性を個々に判断することが必要である。

入所者との対話や観察での気づきが個人に適合する食事（給食）の品質計画に活かされ，給食の生産スタッフへの指導や共有を可能にし，給食の品質と入所者のニーズとのギャップが少なくなり，喜ばれる給食になる。対面サービスの接遇方法も変化させると，雰囲気が変わり味も良く感じることもある。

**表 10.11　施設の行事と食事の例**

| | 行事名 | 行事食 |
|---|---|---|
| 1月 | 正月，七草の節句 | おせち料理，雑煮，七草粥 |
| 2月 | 節分，バレンタイン | 恵方巻き，チョコレート |
| 3月 | 桃の節句 | ちらし寿司，ひし餅 |
| 4月 | 花見 | 花見弁当，花見団子，甘茶 |
| 5月 | 端午の節句，母の日 | ちまき，柏餅 |
| 6月 | 父の日 | 焼き菓子，カレーライス |
| 7月 | 七夕，お盆 | そうめん，精進料理 |
| 8月 | お盆，納涼祭 | おはぎ，ビール，枝豆 |
| 9月 | 秋分，敬老の日 | 紅白まんじゅう，敬老弁当 |
| 10月 | 月見，ハロウイン | 団子，かぼちゃの菓子 |
| 11月 | 紅葉狩り | 紅葉弁当 |
| 12月 | クリスマス，大晦日 | ケーキ，年越しそば |

給食は，入所者それぞれが満足できる食事とサービスを企画することが必要である。笑顔がこぼれる食事を提供することが栄養・食事管理の総合評価となる。品質のよい食事が提供され，利用者自身が満足する食事提供ができれば，家族にとってもよい施設と評価されることが多い。

### 10.2.6 給食の総合評価

給食の品質（適合品質）が予定の品質（設計品質）かを評価することは，給食室の中で実施できる。しかし，施設の入所者にとって適切な品質であったかどうかは，総合的に複数の情報から評価を行うことが必要である。その視点は食事，介助を含めた食環境，インタビュー（入所者，介助者）内容，個人データ（体調，摂食量），介助方法，試食結果の4点である。

#### ① インタビュー

入所者自身の話を聞くことは重要である。こだわりが強く食事への指摘が多い場合や，「美味しくいただいております」や感謝の言葉が多く改善の必要がないように感じるなど反応はさまざまである。自分の思ったことを言わないこともあるため，介助者にも聞いたうえで食事の適合性を判断する。

#### ② 個人データ

食事量は健常者でも変動するものである。心身の状態の変化傾向を把握したうえで摂食量のデータを見る。摂食量の記入表は誤差をできるだけ少ない記入方法になるよう，食事開始時の盛り付け量を見ていた介助者が食事終了時に記入することを介助者に依頼する。

#### ③ 介助方法

食事の品質は適正な介助で食べてこそ良否を判断できる。入所者の食事に対する評価は，食事をしているときに感じるので，他人まかせにせず，最後まで責任をもつ観点から，スプーンに入れる量やタイミング，声掛けの有無など無理なく食べる環境であるかの観察を行う。

#### ④ 常食以外の副食も検査する

給食は提供前に検食をする。献立は1つであるが常食を食べる人が少ない場合は，さまざまな食事の種類（きざみ，ミキサー，ソフト食など）の中で味や食感が変化しやすいものを選び，自分の感性で食べてみる。

---

**コラム 14　配食サービス**

高齢者福祉施設にすべての介護等を必要とする人を収容しきれない時代となった。そのため，地域包括介護として，定期的に居宅を訪問して栄養のバランスのとれた食事を提供する配食サービスが始まった。在宅の要支援・要介護者を対象にしたものを生活援助型配食サービス（介護保険特別給付）といい，配食時の安否確認を行う。高齢者自立支援配食サービスは，要介護4や5の在宅の高齢者を対象としている。金額は市町村によるが，1食300〜450円で配送費を含む運営費は市町村が700〜800円を支給している。

これらの視点で情報を得ることにより，総合品質の評価ができる。

### 10.2.7　生産管理（調理システム）

高齢者福祉施設では，多くの施設で単一定食方式の期間献立が設定されている。しかし実際は常食と療養食，禁止食品対応，食形態対応など多くの条件の組み合わせで個人の食事がセットされており，食形態対応だけでも調理員が多く必要である。実際の特別養護老人ホームの調理員1人当たりの労働生産性は，平均30～50食程度である。

調理員数が多いと給食原価に占める人件費比が高くなり，赤字経営になりやすい。人件費の低減には，カット野菜の使用など時間のかかる工程を標準化することや，真空調理の導入による計画調理など調理工程の見直しによるものと，入所者の食事に対する禁止食品や嗜好対応の時間に要する調理員数を含む作業工程などで工夫を要する。

また，介護施設において推進されているユニットケアは，居室を個室にして8～10人程度のユニットというグループにキッチンを設け，介護士が最終的な盛り付けや炊飯などを家庭のように行うケアである。

提供方法では，2～3日前に生産するクックチルや真空調理法を導入し，一部当日生産という方法を用いる施設が増加した。

この新調理システムは給食業務として修得するには時間を要する点でデメリットがあるが，これを克服できれば，① 衛生的リスクを軽減できる，② 調理マニュアルに沿って品質を標準化できる，③ 調理員の手待ち時間を有効活用できる，④ メニューのバラエティにつながる，⑤ ロスが低減できる，⑥ 食堂で調理スタッフがコミュニケーションをする機会を得られる，⑦ 人的コストが抑えられる，といったメリットを生み出すことができる。

新調理システムの導入は，調理や調理工程を数字で管理することである。

献立作成の時点で食材の使用重量，調理工程，加熱温度，時間，調味パーセント，重量変化率，出来上がり重量などを設定し，計画に沿った調理を行い，適合品質を計測値で確認する。管理栄養士は，栄養士と共に食材の調達から入所者の口に入るまでの工程で品質の変動が起きる原因を探り，調理担当者とともに改善する能力が必要である。

### 10.2.8　施設・設備における条件等

施設サービスの方向性は，流れ作業での介助や，大食堂でのただひたすら食べる食事などのサービスが問題視されていたことから，居住形態を大部屋から個室または2人部屋など家庭的な介護（ユニットケア）を行うことを目指している。ユニットケアは10人程度の入所者をグループにして，専属の介護者がケアを行うものである。これに伴い，給食の生産・提供システムも中央配膳方式から，ユニットでのキッチンによる介護者の配膳，提供，介助

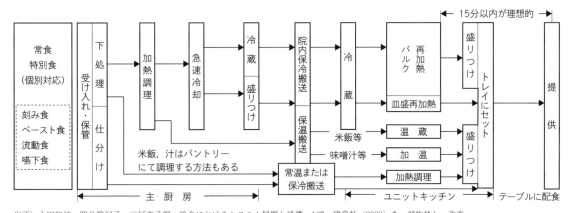

出所）太田和枝，照井眞紀子，三好恵子編：給食におけるシステム展開と設備，167，建帛社（2008）を一部抜粋し，改変

**図 10.14　クックチル／クックサーブ併用のユニットケアにおける調理・配食方法の例**

を行うスタイルに変更する施設もみられている。また，施設の改修によりクックチルや真空調理とクックサーブの併用など，計画調理が行われている施設が増加している。**図 10.14** はユニットケアでの調理・配食方法の例である。主厨房からユニットキッチンまでの人の配置と作業内容から，調理員だけでなく介護士が関与する。調理員だけでなく介護士への食事作りと介助，片付けなど，相互の作業と情報の受け渡しなどの調整依頼および研修を実施することが必要である。

　調理配膳システムの変更は，管理栄養士が経営者，施工会社，他職種などと共に連携して作り上げなければ，設備はできても稼働できないということが起きる。給食にかかわる管理栄養士は，調理配食システム設計の主軸として以下の項目を示すことが必要である。

　① 対象者の特性，② コンセプト，③ モデルメニュー，④ 料理の種類や量，料理形式，⑤ 調理システム，⑥ 席数，食数，⑦ サービスコンセプトおよびサービス方法，⑧ モデルメニューの調理手順，⑨ 必要な機器と稼働率，⑩ 動線や運搬経路，⑪ 衛生管理の指標と管理方法

　新しい調理配食システムは，稼働開始から修正を重ねてその施設全員で独自のシステムに練り上げてゆくものである。

### 10.2.9　会計管理

　栄養部門の収入は，施設の根拠法令となる介護保険や医療保険サービスに対する報酬，および入所者からの食費の自己負担額を合算したものである。施設によるが1日1400円程度の基本額に，介護保険による栄養マネジメント加算や経口維持加算などの報酬が上乗せされたものが収入となる。1か月の収入は，1人1日あたりの食費×提供人数×人数である。

　直営で給食部門を運営している場合，食費の費目構成を大きく分けると，

━━ コラム 15　ユニットケアにおける新調理システムを用いた調理・配食例 ━━

主厨房でクックチルや真空調理などの新調理システムを導入している施設の調理から配食の流れを以下に示す。

① 主厨房では，主菜，副菜を作る。人数分にパックやホテルパンに入ったチルドの状態でユニットキッチンに搬送する。副食をトレーセットし，冷温配膳車に載せて搬送している施設もある。

② 各ユニットの介護職員は，パックやホテルパン入りの料理を再加熱する。

③ ご飯や汁物はユニットで作るが，汁物の具は加熱されたものがパックになっていることがある。

④ 介護職員は入所者の顔を見て声をかけながら個人別に指定された盛り付け量や食品の種類を揃えて配膳し，提供する。

食事提供から介助，摂取量確認，片付けが介護士の業務になっている場合では，盛り付けなど提供時の配慮が管理栄養士・栄養士のイメージと異なりやすいので，共有しておくことが必要である。

材料費，人件費，その他の費用に大別できる。材料費原価は，朝食 200 円，昼食 250 円，夕食 250 円，間食 100 円という例もあり，1 人 1 日 650〜850 円程度と，材料費で 45〜50% 程度の幅がみられる。食費からの使用比率では，材料費（Food）と人件費（Labor）コストの比率（F/L コスト）は，60〜70% が望ましい。高齢者施設では，食形態対応で個別に調理を行う，刻む，盛付等を行うなどが多いために，人件費が高くなりやすい。また，給食部門を外部の給食受託会社に委託する施設では，食単価制または管理費制契約などによる委託費を給食受託会社に支払っている。

### 10.2.10　給食を教材とした栄養教育の意義

給食は栄養教育の目的に応じ，体験を積み重ねる教材である。高齢者施設の食事は，食欲をそそり食べやすく適量かつ栄養素バランスを考慮することで，毎日の食事や生活を楽しみに思える意欲を持たせる力となる。また，利用者を介護する家族の食事の理解をうながす教材となる。給食は利用者の栄養補給計画に沿った食事であり，継続的な利用により栄養状態が良くなり，心身の健康までも保持することにつながる。給食だけでなく，食を楽しむきっかけや興味を持てるような食の行事や行事の食事も，食べる意欲を持って生きる意欲を維持するために重要である。

## 10.3　児童福祉施設（児童福祉法）

### 10.3.1　施設の特徴・給食の目的

児童福祉施設とは，児童福祉法（1947（昭和 22）年）に基づいて設置された施設である。児童福祉施設には（児童福祉法第 7 条より），① 助産施設，② 乳児院，③ 母子生活支援施設，④ 保育所，⑤ 幼保連携型認定こども園，⑥ 児童厚生施設，⑦ 児童養護施設，⑧ 障害児入所施設，⑨ 児童発達支援センター，⑩ 児童心理治療施設，⑪ 児童自立支援施設，⑫ 児童家庭支援セン

ターがある（**表 10.12** 参照）．

　児童福祉施設の設備及び運営に関する基準（1948（昭和 23）年）には，児童福祉施設最低基準が定められており，食事の提供を行う際にもこれに準じ

**表 10.12　児童福祉施設の種類と施設の目的および栄養士等配置と条件**

| 児童福祉施設 | | | 施設の目的（児童福祉法より） | | | 児童福祉施設の設備及び運営に関する基準（児童福祉施設最低基準）に基づく栄養士等配置と条件 | |
|---|---|---|---|---|---|---|---|
| ① | 助産院 | 36 条 | 保健上必要があるにもかかわらず，経済的理由により，入院助産を受けることができない妊産婦を入所させて，助産を受けさせる． | 2 章 | 第 1 種助産施設（医療法の病院または診療所） | | |
| | | | | | 第 2 種助産施設（医療法の助産所） | 第 17 条 ＊医療法に規定する職員を置かなければならない． | |
| ② | 乳児院 | 37 条 | 乳児（保健上，安定した生活環境の確保その他の理由により特に必要のある場合には，幼児を含む．）を入院させて，療養する．退院した者の相談や援助を行う． | 3 章 | | 第 21 条　必置　乳児 10 人以上 | |
| ③ | 母子生活支援施設 | 38 条 | 配偶者のない女子又はこれに準ずる事情のある女子及びその者の監護すべき児童を入所させて，保護するとともに自立促進のために生活を支援する．退院した者の相談や援助を行う． | 4 章 | | | |
| ④ | 保育所 | 39 条 | 保育を必要とする乳児・幼児を日々保護者の下から通わせて保育を行う．特に必要があるときは，児童を日々保護者の下から通わせて保育することができる． | 5 章 | | | |
| ⑤ | 幼保連携型こども園 | 39 条の 2 | 義務教育及びその後の教育の基礎を培うものとしての満三歳以上の幼児に対する教育及び保育を必要とする乳児・幼児に対する保育を一体的に行い，これらの乳児又は幼児の健やかな成長が図られるよう適当な環境を与えて，その心身の発達を助長する． | 就学前[1]3 章 | | 第 14 条[1]主幹栄養教諭，栄養教諭を置くことができる． | |
| ⑥ | 児童厚生施設 | 40 条 | 児童遊園，児童館等児童に健全な遊びを与えて，その健康を増進し，又は情操をゆたかにする． | 6 章 | | | |
| ⑦ | 児童養護施設 | 41 条 | 保護者のいない児童（乳児を除くが，必要のある場合は乳児を含む．），虐待されている児童その他環境上養護を要する児童を入所させ，養護する．退所した者の相談，その他自立のための援助を行う． | 7 章 | | 第 42 条　必置　児童 41 人以上 | |
| ⑧ | 障害児入所施設（入所） | 42 条 | 保護，日常生活の指導及び独立自活に必要な知識技術の付与．（主として，知的障害のある児，盲児，ろうあ児，肢体不自由のある児，自閉症児の入所） | 8 章 | 福祉型 | 第 49 条　必置　児童 41 人以上 | |
| | | | 保護，日常生活の指導及び独立自活に必要な知識技術の付与・治療．（主として，肢体不自由のある児，自閉症児，重症心身障害児の入所） | 8 章の 2 | 医療型 | 第 58 条 ＊医療法に規定する病院として必要な職員を置かなければならない． | |
| ⑨ | 児童発達支援センター（通所） | 第 43 条 | 日常生活における基本的動作の指導，独立自活に必要な知識技能の付与又は集団生活への適応のための訓練．（主として，知的障害のある児，難聴児，重症心身障害児の通所） | 8 章の 3 | 福祉型 | 第 63 条　必置　児童 41 人以上 | |
| | | | 日常生活における基本的動作の指導，独立自活に必要な知識技能の付与又は集団生活への適応のための訓練及び治療． | 8 章の 4 | 医療型 | 第 69 条 ＊医療法に規定する診療所として必要な職員を置かなければならない． | |
| ⑩ | 児童心理治療施設 | 43 条の 2 | 家庭環境，学校における交友関係その他の環境上の理由により社会生活への適応が困難となった児童を，短期間，入所させ，又は保護者の下から通わせて，社会生活に適応するために必要な心理に関する治療及び生活指導を主として行う．退所した者について相談その他の援助を行う． | 9 章 | | 第 73 条　必置 | |
| ⑪ | 児童自立支援施設 | 44 条 | 不良行為をなし，又はなすおそれのある児童及び家庭環境その他の環境上の理由により生活指導等を要する児童を入所させ，又は保護者の下から通わせて，個々の児童の状況に応じて必要な指導を行い，その自立を支援する．退所した者について相談その他の援助を行う． | 10 章 | | 第 80 条　必置　児童 41 人以上 | |
| ⑫ | 児童家庭支援センター | 44 条の 2 | 地域の児童の福祉に関する各般の問題につき，児童に関する家庭その他からの相談のうち，専門的な知識及び技術を必要とするものに応じ，必要な助言を行う．市町村の求めに応じ，技術的助言その他必要な援助，指導を行う．児童相談所，児童福祉施設等との連絡調整その他厚生労働省令の定める援助を総合的に行う． | 11 章 | | | |

注 1）幼保連携型認定こども園は，児童福祉施設法に定めるもののほか，就学前の子供に関する教育，保育等の総合的な提供の推進に関する法律に定めるところによる．

て行わなければならない。第11条には，児童福祉施設において，入所している者に食事を提供するときは，その献立は，できる限り，変化に富み，入所している者の健全な発育に必要な栄養量を含有するものでなければならないまた，食事は，食品の種類及び調理方法について栄養並びに入所している者の身体的状況及び嗜好を考慮したものでなければならない，児童の人数にもよるが，調理は，あらかじめ作成された献立に従って行わなければならないこと，さらに，児童の健康な生活の基本としての食を営む力の育成に努めなければならないことが定められている。児童福祉施設で従事する職員（栄養士等の配置）については，児童福祉施設の設備及び運営に関する基準（児童福祉施設最低基準）に規定されている。また，幼保連携型認定こども園の基準については，就学前の子どもに関する教育，保育等の総合的な提供の推進に関する法律（2006（平成18）年）に基づき，幼保連携型認定こども園の学級の編制，職員，設備及び運営に関する基準（2014（平成26）年）に規定されている。児童福祉施設の種類と施設の目的，栄養士等配置規定について，**表10.12** にまとめた。

### 10.3.2　利用者とその特徴

児童福祉施設は，児童福祉法により，満18歳未満の児童を収容する施設とされている。児童福祉法（第4条）では，年齢により児童を，① **乳児**，② **幼児**，③ **少年**\*の3つに分類している。① 乳児，② 幼児，③ 少年の3つに分けている。また，就学前の子どもに関する教育，保育等の総合的な提供の推進に関する法律（第2条）において，「子ども」とは，小学校就学の始期に達するまでの者としている。入所者の条件は施設により異なり，身体的，精神的な問題や家庭的な問題，経済的な問題等を抱え，社会的にハンディのある児童および入院助産を受けることができない妊産婦を対象としている。入所者を取り巻く問題はさまざまであるうえに，特に子どもは発育の個人差が大きいため，一人ひとりに応じた支援が求められる。

### 10.3.3　児童福祉施設における給食と栄養教育の関係

児童福祉施設での給食（食事）は，入所する子どもの健全な発育・発達と，健康の維持・増進を図るなど，子どもの健康状態に与える影響は極めて大きい。さらに，健康面だけではなく，望ましい食習慣の形成や食事マナーの習得，食を通じて豊かな人間性を育成するなど，食教育の効果も期待できる。したがって，給食提供の際には，施設の子どもに見合った食事計画をたてることが大切である。

また，昨今の「食」をめぐる状況を鑑み，2005（平成17）年には食育基本法が制定された。国民が生涯にわたって健全な心身を培い，豊かな人間性をはぐくむ（第1条）ことを目的としている。第4次食育推進基本計画（令和

\*乳児・幼児・少年
① 乳児：満1歳に満たない者
② 幼児：満1歳から，小学校就学の始期に達するまでの者
③ 少年：小学校就学の始期から，満18歳に達するまでの者

3～7年度）では，家庭における食育の推進，学校，保育所等における食育の推進などが示されている。また，重点事項において，子どもたちを取り巻く食の問題として子どもの基本的な生活習慣の形成，貧困等の状況にある子どもに対する食育の推進が挙げられている。児童の心身の健全な育成には，日々提供される食事が重要であり，特に保護者および教育関係者等が果たすべき役割はきわめて大きい。幼少期から望ましい食習慣の形成や知識の習得等ができれば，生活習慣病の予防につながる。したがって，ライフステージ初期から，子どもに対する食事の提供と食育を一体的な取り組みとして確実に実践することが，大切である。

### 10.3.4　栄養・食事管理

#### （1）栄養・食事管理の考え方

　児童福祉施設における栄養・食事管理は，単なる栄養補給だけでなく，子どもの健やかな発育・発達を担うものでなければならない。さらに健康状態や栄養状態の維持・向上，QOL（quality of life：生活の質）の向上を目指し，食事提供や食育を通じて子どもや保護者を，食生活面から支援していくことである。児童福祉施設における食事の提供および栄養管理を実践するにあたっての考え方の例を示すものとして，児童福祉施設における食事の提供ガイド（2010（平成22）年）が発表されている。図10.15に，子どもの健やかな発育・発達を目指した食事・食生活支援の概念図を示す。概念図が目指す考え方は次の通りである。

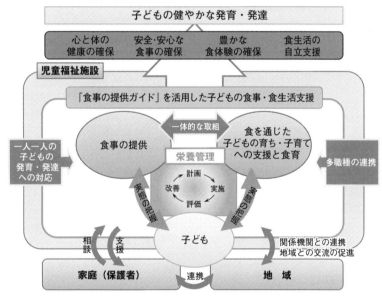

出所）厚生労働省雇用均等・児童家庭局：児童福祉施設における食事の提供ガイド
　　—児童福祉施設における食事の提供及び栄養管理に関する研究会報告書，
　　http://www.mhlw.go.jp/shingi/2010/03/dl/s0331-10a-015.pdf（2015年12月24日）

**図10.15**　子どもの健やかな発育・発達を目指した食事・食生活支援

① 食事の提供と食育を一体的な取組みとして行っていくことが重要である。

② 子どもの発育・発達状況，健康状態，栄養状態，さらに養育環境なども含めた実態の把握を行い，一人ひとりに合わせた対応が必要である。

③ 実態把握の結果を踏まえ，PDCAサイクル（plan：計画—do：実施—check：評価—act：改善）に基づき，栄養管理を実施していく。

④ 管理栄養士・栄養士だけでなく，他職種との連携をはかり進めていく

ことが大切である。

⑤ 家庭からの相談に対する支援と連携を深め，地域や関係機関等との連携や交流の促進を図る。

⑥ 食事の提供にあたっては，「日本人の食事摂取基準」の適切な活用と食育の観点から，食事の内容，衛生管理について配慮する。

### (2) PDCA サイクルを踏まえた食事の提供

児童福祉施設における食事の提供ガイドでは，食事の提供には，子どもの発育・発達状況，健康状態・栄養状態に適していること，摂食機能に適していること，食物の認知・受容，嗜好に配慮していること等が求められると述べている。また，特に食事の計画，提供，そしてその評価と改善を行う際には，PDCA サイクルを踏まえ，**図 10.16** のようなステップで進めることが大切である。前述のとおり PDCA サイクルは，plan（計画）─do（実施）─check（評価）─act（改善）を繰り返しながら，よりよい食事提供を目指していくための循環過程である。do（実施）は，子どもが食事を摂取する行為そのものにあたるため，これを支援する活動全体をさす。管理栄養士・栄養士は，一人ひとりの子どもに応じた食事を提供するため，献立作成や調理作業にとどまることなく，保育士，看護師，児童指導員等の他職種との連携や情報の共有化を強化し，施設全体で子どもを支援するシステムを整えることも重要である。

### 10.3.5 献立の特徴・留意点

### (1) 日本人の食事摂取基準の活用

児童福祉施設では，入所者の健全な成長および健康の維持・増進のために栄養素量を過不足なく提供し，食事摂取量の継続的な把握や，定期的に身体発育状況の確認を行い，改善点をみつけて次の栄養計画に結びつけることが重要である。食事計画の策定および評価を行う際には，日本人の食事摂取基準，厚生労働省通知である「児童福祉施設における食事の提供に関する援助及び指導について」ならびに「児童福祉施設における『食事摂取基準』を活用した食事計画について」等の通知を参考にする。

① **給与栄養目標量の割合**：1 日の食事提供回数とその食事区分（朝食，昼食，夕食，間食・おやつ）を確認し，食事ごとに給与栄養目標量の割合を決定する。身長・体重のデータは，その変化を成長曲線として記録し，個々人の成長の状況に合わせたアセスメントと栄養素等の必要量算出などに用いる。保育所等の通所施設での給食は，1 日のうち 1 食（昼食）＋α（間食・おやつ）を提供する施設が多いが，通常昼食の割合は 1 日の概ね 3 分の 1 の量を目安とし，間食については 1 日全体の 10～20％程度の量を目安とする。なお，近年は延長保育を行う施設が多くなり，補食や夕食の提供等が行われていることか

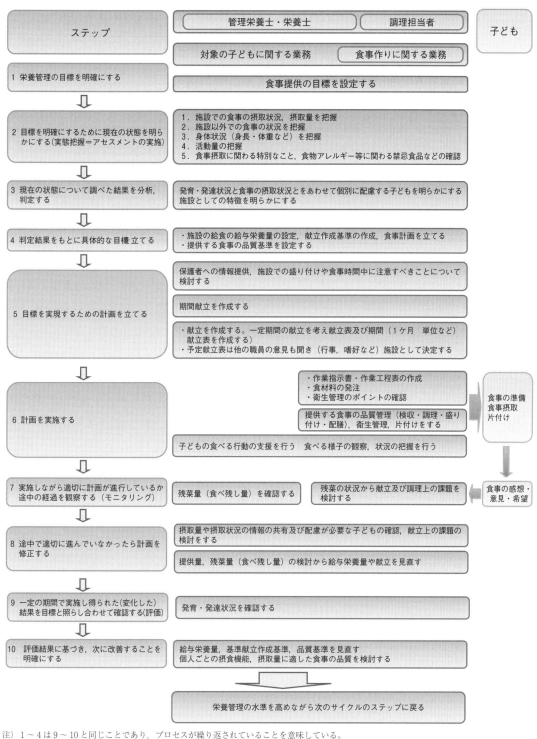

注）1～4は9～10と同じことであり，プロセスが繰り返されていることを意味している。
　　施設の職員の配置状況等により職種間の業務分担等は異なることが考えられるが，一例を示した。
出所）厚生労働省雇用均等・児童家庭局：児童福祉施設における食事の提供ガイド─児童福祉施設における食事の提供及び
　　栄養管理に関する研究会報告書．http://www.mhlw.go.jp/shingi/2010/03/dl/s0331-10a-015.pdf（2015年12月24日）

**図10.16**　児童福祉施設における栄養・調理担当者によるPDCAサイクルを踏まえた食事提供の進め方（例）

ら，保育所等における給与栄養目標量は，これまでの1日の食事からのエネルギー割合（50％または45％）にこだわることなく，地域特性や各施設の特徴を十分に勘案した上で設定する。また，子どもの食べ方，摂取量，健康・栄養状態を観察しながら食事提供・改善を行うことが重要である。

② **栄養素の基準**　エネルギー産生栄養素バランスは，たんぱく質13〜20％未満，脂質20〜30％未満，炭水化物50〜65％未満の範囲内を目安とする。その他の栄養素は，子どもの健康状態及び栄養状態に特に問題がないと判断される場合であっても，ビタミンA，$B_1$，$B_2$，C，カルシウム，鉄，ナトリウム（食塩），カリウム及び食物繊維について考慮するのが望ましい。

### (2)　ライフステージ別の食事および食物アレルギー対応に関する留意点

*1 乳児期　出生から満1歳までの間の時期。

① **乳児期の食事：乳児期**[*1]は，最も心身の発達がさかんで，乳汁を主な栄養源とした乳汁期を経て，次第に乳汁主体の栄養から他の食物が加わる離乳食へ移行する時期である。授乳および離乳食については，厚生労働省より「授乳・離乳の支援ガイド（2019年改訂版）」が発表されている。授乳は，個別対応が大切であり，個々の状態に応じて授乳の時間，回数，量などの配慮が必要である。また，授乳時に声かけを行うなどのスキンシップをとることも

*2 離乳　離乳は，生後5，6ヵ月頃から開始し，12〜18ヵ月頃で完了する。

望まれる。**離乳**[*2]は，単に月齢や目安量にこだわるのではなく，子どもの成長・発育状況や日々の様子をみながら離乳食の内容（食品の種類，形態，量）を個々に合わせて無理なく進める。成長の目安は，成長曲線のグラフに体重や身長を記入して，成長曲線のカーブに沿っているか確認する。

*3 幼児期　満1歳から小学校入学までの時期。

② **幼児期の食事：幼児期**[*3]は，生涯にわたる食生活を決定づける重要な時期であり，偏食のない規則正しい食事の習慣を身につけることが大切である。幼児期は身体が小さい割に多くの栄養量を必要とするが，消化機能や咀嚼力の発達がまだ不十分のため，1日3回の食事では必要なエネルギーや栄養素量を満たすことが難しい。そのため，間食（おやつ）で栄養素を補う。

③ **保育所給食**：保育所での食事は，① 乳汁栄養，② 離乳食，③ 1〜2歳児食，④ 3〜5歳食の4つに分けられる。**表10.13**，**10.14**に1〜2歳児および3〜5歳児の給与栄養目標量の例を示す。

*4 学童期　小学校で学ぶ学齢（6〜11歳児）。

④ **学童期の食事：学童期**[*4]は，来るべき第2次発育急進期である思春期スパートに備えるための重要な時期である。しかし，この時期は食生活の障害を来しやすい時期でもあり，肥満ややせ，朝食欠食の増加，運動不足による身体活動量の減少等の健康課題に対する支援も重要である。

⑤ **思春期の食事**：思春期は，急速な成長をみせる第二次性徴の発現がみられ，心身面の成長に伴って，精神的な不安や動揺が起こりやすい時期である。自分の身体の成長や体調の変化について理解し，食生活や生活習慣を自己管理できるように自立に向けた支援をしていくことが大切である。

**表 10.13　1～2歳児（男子）の給与栄養目標量(例)**

| | | エネルギー(kcal) | たんぱく質(g) | 脂質(g) | 炭水化物(g) | 食物繊維(g) | ビタミンA(μgRAE) | ビタミンB₁(mg) | ビタミンB₂(mg) | ビタミンC(mg) | カルシウム(mg) | 鉄(mg) | 食塩相当量(g) |
|---|---|---|---|---|---|---|---|---|---|---|---|---|---|
| | エネルギー産生栄養素の適正割合 | | 13%以上20%未満 | 20%以上30%未満 | 50%以上65%未満 | | | | | | | | |
| A | 食事摂取基準（1日当たり） | 950 | 31～48 | 22～32 | 119～155 | 7 | 400 | 0.5 | 0.6 | 40 | 450 | 4.5 | 3.0 |
| B | 昼食＋おやつの比率[1] | 50% | 50% | 50% | 50% | 50% | 50% | 50% | 50% | 50% | 50% | 50% | 50% |
| C | 1日（昼食）の給与栄養目標量（A × B/100） | 475 | 16～24 | 11～16 | 60～78 | 3.5 | 200 | 0.25 | 0.30 | 20 | 225 | 2.3 | 1.5 |
| | 保育所における給与栄養目標量（Cを丸めた値） | 480 | 20 | 14 | 70 | 4 | 200 | 0.25 | 0.30 | 20 | 225 | 2.3 | 1.5 |

注1）昼食および午前・午後のおやつで1日の給与栄養量の50%を供給することを前提とした。
出所）日本人の食事摂取基準（2020年版）の実践・運用　特定給食施設等における栄養・食事管理より，一部改編

**表 10.14　3～5歳児（男子）の給与栄養目標量(例)**

| | | エネルギー(kcal) | たんぱく質(g) | 脂質(g) | 炭水化物(g) | 食物繊維(g) | ビタミンA(μgRAE) | ビタミンB₁(mg) | ビタミンB₂(mg) | ビタミンC(mg) | カルシウム(mg) | 鉄(mg) | 食塩相当量(g) |
|---|---|---|---|---|---|---|---|---|---|---|---|---|---|
| | エネルギー産生栄養素の適正割合 | | 13%以上20%未満 | 20%以上30%未満 | 50%以上65%未満 | | | | | | | | |
| A | 食事摂取基準（1日当たり） | 1300 | 43～65 | 29～44 | 163～212 | 8 | 500 | 0.7 | 0.8 | 50 | 600 | 5.5 | 3.5 |
| B | 昼食＋おやつの比率[1] | 45% | 45% | 45% | 45% | 45% | 45% | 45% | 45% | 45% | 45% | 45% | 45% |
| C | 1日（昼食）の給与栄養目標量（A × B/100） | 585 | 20～29 | 13～20 | 74～96 | 3.6 | 225 | 0.32 | 0.36 | 23 | 270 | 2.5 | 1.5 |
| D | 家庭から持参する米飯110gの栄養量[2] | 185 | 4 | 0 | 40 | 0.3 | 0 | 0.02 | 0.01 | 0 | 3 | 0.1 | 0.0 |
| E | 副食とおやつの給与栄養目標量（C－D） | 400 | 16～25 | 13～20 | 34～56 | 3.3 | 225 | 0.30 | 0.35 | 23 | 267 | 2.4 | 1.5 |
| | 保育所における給与栄養目標量（Eを丸めた値） | 400 | 22 | 17 | 45 | 4 | 225 | 0.30 | 0.35 | 23 | 267 | 2.4 | 1.5 |

注1）昼食（主食は家庭より持参）および午前・午後のおやつで1日の給与栄養量の45%を供給することを前提とした。
　2）家庭から持参する主食量は，主食調査結果（過去5年間の平均105g）から110gとした。
出所）日本人の食事摂取基準（2020年版）の実践・運用　特定給食施設等における栄養・食事管理より，一部改編

---

**コラム 16　食物アレルギー**

　保育所における食物アレルギー有病率は4.9%であり，年齢別では，0歳7.7%，1歳9.2%，2歳6.5%，3歳4.7%，4歳3.5%，5歳2.5%と報告されている。食物アレルギーの10%がアナフィラキシーショックを引き起こす危険性があり，乳幼児の生命を守る観点からも慎重な対応が必要である。食物アレルギーの対応は，「原因となる食物を摂取しないこと」が基本である。原因食品は多岐にわたるが，保育所で除去されている食物は，鶏卵が約50%と最も多く，次いで牛乳20%，小麦7%，大豆とナッツ類が各5%となっている。まず原因食品そのものを献立から除き，次に加工食品等に含まれていないか確認して二次的に除去する。さらに除去した食品の代替食品を検討する（**表 10.15**）。

（参考）厚生労働省：保育所におけるアレルギー対応ガイドライン，http://www.mhlw.go.jp/bunya/kodomo/pdf/hoiku03.pdf

**表 10.15　市販されている食物アレルギーの代替食品**

| 主食として使える食品 | 粉類(小麦粉の代わりに) | 調味料・油脂 |
|---|---|---|
| うつりひえ，うりちきび | サクサク粉，タピオカ粉，はと麦粉 | 米しょうゆ，麦しょうゆ，ひえしょうゆ，あわしょうゆ， |
| ホワイトソルガム | キアヌ粉，アマランサス粉 | きびしょうゆ，魚しょうゆ，キアヌしょうゆ，ダイズノンしょうゆ |
| きび・あわ・キアヌ | かぼちゃ粉，さつまいも粉 | 米みそ，麦みそ，ひえみそ，あわみそ，きびみそ |
| ケアライス | わらび粉，キャロブパウダー[2] | しそ油，なたね油，オリーブ油，コーン油，ごま油， |
| キアヌスパゲッティ，キアヌパスタ | 上新粉，吉野くず | グレープシードオイル，紅花油，つばき油， |
| ひえめん，きびめん，あわめん | **副食として使える食品** | なたねマーガリン，A1ソフトマーガリン |
| Aカットパン[1] | 野菜カレー，ミートソース | てんさい糖，グラニュー糖，メープルシュガー， |
| ホワイトソルガム麺 | コーンスープ，メルルーサ | ビートオリゴ，黒砂糖 |
| **ミルク** | ふりかけ，芽ひじき | 純りんご酢，米酢 |
| アレルギー用ミルク，ココナッツミルク，豆乳 | ルーミートミンチ，ルーミートダイズ | 自然塩 |

注1）米・A1マーガリンを含む。主要たんぱくのアルブミン，グロブリン95%カット。
　2）キャロブ（いなご豆）のさやの粉。
出所）石田裕美，村山伸子，由田克士：特定給食施設における栄養管理の高度化ガイド・事例集，93，第一出版（2007）より改編

⑥ **食物アレルギーのある子どもの食事**：厚生労働省より，保育所における
アレルギー対応ガイドライン（2019 年改訂版）が発表されている。安易な食
事制限や食品の除去をせず，医師の診断および指示に基づき食事を提供する
ことが大切である。卵，牛乳，大豆などのたんぱく質性食品や，小麦，米等
の炭水化物を除去する場合には，身体発育に必要な栄養素が不足しないよう
に，栄養バランスを調整する。除去食を提供する際は，調理時の混入や交差
汚染，食事の誤食などの事故を防止するため，施設内で指針を定めておき，
緊急連絡先や対処法などについても保護者と確認しておくことが重要である。
また，食品の除去や代替え食の対応が困難な場合には，家庭からの協力を得る。

### 10.3.6　調理システム

施設で提供される食事は，品質管理と衛生管理が徹底された安全なもので
なくてはならない。品質管理の目的は，提供する食事の品質を向上させるこ
とであり，提供する食事の量と質について献立表を作成し（設計品質），そ
の献立表どおりに調理および提供が行われたか評価を行うこと（適合品質）
である。また，保育所給食では献立作成業務を委託することが可能である。

衛生管理面においては，集団給食施設における食中毒を予防するために
HACCP（hazard analysis and critical control points）の概念に基づき，1997（平
成 9）年に大量調理施設衛生管理マニュアルが作成された。このマニュアルは，
同一メニューを 1 回 300 食以上または 1 日 750 食以上を提供する調理施設に
適用されるものである。乳幼児を中心とした子どもは，いったん食中毒に罹
ると重症化しやすいため，児童福祉施設のような小規模な施設においても可
能な限りこのマニュアルに基づく衛生管理を行い，食中毒を予防することが
望ましい。また，児童福祉施設の設備及び運営に関する基準（第 32 条の 2）
に規定される各要件（栄養士による栄養指導体制やアレルギー，アトピー等の配
慮等）を満たす保育所および幼保連携型認定こども園において，満 3 歳以上
の児童に対する食事の調理を施設外で行い，搬入（外部搬入）することが可
能であるが，調理業務を委託した場合でも，施設の業務として毎回検食を行
い，食事の安全を確認する。

### 10.3.7　会計管理（給食の費用，材料費等）

児童福祉法（第 2 条）には，「国及び地方公共団体は，児童の保護者と共に，
児童を心身共に健やかに育成する責任を負う」と記されている。施設の運営
費用については，児童福祉法を元に細かな規定が設けられており，主として
国庫，都道府県，市町村による負担金からなる。一部は，本人またはその扶
養義務者から家計に与える影響を考慮して負担能力に応じた額を徴収する。
2019 年（令和元年）10 月より，幼児教育・保育の無償化が始まり，幼稚園，
保育所，認定こども園などを利用する 3 〜 5 児クラスの子ども，住民税非課

┌─────────────────────────────────────────────────────────────┐
　　　　　　　　　　　　　　 コラム 17　　小さいジャガイモは，食べるな！

　　クッキング保育や調理実習は，子どもにとって楽しみなイベントのひとつであろう。しかし，食育体験
の一環として園内で栽培したジャガイモを喫食したことによるソラニン類食中毒がたびたび発生している。
ソラニン類食中毒を防止するために，次のような点に留意が必要である。
・家庭菜園等で栽培された未成熟で小さいジャガイモは，全体にソラニン類が多く含まれていることもあ
　るため喫食しないこと（栽培する際には，ジャガイモが地面から外に出ないよう，土寄せをし，収穫す
　る際には，十分に熟して大きくなったジャガイモを収穫する）。
・ジャガイモの芽や日光に当たって緑化した部分は，ソラニン類が多く含まれるため，これらの部分を十
　分に取り除き，調理を行うこと。
・ジャガイモは，日光が当たる場所を避け，冷暗所に保管すること。
　（ジャガイモ中のソラニン類とは，主にソラニンとチャコニンであり，天然毒素の一種で，ジャガイモの
　芽や緑色になった部分に多く含まれる。ソラニンやチャコニンを多く含むジャガイモを食べると，食後8
　〜12時間で吐き気や下痢，嘔吐，腹痛，頭痛，めまいなどの症状が出ることがある。）
（参考）厚生労働省雇用均等・児童家庭局：児童福祉施設における食事の提供ガイド―児童福祉施設における食事の提供及び栄養管理に関
　　　　する研究会報告書―，http://www.mhlw.go.jp/shingi/2010/03/dl/s0331-10a-015.pdf
└─────────────────────────────────────────────────────────────┘

税世帯の0〜2歳児クラスまでの子どもの利用料が無料になった。しかし，
給食に要する材料費（主食費，副食費）については，在宅で子育てをする場
合でも生じる費用であることから，保護者が負担することが原則となる。障
害児の発達支援においても，利用料以外の費用（医療費，食材料費等）は保
護者負担となる。また，障害をもつ児に対しては，個別の障害児の健康・栄
養健康状態に着目した栄養ケア・マネジメントの実施を栄養マネジメント加
算として評価する。さらに，食べる喜びや話す楽しみ等の生活の質の向上を
図るため，口腔機能の維持，向上が重要であり，口腔衛生管理体制加算およ
び口腔衛生管理加算として評価する。

## 10.4　障害者支援施設（障害者総合支援法；旧 障害者自立支援法）

　障害者に関する施策は，2003（平成15）年からノーマライゼーションの理
念に基づいて導入された支援費制度の施行によって，従来の措置制度から大
きく転換した。2006（平成18）年から施行されていた「障害者自立支援法」は，
それまでの課題を解消するために，2013（平成25）年から「障害者の日常
生活及び社会生活を総合的に支援するための法律（略して障害者総合支援法）」
へ移行された。これは，地域社会における共生の実現に向けて新たな障害保
健福祉施策を講ずるための関係法律の整備に関する法律ということで閣議決
定され，障害者の定義に難病等を追加し，2014年から，重度訪問介護の対
象者の拡大，ケアホームのグループホームへの一元化などが実施されている
ものである。

### 10.4.1　施設の特徴

　障害者支援施設とは，障害者総合支援法第1章第5条11により「障害者につき，施設入所支援を行うとともに，施設入所支援以外の施設障害福祉サービスを行う施設」と規定されている施設である。要約すると，障害のある人に対して，主として夜間に入浴，排せつ，食事等の介護などの支援を行うとともに，日中にも生活介護，自立訓練，就労移行支援などの障害福祉サービスを提供する施設のことをいう。

　障害福祉サービスは，介護の支援を受ける場合には「介護給付」，訓練等の支援を受ける場合には「訓練等給付」に位置付けられる（**表10.16**）。

　経営方針は施設ごとに設定されるが，多くの施設が利用者の人権を擁護・尊重することを基本に，良質なサービスを効率よく提供することを掲げている。

　各施設で提供される給食は，利用者（入所者や通所利用者等）の健康の維

**表10.16**　障害福祉サービス等の体系（介護給付・訓練等給付）

| | | | サービス内容 |
|---|---|---|---|
| 訪問系 | 介護給付 | 居宅介護 | 自宅で入浴・排せつ・食事の介護等を行う |
| | | 重度訪問介護 | 重度の肢体不自由者又は重度の知的障害者もしくは精神障害により行動上著しい困難を有するものであって常に介護を必要とする人に，自宅で入浴，排泄，食事の介護，外出時における移動支援，入院時の支援等を総合的に行う（日常生活に生じる様々な介護の事態に対応するための見守り等の支援を含む。） |
| | | 同行援護 | 視覚障害により，移動に著しい困難を有する人が外出する時，必要な情報提供や介護を行う |
| | | 行動援護 | 自己判断能力が制限されている人が行動するときに，危険を回避するために必要な支援，外出支援を行う |
| | | 重度障害者等包括支援 | 介護の必要性がとても高い人に，居宅介護等複数のサービスを包括的に行う |
| 日中活動系 | | 短期入所 | 自宅で介護する人が病気の場合などに，短期間，夜間も含めた施設で，入浴，排せつ，食事の介護等を行う |
| | | 療養介護 | 医療と常時介護を必要とする人に，医療機関で機能訓練，療養上の管理，看護，介護及び日常生活の世話を行う |
| | | 生活介護 | 常に介護を必要とする人に，昼間，入浴，排せつ，食事の介護等を行うとともに，創作的活動又は生産活動の機会を提供する |
| 施設系 | | 施設入所支援 | 施設に入所する人に，夜間や休日，入浴，排せつ，食事の介護等を行う |
| 居住支援系 | | 自立生活援助 | 一人暮らしに必要な理解力・生活力等を補うため，定期的な居宅訪問や随時の対応により日常生活における課題を把握し，必要な支援を行う |
| | | 共同生活援助 | 夜間や休日，共同生活を行う住居で，相談，入浴，排せつ，食事の介護，日常生活上の援助を行う |
| 訓練系・就労系 | 訓練等給付 | 自立訓練（機能訓練） | 自立した日常生活又は社会生活ができるよう，一定期間，身体機能の維持，向上のために必要な訓練を行う |
| | | 自立訓練（生活訓練） | 自立した日常生活又は社会生活ができるよう，一定期間，生活能力の維持，向上のために必要な支援，訓練を行う |
| | | 就労移行支援 | 一般企業等への就労を希望する人に，一定期間，就労に必要な知識及び能力の向上のために必要な訓練を行う |
| | | 就労継続支援（A型） | 一般企業等での就労が困難な人に，雇用して就労の機会を提供するとともに，能力等の向上のために必要な訓練を行う |
| | | 就労継続支援（B型） | 一般企業等での就労が困難な人に，就労する機会を提供するとともに，能力等の向上のために必要な訓練を行う |
| | | 就労定着支援 | 一般就労に移行した人に，就労に伴う生活面の課題に対応するための支援を行う |

出所）厚生労働省ホームページ

持・増進に必要な栄養を供給するだけでなく，楽しい食事による情緒の安定，望ましい食習慣の習得および栄養・衛生の知識の向上等，利用者の健康管理および生活指導において意義を有するものであることが求められる。摂食行為に困難を伴うことが多い障害者福祉施設においては，栄養の不足，おいしく食べることができない，誤嚥や窒息などの危険に晒されるため，医療機関とも連携をとりながら，食事の形態や栄養教育の在り方を見直し，「おいしく，楽しく，安全な」給食を実現していく必要がある。また，常食から流動食までのどの食種においても，行事食を取り入れることや配膳などの工夫により，給食をひとつのイベントとして提供することも，給食を有意義にするための大切な要素である。

### 10.4.2　利用者とその特徴

障害者支援施設に入所または通所しているのは，身体障害者，知的障害者，精神障害者（発達障害を含む），政令で定める難病等により障害がある 18 歳以上の者である。18 歳未満の障害児については，児童福祉法に基づく障害児入所施設等が該当する。障害者支援施設における給食利用者は何らかの障害を有していることが，大きな特徴である。その障害の特性や程度は個人によって異なり，個別対応を必要とする場合が多い。

特に疾病を抱えておらず，特別な食事指導や食事療法，食事制限のない者もいるが，身体特性や生活環境は健常者とは異なることに留意する必要がある。

利用者が何を望んでいるのかニーズ調査を行い，利用者の障害の程度はどのくらいか分析し，どのような食形態であれば食事がスムーズにできるのかを理解し，適切な対応をすることが求められる。食事に関しては，健常者が使用する食器では使いにくい場合が多いため，介護用の使いやすい箸，スプーン，フォーク，各種の器などを利用して，ストレスを軽減させることが大切である（**図 10.17**）。また，摂食・嚥下障害がみられる場合もあるため，誤嚥等に配慮する必要がある。

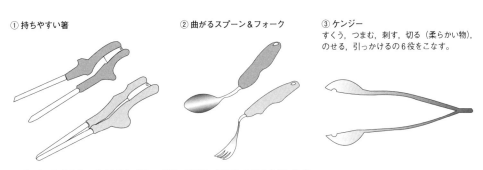

① 持ちやすい箸　　② 曲がるスプーン＆フォーク　　③ ケンジー
すくう，つまむ，刺す，切る（柔らかい物），のせる，引っかけるの6役をこなす。

出所）大田仁史監修：完全図解　新しい介護，講談社（2003）などを参考に作成

**図 10.17　使いやすい食具の例**

### 10.4.3 栄養・食事管理

障害者は，健常者とは身体特性や生活環境が異なるため，「健康な個人または集団」を対象にしている「日本人の食事摂取基準」を，そのまま適用することはできない。このため，障害者個々人の栄養アセスメントおよび継続的な経過をみながら，障害者個々人の状況に応じたエネルギーや栄養素を設定する必要がある。しかし，障害者のエネルギー，栄養素の適切な摂取量については，具体的な数値を示す根拠は不十分であるため，障害者施設においても食事摂取基準を活用して栄養計画が立てられているのが現状である。そこから，少しでも障害者個々人の状況に対応したエネルギーや栄養素を設定する必要がある。また，個人の障害状況に合わせた食事の形態を検討することも重要となる。

障害者には自分で食事ができない人も多く，その食事内容や量も適切かどうか，その判断も難しいのが実状である。このためにも障害内容・程度に応じたエネルギーや栄養素の適正量の実践データの集積が必要である。

また，知的障害者施設においては，比較的軽度ではあるものの貧血の頻度が高く，その貧血は一般的な鉄欠乏性貧血とは異なり，90％以上は溶血性貧血や再生不良性貧血であることや，男性の方が女性より多いこともわかっている。このような貧血においては，BMIの低値，服薬などの影響，口腔内不衛生からの歯周疾患による慢性炎症の可能性が考えられることから，これらに注意を払う必要がある。

**表 10.17** 経営主体の区分

| | |
|---|---|
| 公営 | 国 |
| | 都道府県 |
| | 指定都市 |
| | 中核市 |
| | その他の市・町村 |
| | 一部事務組合・広域連合 |
| 私営 | 社会福祉事業団 |
| | 社会福祉事業団以外の社会福祉法人 |
| | 日本赤十字社 |
| | 医療法人 |
| | 学校法人 |
| | 宗教法人 |
| | 公益法人である社団 |
| | 公益法人である財団 |
| | 特定非営利活動法人（NPO） |
| | 営利法人（株式・合名・合資・合同会社） |
| | その他の法人 |
| | 個人 |
| | その他 |

また，栄養ケア計画等に基づき，利用者の身体状況や栄養状態のほか，摂食機能状況や生活状況を把握し，栄養アセスメントを踏まえた食事提供が必要となる。常に喫食状況を把握し，栄養状態を体重変化や血液生化学データなどから確認して，評価し，必要に応じて改善しなければならない。

### 10.4.4 生産管理

通常の生産管理システムで対応できるが，施設によっては，調理後の加工（一口の大きさにカット，とろみをつける等）の作業が加わることが，健常者対象の施設と異なる点といえる。このため，調理後の加工時間と給食提供時間を考慮して，料理のできあがり時間を設定し，加工作業中の温度変化に留意する必要がある。健常者の施設と異なり，調理後の加工が必要であることを考慮すると，細菌増殖の温度帯を避け，誤嚥とともに食中毒を防ぐためにも，食事の温度管理のできる機器（温・冷配膳車等）が必要となる場合もある。

また，HACCP に基づく衛生管理や，**摂食・嚥下障害**等に

対応するため，食材の温度時間管理（TT 管理）ができる機器（スチームコンベクション，ブラストチラー等）の導入・活用が勧められる。

#### 10.4.5　献立の特徴

障害内容・程度はさまざまであり，同じ体格であっても必要なエネルギーや栄養素量には違いがある。さらに，障害者の適正体重や，身体活動レベル，障害の程度に応じた適切なエネルギー量および栄養素摂取量の根拠が不十分であることから，食事摂取基準を参考に障害者の性，年齢，身長・体重，身体活動レベルをもとに提供すべきエネルギーおよび栄養素量を設定している。常食の場合は，硬すぎるものは避ける傾向とした上で，健常者と類似の献立を用いることもできる。

たとえば利用者の手がうまく動かない場合，食べにくいことが原因で食事をあまり食べようとせず，摂取栄養量の不足につながったり，食べやすいものだけを食べるなど摂取栄養の偏りがみられたりすることも考えられる。最近では介護用の食器を利用したり，主食や主菜を手で食べられる形（おにぎりなど）にしたりする工夫が求められる。

また，発達障害や知的障害，加齢などのため，咀嚼，摂食・嚥下機能に障害がみられる場合には，一口で摂取できる大きさにカットしたり，**とろみ剤**などを利用したりする食形態（**嚥下食**）が必要となる。刻み食やミキサー食などの利用では，その特性を理解し，歯にはさまったり舌に残ったりするということを考慮することが大切である。咀嚼・食塊形成・嚥下機能のどこに問題があるかを踏まえて，細かくするより，やわらかく，飲み込みやすく調理することや，とろみをつけることを実施しながら対応する。また，水分はむせやすいため，脱水症状にも気をつける。水，お茶，スポーツドリンクなどにゼラチン等でとろみをつけることにより，飲み込みやすくなり，脱水が改善できることもある。

また，栄養アセスメントを踏まえた食事提供も大切であるが，食事に対するモチベーションを下げないために，個別の嗜好に配慮することが求められる。

#### 10.4.6　施設・設備における条件等

施設の構造設備については，障害者の日常生活及び社会生活を総合的に支援するための法律に基づく障害者支援施設の設備及び運営に関する基準の第2章第4条に示されている。利用者の特定に応じて工夫され，かつ，日照，採光，換気等，利用者の保健衛生に関する事項や防災について考慮される必要がある。

給食に関する設備に関しては，食堂について考慮することが求められる。肢体不自由等の場合，テーブルや椅子の高さ次第で，食べにくくなったり食べやすくなったりすることもあり，摂食率に影響がでることも考えられる。

食べ物を上手に飲み込むための姿勢（安定した座位姿勢）がとれるように，テーブルは高すぎないこと，椅子は背もたれがあって安心できること，かかとが床にしっかりつく高さであること等を考慮することで，食事がしやすくなる可能性は高くなる。

また，箸を使うには指先の細かい動きが必要とされるため，ストレスとなることもある。最近では市販品で，使いやすい箸，スプーン，フォーク，各種の器などがあるため，個人に合ったこれらの食具や食器を利用してストレスを軽減させることも大切である（図 10.17）。

### 10.4.7　会計管理

障害者福祉施設における給食に関する収入は，利用者との契約に基づき，1 食ごとに支払われる「**食費収入**」や**栄養マネジメント加算**や**療養食加算**などの「**障害福祉サービス報酬**」からなる。障害福祉サービスを提供する医療機関では，利用者から食事代として 1 食ごとに支払われる「標準負担額（定額）」と入院時食事療養費や栄養管理実施加算などの「**診療報酬**」からなる。

### 10.4.8　給食と栄養教育の関係

食べるということは人生の大きな楽しみのひとつであり，給食の場は，利用者同士，あるいは，利用者と施設関係者とのコミュニケーションを図る場でもある。利用者個々人の主体性を大切にすることで，自ら食べようとする意欲が引き出され，食事を楽しむことができる。また，食べることや給食の時間が苦痛にならないように，食べやすく満足できる食事内容の工夫や，関わり方が求められる。さらに，栄養教育は，利用者とのコミュニケーションの上に成り立つという意識をもち，共に食事を楽しむ姿勢ももつことや，生きた教材として給食を用いることも大切となる。

健康の維持・増進を図るためには，良好な栄養状態を確保し，安全に食事ができることが重要である。低栄養や脱水を予防し，便秘の改善，誤嚥や窒息に留意した食事内容の改善と，利用者個々人への細かな対応が必要となる。

利用者の健康の維持・増進を図るためには，食事，運動，休養の調和のとれた生活習慣を身につける必要がある。摂食機能に留意し，栄養状態が改善すれば，体力の向上のみならず，生活リズムが整い，感覚が磨かれ，情緒が安定することにもつながる。このことを踏まえて，おいしく安全な給食を実施し，栄養教育を行うためには，健康状態を明確に訴えることが難しい障害者に対しては，特に観察力が必要である。摂食・嚥下に関する専門的な知識と理解，高度な技術を身につけ，利用者一人ひとりの課題を見つけて実践し，常に振り返りながら栄養教育を進めていく姿勢が求められる。利用者に直接栄養教育を実践する場合には，特にわかりやすい言葉選びや明快かつゆっくりした話し方などが大切である。

障害者支援施設は，管理栄養士配置施設の指定基準において二号施設とされるため，継続的に1回500食以上または1日1,500食以上の食事を提供する施設でなければ，管理栄養士の必置義務はない。栄養士に関しても必置義務，努力目標などが定められていないのが現状である。障害者総合支援法に基づく障害者支援施設の設備及び運営に関する基準第29条5には，「障害者支援施設に栄養士を置かないときは，献立の内容，栄養価の算定及び調理の方法について保健所等の指導を受けるよう努めなければならない。」とされている。しかし，上記のように，給食と栄養教育の関係は深く，対象が障害者であることから，食の知識を有する専門職として栄養士が配置されることが望ましいと考えられる。

## 10.5　学校（学校給食法）

### 10.5.1　給食の意義

1954（昭和29）年に**学校給食法**[*1]（school lunch program act）（昭和29年6月3日法律第160号，最終改正：平成27年6月24日法律第46号）が制定されて以来，**学校給食**[*2] は教育の一環として実施されるようになった。

2009（平成21）年に改正された学校給食法では，第1条において，「学校給食が児童及び生徒の心身の健全な発達に資するものであり，かつ，児童及び生徒の食に関する正しい理解と適切な判断力を養う上で重要な役割を果たすものであることにかんがみ，学校給食及び学校給食を活用した食に関する指導の実施に関し必要な事項を定め，もって学校給食の普及充実及び学校における**食育**[*3] の推進を図ること」を目的としている。そして第2条では，義務教育諸学校において教育の目的を実現するために，以下の7つの目標が示されている。

① 適切な栄養の摂取による健康の保持増進を図ること。
② 日常生活における食事について正しい理解を深め，健全な食生活を営むことができる判断力を培い，及び望ましい食習慣を養うこと。
③ 学校生活を豊かにし，明るい社交性及び協同の精神を養うこと。
④ 食生活が自然の恩恵の上に成り立つものであることについての理解を深め，生命及び自然を尊重する精神並びに環境の保全に寄与する態度を養うこと。
⑤ 食生活が食にかかわる人々の様々な活動に支えられていることについての理解を深め，勤労を重んずる態度を養うこと。
⑥ 我が国や各地域の優れた伝統的な食文化についての理解を深めること。
⑦ 食料の生産，流通及び消費について，正しい理解に導くこと。

[*1] 学校給食法　1954年に制定され以降数回の改訂がされていたが，2009年4月施行の現行法では学校給食の目標などの見直しなど大きな改訂が行われた。学校給食の目的が食育の推進を重視したものになったことをはじめ，学校給食の実施基準や衛生管理基準，栄養教諭の役割などが条文に盛り込まれた。

[*2] 学校給食　学校給食法等の法律に基づいて，小学校・中学校の児童生徒，特別支援学校の幼稚部及び高等部の児童生徒，夜間課程を置く高等学校の生徒を対象に実施される給食のことをいう。学校教育の一環として栄養管理を実施するプロセスにおいて，食事を提供することおよび提供する食事を指す。

[*3] 食育　食育とは，食に関する知識や食を選択する能力を習得し，健全な食生活を実践することができる人間を育てることである。

＊1 特別支援学校の幼稚部及び高等部における学校給食に関する法律　特別支援学校の幼稚部及び高等部で学ぶ幼児，生徒の心身の健全な発達や国民の食生活の改善を図ることを目的として，学校給食の実施に関する事項を定めた法律。

＊2 夜間課程を置く高等学校における学校給食に関する法律　働きながら高等学校の夜間課程において学ぶ生徒の健康保持増進に資するため，適正な夜間学校給食の普及充実を目的とする法律。

＊3 朝食の欠食率　平成22年度児童生徒の食生活実態調査（日本スポーツ振興センター）において，朝食を「必ず毎日食べる」と回答した児童生徒は，小学校全体では90.5％，中学校全体では86.6％となっており，朝食の欠食率は男子において増加している。

＊4 アナフィラキシー　特定の起因物質により生じた全身性のアレルギー反応をアナフィラキシーという。重症になると血圧低下を伴うアナフィラキシーショックという危険な状態になり，死に至ることがあるため，学校給食においても危機管理が重要となる。

この他に学校給食にかかわる法律としては，「**特別支援学校の幼稚部及び高等部における学校給食に関する法律**＊1（昭和32年5月20日法律第118号，最終改正：平成20年6月18日法律第73号）」や「**夜間課程を置く高等学校における学校給食に関する法律**＊2（昭和31年6月20日法律第157号，最終改正：平成20年6月18日法律第73号）」において，義務教育諸学校以外の児童・生徒の給食についての規定をしている。

学校給食における栄養教諭および**学校栄養職員**の配置数については，「公立義務教育諸学校の学級編制及び教職員定数の標準に関する法律（昭和33年5月1日法律第116号，最終改正：令和3年3月31日法律第14号）」において規定されている（**表10.25**）。

また，「**学校給食衛生管理基準**」では学校給食の調理過程における衛生管理の徹底を図るための重要事項が示されている。

### 10.5.2　対象者の特徴（ニーズ・ウォンツ）

現代は飽食の時代だといわれ始めてから久しい。子どもたちの周囲には食物があふれ，いつでも簡単に食べ物が手に入る環境で生活している。一方で，家庭生活のあり方も多様化し，家族の生活時間にずれが生じて，家族の団らんは減少し，一人で食事を食べる孤食，それぞれが違った食事を食べる個食などがみられるようになった。さらに，**朝食の欠食**＊3，偏った食事内容，生活習慣の乱れに伴う不規則な食事時間などが，子どもたちの心身の発達に影響を与えていると指摘され，近年では生活習慣病は成人だけの問題ではなく，子どもたちにとっても大きな問題であると認識されている。このような社会的背景のなか，学校給食の意義は大きい。

2007（平成19）年4月公表のアレルギー疾患に関する調査研究報告書（文部科学省）によると，児童生徒の**食物アレルギー**（food allergy）の有病率は2.6％であり，約33万人が何らかの食物アレルギーをもっている。新規発症例のアレルギー原因物質は乳幼児期は鶏卵が最も多く，7〜19歳では果物類が最も多くなっている（**表10.18**）。昨今の傾向として，アレルギーをもつ児童生徒は年々増加している。食物アレルギーは，一歩間違えれば**アナフィラキシー**＊4によって命に関わる重篤な症状を引き起こす。そのため学校給

**表10.18**　新規発症例のアレルギー原因物質

n=1,375

| | 0歳<br>n=678 | 1歳<br>n=248 | 2，3歳<br>n=169 | 4-6歳<br>n=85 | 7-19歳<br>n=105 | 20歳以上<br>n=90 |
|---|---|---|---|---|---|---|
| 1位 | 鶏卵<br>55.6% | 鶏卵<br>41.5% | 魚卵<br>20.1% | ソバ<br>15.3% | 果物類<br>21.9% | 小麦<br>23.3% |
| 2位 | 牛乳<br>27.3% | 魚卵<br>14.9% | 鶏卵<br>16.6% | 鶏卵<br>14.1% | 甲殻類<br>17.1% | 甲殻類<br>22.2% |
| 3位 | 小麦<br>9.6% | 牛乳<br>8.9% | ピーナッツ<br>10.7% | 木の実類<br>11.8% | 小麦<br>15.2% | 果物類<br>18.9% |
| 4位 | — | ピーナッツ<br>8.5% | 牛乳<br>8.9% | 果物類<br>魚卵<br>10.6% | 鶏卵<br>10.5% | 魚類<br>12.2% |
| 5位 | — | 果物類，小麦<br>5.2% | 小麦<br>8.3% | | ソバ，魚卵<br>6.7% | — |

出所）今井孝成ほか：平成20年即時型食物アレルギー全国モニタリング調査

食においても対策が必要となる。食品表示が義務付けられている食品は7品目で，表示を推奨されている食品は18品目から，近年，ゴマとカシューナッツが追加され20品目となった（**表10.19**）。

全国では食物アレルギーに対して何らかの配慮を行っている小学校は84.1%，中学校は72.2%である。具体的な対策としては，献立表に使用食品等の表示，除去食対応や代替食・特別食対応などが実施されている（**図10.18**）。

**表10.19　食品衛生法によるアレルギー表示対象品目**

| 規定 | 対象となる品目 |
|---|---|
| 表示義務<br>（特定原材料）<br>7品目 | 卵，乳，小麦，そば，落花生，えび，かに |
| 表示を推奨<br>（任意表示）<br>（特定原材料に準ずるもの）<br>20品目 | あわび，いか，いくら，オレンジ，キウイフルーツ，牛肉，くるみ，さけ，さば，大豆，鶏肉，バナナ，豚肉，まつたけ，もも，やまいも，りんご，ゼラチン，ゴマ，カシューナッツ |

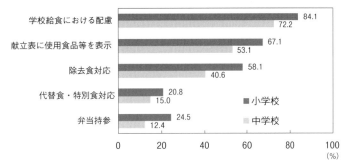

**図10.18　学校給食に関する取り組み状況（完全給食を実施している学校のみ）**

## 10.5.3　組織および運営形態

公立学校の場合，市区町村長が組織のトップとなり，市区町村内に教育委員会が存在する。その中に学校給食課があり，学校給食の管理を行っている。

学校内においては，校長をトップとして，副校長（教頭），主幹教諭，教務主任などの管理職と，各教科教諭，養護教諭，栄養教諭（学校栄養職員），事務職員，給食調理員，用務員などで構成されている。学内には給食委員会が存在し，学校，PTA，校医などから組織される。この委員会では，学校の食に関する年間指導計画や給食の内容についての検討が行われる。

## 10.5.4　栄養・食事管理

**学校給食摂取基準**＊（school lunch program implementation/operation standard）は，児童生徒の健康の増進及び食育（food education）の推進を図るために望ましい栄養量の基準値を示したものである（**表10.20**）。適用にあたっては，個々の児童生徒の健康状態及び生活活動等の実態，地域の実情等に十分配慮し，弾力的に運用することが求められている。また，本基準は男女比1：1で算定されているため，実態に合わせてその比率に配慮することも必要である。

学校給食摂取基準においては，現況の学校給食の栄養摂取状況を踏まえ，エネルギーのほか，たんぱく質，脂質，食物繊維，ビタミンA，ビタミン$B_1$，ビタミン$B_2$，ビタミンC，ナトリウム（食塩相当量），カルシウム，マグネシウム及び鉄について，基準値を示すとともに，亜鉛について基準値に準じて配慮すべき参考値が示されている。

＊学校給食摂取基準　文部科学省が学校給食におけるエネルギーおよび各栄養素の摂取量の基準を示したもの。厚生労働省が定める「日本人の食事摂取基準（2020）」を参考とし，その考え方を踏まえるとともに，児童生徒の食事状況調査「食事摂取基準を用いた食生活改善に資するエビデンスの構築に関する研究」の調査結果を踏まえ，2021年2月に一部改正された。

**表10.20** 学校給食摂取基準(幼児・児童・生徒1人1回当たり)

| 区分 | 特別支援<br>学校の幼児<br>の場合 | 児 童<br>(6〜7歳)<br>の場合 | 児 童<br>(8〜9歳)<br>の場合 | 児 童<br>(10〜11歳)<br>の場合 | 生 徒<br>(12〜14歳)<br>の場合 | 夜間過程を<br>置く高等学校<br>の生徒の場合 |
|---|---|---|---|---|---|---|
| エネルギー (kcal) | 490 | 530 | 640 | 750 | 820 | 860 |
| たんぱく質 (%)<br>範囲※ | \multicolumn{6}{c}{学校給食による摂取エネルギーは全体の13〜20%} | | | | | |
| 脂質 (%) | \multicolumn{6}{c}{学校給食による摂取エネルギー全体の20〜30%} | | | | | |
| ナトリウム<br>(食塩相当量) (g) | 1.5 未満 | 1.5 未満 | 2 未満 | 2 未満 | 2.5 未満 | 2.5 未満 |
| カルシウム (mg) | 290 | 290 | 350 | 360 | 450 | 360 |
| 鉄 (mg) | 2 | 2 | 3 | 3.5 | 4.5 | 4 |
| ビタミン A (μgRE) | 190 | 160 | 200 | 240 | 300 | 310 |
| ビタミン B₁ (mg) | 0.3 | 0.3 | 0.4 | 0.5 | 0.5 | 0.5 |
| ビタミン B₂ (mg) | 0.3 | 0.4 | 0.4 | 0.5 | 0.6 | 0.6 |
| ビタミン C (mg) | 15 | 20 | 25 | 30 | 35 | 35 |
| 食物繊維 (g) | 3.0 以上 | 4.0 以上 | 4.5 以上 | 5.0 以上 | 7.0 以上 | 7.5 以上 |

(注) 1. 表に掲げるもののほか, 次に掲げるものについてもそれぞれ示した摂取について配慮すること.

| 区分 | 特別支援<br>学校の幼児<br>の場合 | 児 童<br>(6〜7歳)<br>の場合 | 児 童<br>(8〜9歳)<br>の場合 | 児 童<br>(10〜11歳)<br>の場合 | 生 徒<br>(12〜14歳)<br>の場合 | 夜間過程を<br>置く高等学校<br>の生徒の場合 |
|---|---|---|---|---|---|---|
| マグネシウム (mg) | 30 | 40 | 50 | 70 | 120 | 130 |
| 亜鉛 (mg) | 1 | 2 | 2 | 2 | 3 | 3 |

2. この摂取基準は, 全国的な平均値を示したものであるから, 通用に当たっては, 個々の健康および生活活動等の実態並びに地域の実情等に十分配慮し, 弾力的に運用すること.

※範囲……示した値の内に収めることが望ましい範囲

また, 学校給食における各栄養素の基準値については, 食事摂取基準が定めた目標量又は推奨量の3分の1とすることを基本としつつ, 不足又は摂取過剰が考えられる栄養素については, 昼食必要摂取量(小学3・5年生及び中学2年生が昼食において摂取が期待される栄養量)の中央値程度を学校給食で摂取することとして, 食事摂取基準の推奨量又は目標量に対する割合を定め, 以下のように基準値が設定されている.

① **エネルギー**:学校保健統計調査により算出したエネルギーを基準値としている. なお, 性別, 年齢, 体重, 身長, 身体活動レベルなど, 必要なエネルギーには個人差があることから, 成長曲線に照らして成長の程度を考慮するなど, 個々に応じて弾力的に運用することが求められる.

② **たんぱく質**:食事摂取基準の目標量を用いることとし, 学校給食による摂取エネルギー全体の13〜20%エネルギーを学校給食の基準値としている.

③ **脂質**:食事摂取基準の目標量を用いることとし, 学校給食による摂取エネルギー全体の20〜30%エネルギーを学校給食の基準値としている.

④ **ミネラル**

(ア) **ナトリウム(食塩相当量)**:食事摂取基準の目標量の3分の1未満を

学校給食の基準値としている。なお，食塩の摂取過剰は生活習慣病の発症に関連しうるものであり，家庭においても摂取量をできる限り抑制するよう，学校給食を活用しながら，望ましい摂取量について指導することが必要である。

（イ）カルシウム；食事摂取基準の推奨量の50％を学校給食の基準値としている。

（ウ）マグネシウム；小学生以下については食事摂取基準の推奨量の3分の1程度を，中学生以上については40％を学校給食の基準値としている。

（エ）鉄：食事摂取基準の推奨量の40％を学校給食の基準値としている。

（オ）亜鉛：望ましい献立としての栄養バランスの観点から，食事摂取基準の推奨量の3分の1を学校給食において配慮すべき値としている。

⑤　ビタミン：ビタミンA，ビタミンB$_1$，ビタミンB$_2$については，食事摂取基準の推奨量の40％を学校給食の基準値としている。ビタミンCは，食事摂取基準の推奨量の3分の1を学校給食の基準値としている。

⑥　**食物繊維**：食事摂取基準の目標量の40％以上を学校給食の基準値としている。

### 10.5.5　学校給食の種類

学校給食には3種の区分がある。

a．**完全給食**\*（full school meal program）：主食（パン，米飯，またはこれに準ずる食品）＋おかず＋ミルクの給食。

b．**補食給食**（supplementary lunch program）：おかず＋ミルク，またはおかずのみの給食。いずれも主食は持参する。

c．**ミルク給食**（milk lunch program）：ミルクのみの給食。

これらは以下に示す学校給食法施行規則（昭和29年9月28日文部省令第24号，最終改正：平成21年3月31日文部科学省令第10号）で規定されている。

> （学校給食の開設等の届出）
> 第一条　学校給食法施行令（以下「令」という。）第一条に規定する学校給食の開設の届出は，学校ごとに次の各号に掲げる事項を記載した届出書をもつてしなければならない。
> 一　学校給食の実施人員
> 二　完全給食，補食給食又はミルク給食の別（以下「学校給食の区分」という。）及び毎週の実施回数
> 三　学校給食の運営のための職員組織
> 四　学校給食の運営に要する経費及び維持の方法

\*完全給食　給食提供の形態には主食，副食と牛乳を提供する完全給食のほか，牛乳のみを提供するミルク給食，牛乳と副食を提供する補食給食がある。また，主食に米飯を用いるものを米飯給食という。

五　学校給食の開設の時期

2　完全給食とは，給食内容がパン又は米飯（これらに準ずる小麦粉食品，米加工食品その他の食品を含む。），ミルク及びおかずである給食をいう。

3　補食給食とは，完全給食以外の給食で，給食内容がミルク及びおかず等である給食をいう。

4　ミルク給食とは，給食内容がミルクのみである給食をいう。

5　第一項各号に掲げる事項を変更しようとするときは，当該変更が軽微なものである場合を除き，変更の事由及び時期を記載した書類を添えて，その旨を都道府県の教育委員会に届け出なければならない。

6　都道府県の教育委員会は，第一項及び第五項に規定する届出に関し，届出書の様式その他必要な事項を定めることができる。

学校給食における完全給食の実施状況は，小学校で98.4％，中学校で81.4％である（**表10.21**）。

**表10.21　学校給食実施状況**

| 区分 | | 小学校 | 中学校 |
|---|---|---|---|
| 学校数 | | 19,635 | 10,151 |
| 完全給食 | 学校数 | 19,350 | 8,791 |
| | 実施率（％） | 98.5 | 86.6 |
| 補食給食 | 学校数 | 51 | 39 |
| | 実施率（％） | 0.3 | 0.4 |
| ミルク給食 | 学校数 | 52 | 292 |
| | 実施率（％） | 0.3 | 2.9 |
| 計 | 学校数 | 19,453 | 9,122 |
| | 実施率（％） | 99.1 | 89.9 |

出所）文部科学省：平成30年度学校給食実施状況等調査

### 10.5.6　学校給食の食事内容

学校給食の食事内容については，「**学校給食実施基準**[*1]（昭和29年9月28日文部省告示第90号，最終改正：令和3年2月12日文部科学省告示第61号）」に示されている。その内容を資料として示す。

献立作成にあたっては，「学校給食実施基準の施行について（平成25年1月30日24文科ス第494号）」ならびに「学校給食衛生管理基準の施行について（平成21年4月1日21文科ス第6010号）」において，児童・生徒等の健康の保持増進，体位の向上を目指し，かつ教育上の配慮を行うことが求められている。

「学校給食衛生管理基準（平成21年3月31日文部科学省告示第64号）」において栄養教諭等（栄養教諭を含む**学校給食栄養管理者**[*2]）は，次の点に留意して献立作成することとされている。

*1 学校給食実施基準　学校給食法の趣旨に則り，同法の定める学校給食の実施の適正を期するために定められた実施基準。学校給食の実施の対象，実施回数，供する食物の栄養内容，実施給食施設・設備および児童または生徒1人1回当たりの学校給食における摂取基準（学校給食摂取基準）が示されている。

*2 学校給食栄養管理者　学校給食法第7条によって定められる，義務教育諸学校または共同調理場において学校給食の栄養に関する専門的事項をつかさどるもの。主な職務内容は，学校給食に関する基本計画の参画，栄養管理，学校給食指導，衛生管理，検食，物資管理，調査研究などである。学校給食栄養管理者とは，栄養教諭もしくは学校栄養職員を指す。

① 学校給食施設および設備ならびに人員等の能力に応じたものとするとともに衛生的な作業工程および作業動線となるよう配慮すること。

② 高温多湿の時期は，なまもの，和えもの等については細菌の増殖等が起こらないように配慮すること。

③ 関係保健所等から情報を収集し，地域における感染症，食中毒の発生状況に配慮する。

④ 献立作成委員会等を設ける等により，栄養教諭等，保護者その他の関係者の意見を尊重すること。

⑤ 統一献立を作成するにあたっては，食品の品質管理，または確実な検収を行う上で支障をきたすことがないよう，一定の地域別または学校種別等の単位に振り分けること等により適正な規模での作成に努めること。

### 10.5.7　生産管理

#### ① 生産形態の特徴

給食の実施は，各学校ごとに調理室があり，学校単位で給食を作っている単独調理場方式（independent kitchen system,：自校方式）と，区域内の学校を対象として一括調理し，配送を行う共同調理場方式（central kitchen system）の2つの方式がある。

また，最近では，給食業務を外部に委託する割合も増加している。2018（平成30）年度の学校給食実施状況等調査によると，公立の小・中学校においては，43.9％の学校が運搬業務を外部に委託していた。また調理業務を外部に委託している割合は50.6％で，2014（平成26）年度と比較して9.3ポイント増加している（**表10.22**）。

**表10.22**　学校給食における外部委託状況

| 区分 | 調　理 | 運　搬 | 物資購入・管理 | 食器洗浄 | ボイラー管理 |
|---|---|---|---|---|---|
| 平成30年 | 50.6% | 46.4% | 10.8% | 49.8% | 24.8% |
| 平成26年 | 41.3% | 43.9% | 9.2% | 39.3% | 21.8% |
| 平成20年 | 25.5% | 39.8% | 8.4% | 25.2% | 18.4% |

出所）文部科学省：平成30年度学校給食実施状況等調査

#### ② 提供形態[*1]の特徴

学校給食の多くは単一の献立を提供する**単一献立方式**[*2]（single menu method）である。この方式の利点としては，摂取基準に基づいた食事が提供でき，栄養管理（nutrition management）が容易である点が挙げられる。一方でメニューが単一なので画一的だともいわれている。しかし最近では**複数献立方式**[*3]（multiple menu style）の他に，**カフェテリア方式**[*4]（cafeteria style），**バイキング方式**[*5]（buffet style）のような給食が導入され，栄養教育の一環として，児童生徒に自ら考えてメニューを選択させる方式も普及が進みつつある。

[*1] 学校給食の提供形態　学校給食の提供方法は給食をクラスごとに食缶で配食し，各教室に配る食缶配食を行い，児童生徒が自分たちで盛付けを行う。

[*2] 単一献立方式　主食，主菜，副菜などを組み合わせて定食型の献立を1種類だけ提供する方式である。

[*3] 複数献立方式　2種類以上の定食献立または1種類の定食献立と何種類かの一品料理を提供する方式である。

[*4] カフェテリア方式　利用者の意思により主食，副菜，デザートなどそれぞれ複数の料理の中から自由に選択できる提供方式である。

[*5] バイキング方式　決められた金額を支払い，提供されている料理について，好きな料理を選んで食事できる提供方式である。学校給食では行事と食育を関連させ，一定のルールの下，主菜，副菜のグループから好きな料理を選択させる方法などがある。

### 10.5.8 施設・設備

学校給食の施設・設備については，「学校給食衛生管理基準（school lunch program implementation standard）」に定められている。特定給食施設においては，一般に**大量調理施設衛生管理マニュアル**[*1]（mass cooking facility sanitation manual）が使用されているが，その学校給食版である。さらに，2011（平成23）年には，より具体的な内容に踏み込んだ「調理場における衛生管理&調理技術マニュアル」が策定された。

学校給食衛生管理基準は，2005（平成17）年に**栄養教諭制度**[*2]発足に伴い一部改正され，さらに2008（平成20）年に食品の選定・購入や検収の際の留意事項の充実，各学校における検食の確実な実施，食品危害情報の連絡体制の充実について一部改正された。2009（平成21）年の最終改正では，調理場の区画整理を行い，汚染作業区域，非汚染作業区域，およびその他の区域に区分することとし，また，ドライシステムを導入することを努力目標とした。

### 10.5.9 会計管理

学校給食の経費は，学校設置者である市区町村が負担するのは，人件費，施設・設備整備費，運営費等で，それ以外の食材料費は児童生徒の保護者，定時制高校においてはその生徒が負担することとなっている（学校給食法第11条　経費の負担）。保護者負担額は市区町村により異なるが，経費の約35～50%位である。**学校給食費**（school lunch fee）の平均月額は公立小学校で約4,300円，公立中学校で約5,110円で，年間の給食回数は約190回である。東京都を例にとると，1食当たりの学校給食費保護者負担の単価は，平均して小学校で235～268円，中学校で308円である（**表10.23**）。この予算で献立を組み立てることとなる。

表10.23　学校給食費：1食当たりの単価

（円）

| 区分 | | 小学校 | | | 中学校 |
|---|---|---|---|---|---|
| | | 低学年 | 中学年 | 高学年 | |
| 平均 | 保護者負担 | 234.5 | 251.3 | 268.1 | 308.0 |
| | 補助金含 | 245.0 | 262.0 | 278.9 | 318.2 |
| 最高 | 保護者負担 | 265.0 | 278.0 | 298.0 | 351.0 |
| | 補助金含 | 380.1 | 390.1 | 400.1 | 420.1 |
| 最低 | 保護者負担 | 204.8 | 216.5 | 228.8 | 254.5 |
| | 補助金含 | 208.2 | 226.0 | 237.9 | 265.1 |

出所）東京都教育委員会：令和元年度東京都における学校給食実態

### 10.5.10 給食と栄養教育の関係

給食は，生きた教材といわれている。

2019（平成31）年3月に文部科学省から公表された「**食に関する指導の手引**[*3]―第2次改訂版―」では，学校給食は，成長期にある児童生徒の心身の健全な発達のため，栄養バランスのとれた豊かな食事を提供することにより，健康の増進，体位の向上を図ることはもちろんのこと，**食に関する指導**（dietary

*1 大量調理施設衛生管理マニュアル　集団給食施設等における食中毒予防のために，HACCPの概念に基づいて，調理工程における4つの重要管理事項を示したものである。

*2 栄養教諭制度　教育職員免許法第4条第2項に規定されている教諭資格であり，児童生徒の栄養指導および管理をつかさどる教諭。

*3 食に関する指導の手引　文部科学省から2007年に発行され2010年に第1次改訂を経て，新学習指導要領等の改訂をふまえ，新たに改訂された。学校における食育の必要性，食に関する指導の目標，食に関する指導の全体計画，各教科などや給食時間における食に関する指導の基本的な考え方や指導方法を取りまとめたものである。

education）を効果的に進めるための重要な教材として，給食の時間はもとより各教科や総合的な学習の時間，特別活動等において活用することができると示されている。食に関する指導の手引に記載されている指導の目標を以下に記す。

---

**食に関する指導の目標**

① 食事の重要性

　食事の重要性，食事の喜び，楽しさを理解する。

② 心身の健康

　心身の成長や健康の保持増進の上で望ましい栄養や食事のとり方を理解し自ら理解していく能力を身につける。

③ 食品を選択する能力

　正しい知識・情報に基づいて，食品の品質及び安全性について自ら判断できる能力を身につける。

④ 感謝の心

　食事を大事にし，食物の生産等にかかわる人々へ感謝する心を持つ。

⑤ 社会性

　食事のマナーや食事を通じた人間関係形成能力を身につける。

⑥ 食文化

　各地域の産物，食文化や食にかかわる歴史等を理解し，尊重する心を持つことを目標に掲げている。

---

　2005（平成 17）年 6 月制定の「**食育基本法**[*2]（basic act on food education, 最終改正平成 27 年 9 月 11 日法律第 66 号）」を受けて，翌 2006（平成 18）年の 3 月には食育推進基本計画（平成 18 年度から 22 年度）が策定，実施された。さらに第 2 次食育推進計画（平成 23 年度から平成 27 年度まで）が策定され，現在（第 4 次食育推進計画（令和 3 年度から令和 7 年度まで））に至っている。新しい計画では，① 生涯を通じた心身の健康を支える食育の推進，② 持続可能な食を支える食育の推進，③「新たな日常」やデジタル化に対応した食育の推進が重点課題として掲げられている。

　具体的な基本計画の目標としては，朝食または夕食を家族と一緒に食べる「共食」の回数の増加，朝食を欠食する国民の割合の減少（現状値子ども 4.6 ％→目標値 0 ％），学校給食における地場産物を使用する割合の増加（目標値 90 ％）などが挙げられる。

　学校給食の栄養に関する専門的事項をつかさどる学校給食栄養管理者

[*2] **食育基本法**　国民が生涯にわたって健全な心身を培い豊かな人間性を育むために，国，地方公共団体および国民の取組みとして，食育を総合的，計画的に推進することを目的としている法律である。

---- コラム 18　ホテル給食 ----

　私立の給食は，人件費，施設費などの公的助成がないことなどから，私立の学校の中で完全給食を実施している割合は，小学校37.8%，中学校8.9%（文部科学省平成22年度調査）と少ないが，実施校では特色を出していることが多い。

　ある小学校では，近隣のホテルに調理など給食事業を委託しており，半自校式の給食を実施している。調理，配膳室を校舎内に設けることで，子どもたちに五感で給食を味わってもらおうという取組みが行われている。毎日，同ホテルの調理人が校内にある調理室を訪れ，前日に仕込みを終えた食材を持ち込んで給食を作っている。献立は，和食・洋食・中華の3種類がほぼ日替わりで，月に1回は地産地消献立の日を設けるなど，地場産の旬の食材も盛り込んでいる。

　公立小学校の給食費の全国平均は月額約4,000円であるのに対し，同校の給食費は月額約10,000円と割高である。しかし，今までの学校内調理や給食センターでの調理といった形から抜け出した新しい形である。

（school lunch manager）は，学校給食法第7条において以下のように定められている。

---

（学校給食栄養管理者）

　義務教育諸学校又は共同調理場において学校給食の栄養に関する専門的事項をつかさどる職員（第10条第3項において「学校給食栄養管理者」という。）は，教育職員免許法に規定する栄養教諭の免許状を有する者又は栄養士法の規定による栄養士の免許を有する者で学校給食の実施に必要な知識若しくは経験を有するものでなければならない。

---

　**栄養教諭**（diet and nutrition teacher）は，2005（平成17）年4月栄養教諭制度にかかわる「学校教育法等の一部を改正する法律（平成16年5月21日法律第49号）」として施行された職種である。

　栄養教諭制度の創設には，生活を取り巻く社会環境が著しく変化し，食生活の多様化が進む中で，朝食をとらないなど子どもの食生活の乱れが指摘されていることが背景にある。そこで，子どもたちが正しい知識に基づいて自ら判断できるように，「食の自己管理能力」や「望ましい食習慣」を身につけさせることが必要となってきている。

　栄養教諭の職務は，食に関する指導と給食管理を一体のものとして行うことにより，地場産物を活用して給食と食に関する指導を実施するなど，教育上の高い相乗効果がもたらされることが期待されている。

　なお，「食に関する指導」とは，①肥満，偏食，食物アレルギーなどの児童生徒に対する個別指導を行う，②学級活動，教科，学校行事等の時間に，学級担任等と連携して，集団的な食に関する指導を行う，③他の教職員や家庭・地域と連携した食に関する指導を推進するための連絡・調整を行う。

一方，「学校給食の管理」とは，給食基本計画への参画，栄養管理，衛生管理，検食，物資管理等である。具体的な栄養教諭の役割を**表10.24**に示した。2021（令和3）年現在，栄養教諭は全国に6,752名いる。

**表10.24　栄養教諭の職務内容（例）**

| 区分 | | 具体的内容 |
|---|---|---|
| 食に関する指導 | 児童生徒への個別的な相談指導 | ・偏食傾向，強い痩身願望，肥満傾向，食物アレルギー及びスポーツを行う児童生徒に対する個別の指導<br>・保護者に対する個別指導<br>・主治医・学校医・病院の管理栄養士等との連携調整<br>・アレルギーやその他の疾病を持つ児童生徒用の献立作成及び料理教室の実施 |
| | 児童生徒への教科・特別活動等における教育指導 | ・学級活動及び給食時間における指導<br>・教科および総合的な学習の時間における学級担任や教科担任と連携した指導<br>・給食放送指導，配膳指導，後片付け指導<br>・指導案作成，教材・資料作成 |
| | 食に関する指導の連携・調整 | 【校内における連携・調整】<br>・児童生徒の食生活の実態把握<br>・食に関する指導（給食指導を含む）年間指導計画策定への参画<br>・学校担任，養護教諭等との連携・調整<br>・研究授業の企画立案，校内研修への参加<br>・給食主任等校務分掌の担当，職員会議への出席<br>【家庭・地域との連携・調整】<br>・給食だよりの発行<br>・試食会，親子料理教室，招待給食の企画立案，実施<br>・地域栄養士会，生産者団体，PTA等との連携・調整 |
| 学校給食管理 | 給食基本計画への参画 | ・学校給食の基本計画の策定，学校給食委員会への参画 |
| | 栄養管理 | ・食事摂取基準及び食品構成に配慮した献立の作成，献立会議への参画・運営<br>・食事状況等調査，嗜好調査，残食調査等の実施 |
| | 衛生管理 | ・作業工程表の作成及び作業動線図の作成・確認<br>・物資検収，水質調査，温度チェック・記録の確認<br>・調理員の健康観察，チェックリスト記入<br>・「学校給食衛生管理基準」に定める衛生管理責任者としての業務<br>・学校保健委員会への参画 |
| | 検食・保存食等 | ・検食，保存食の採取，管理，記録 |
| | 調理指導その他 | ・調理及び配食に関する指導<br>・物資選定委員会等出席，食品購入に関する事務，在庫確認，整理，産地別使用量の記録<br>・諸帳簿の記入，作成<br>・施設・設備の維持管理 |

出所）栄養日本，47(8)（2004）一部改変

**表10.25　栄養教諭および学校栄養職員の配置数**

| 単独実施校で児童・生徒が550人以上の学校が存在する市町村 | 学校給食実施対象児童生徒数 | |
|---|---|---|
| | 550人以上の学校 | 1人 |
| | 549人以下の学校 | 4校に1人 |
| 単独実施校で児童・生徒が549人以下の学校が存在する市町村 | 549人以下の学校数が1以上3以下 | 1人 |
| 共同調理場 | 学校給食実施対象児童・生徒数 | |
| | 1,500人未満 | 1人 |
| | 1,500～6,000人 | 2人 |
| | 6,001人以上 | 3人 |

---- コラム 19　新調理システム ----

　クックサーブ（当日調理）だけでなく，真空調理，クックチル，クックフリーズなどの事前に調理生産
が可能な調理法を取り入れて，計画生産を行う調理法を新調理システムという。特に，クックチル，真空
調理は大量調理や保存することができる。

　新調理システムは，工程を客観的な指標である時間や温度の要素に置き換えて分析し体系化することに
より，スタッフ間の調理技術格差が解消され生産性が向上し，均一かつ高品質な食事の提供が可能となる。
さらに，調理作業の計画化により，廃棄ロス軽減，原価率の低減に大きく貢献できる。人件費や教育費，
食材費を総合的にコストダウンすることが可能となる。また，食品の安全面においても HACCP 方式に
基づいた食品の取り扱いを前提に，衛生的な調理環境をハード面で構築しているため，衛生管理が徹底さ
れる。

　新調理システムにおいて，スチームコンベクションオーブン，真空包装機，急速冷却機（ブラストチラ
ー／ショックフリーザーなど）は重要な調理機器であり，効果的に使用し調理を行う。

## 10.6　事業所（労働安全衛生法，労働基準法）

### 10.6.1　施設の特徴

　事業所給食は産業給食ともいわれ，オフィス，工場，寄宿舎（社員寮），
研修所，官公庁，自衛隊などにおいて，事業体に所属する勤労者を対象者と
して行う給食をさす。労働安全衛生法と労働安全衛生規則，労働基準法と事
業所附属寄宿舎規定，建設業附属寄宿舎規定などの関連法規に基づいて設置，
運営される。

　事業所給食における栄養士・管理栄養士の配置については，労働安全衛生
法および労働基準法によって規定されている（**表 10.26**）。また，事業附属寄
宿舎規定では，寮などの食事について規定している。

　事業所給食の意義は，適正な栄養管理により調製された食事を提供するこ
とで利用者の健康の維持・増進に寄与するとともに，労働意欲や作業効率を
高めて生産性の向上を図ることにある。とくに，生活習慣病予防のための栄
養管理については，健康管理部門（厚生担当）と連携した栄養・食事計画が
必要となる。また，福利厚生の一環として食事を低価格で提供し，経済的負
担を低減すること，くつろいだ開放感のある雰囲気をつくり，職場の人間関
係の円滑化に貢献することも，その役割に含まれる。

　利用者別にみた事業所給食の種類と特徴を**表 10.27** にまとめた。病院や学
校などの他の給食施設に比べ，食事内容，価格，サービス等に対する利用者
の評価が厳しい。一般の外食・中食が競争相手になる場合が多いので，常に
市場の動向を意識しながら，新メニュー開発，フェアの企画，喫食スペース
の改善などを行い，サービスの充実にも努めなければならない。

　事業所給食の**経営形態**には，① **直営方式**，② **委託方式**，③ **部分委託（準委
託）方式**，④ **協同組合方式**がある。委託方式の事業所給食における組織の例

表10.26 事業所給食における栄養士・管理栄養士配置と関連法規

| 施設の種類 | 給食の対象と特徴 | 規定法令 |
|---|---|---|
| 事 業 所 | 事業者は，事業場において，労働者に対し，1回100食以上又は1日250食以上の給食を行うときは，栄養士を置くように努めなければならない。 | 労働安全衛生法<br>労働安全衛生規則(第632条) |
| 寄宿舎(寮)給食 | 1回300食以上の給食を行う場合には，栄養士を置かなければならない。 | 労働基準法<br>事業所附属寄宿舎規定(第26条) |

を図10.19に示す。事業所給食の経営は景気などの経済的背景に影響されやすいため，食事の質的確保と経営の双方が成り立つためには効率的な運営計画が求められる。表10.28に，事業所給食における主な経営指標の推移を示した。近年は福利厚生の経費が削減され，栄養・食事管理部門の経営合理化と労務対策が進み，給食業務を給食会社に委託する事業体が約97％とほとんどを占める。委託給食の**契約方式**には，**単価制**[*1]，**管理費制**[*2]，**補助金制**[*3]の3つがあるが，喫食数が売上げおよび受託側の利益を左右する単価制が，近年増加傾向にある。また，**給食形態**では，**カフェテリア方式**の採用率が**定食方式**の採用率を上回るまでに増加している。

### 10.6.2 利用者とその特徴

事業所給食の対象は，10代後半から60代前半までの幅広い年齢層の男女であり，仕事内容，身体活動レベル，勤務体制も異なる複合的な集団である場合が多い。利用者は一般的には健常者であるが，生活習慣病罹患者やそのリスク者も含まれている。近年の傾向である作業の合理化，OA化の進展により，労働内容は座位作業や電子制御機器を用いた作業に変化し，身体的活動に比べて精神的活動のウエイトが増え，昼夜体制を支えるための交代勤務

*1 単価制 1食分の食事単位（販売価格）を決めて契約する方式。価格には食材料費，人件費，経費，給食会社（受託側）の利益のすべてが盛り込まれる。食数変動の少ない比較的規模の大きい施設で採用される。売上げ食数により利益が変動するため，受託側の経営努力が求められる。

*2 管理費制 毎月の管理費（人件費，経費）を固定額として委託側が支払う契約方式。食材料費は販売価格として利用者が支払う。食数の多少に関係なく，事業所側（委託側）が給食会社（受託側）の一定の利益を保証することになる。食数が少ない事業所等で行われる。

*3 補助金制 単価制にいくらかの補助金を加えて支払う契約方式。

表10.27 利用者別にみた事業所給食の種類と特徴

| 施設の種類 | 給食の対象と特徴 | 給食回数 |
|---|---|---|
| オフィス給食 | デスクワークが中心の事務系従業員が対象。身体活動レベルが低く，ストレスに対する配慮が必要であることが多く，量よりも質的な内容が求められる。<br>近隣の飲食店，コンビニエンスストアとの競合もあり，選択のできる複数献立方式やカフェテリア方式の導入，食事環境やサービスなどに重点がおかれる。 | 昼食1回（主に平日）<br>深夜食の提供を行う施設もある |
| 工 場 給 食 | 有害作業場には，食堂の設置が義務づけられている（労働安全衛生規則第629条）。製造作業に従事する従業員が対象。近年はOA化，機械化により労働量が軽減している上，作業内容により身体活動レベルに差があるため，給与栄養基準量の算出にあたっては仕事内容の十分な把握が必要である。 | 昼食1回のほか，勤務体制に対応して朝食，昼食，夕食，夜食の4回提供を行う施設もある |
| 寄宿舎（寮）給食 | 常時30人以上の労働者を寄宿させる寄宿舎には，食堂の設置が義務づけられている（事業附属寄宿舎規定第24条）。<br>入所者である独身者，単身赴任者が対象で若年層が主体であるが，単身赴任者の増加により中高年層も含まれる。日常の食生活の基盤となるので，適切な栄養量はもとより，家庭的な雰囲気，変化のあるメニューづくりへの配慮が求められる。 | 朝食，夕食の2回 |
| 研 修 所 給 食 | 施設利用者の研修期間中に限定された，比較的短期間の給食提供を行う。<br>一般的な平均研修期間を考慮しながら，サイクルメニューなどの期間設定・立案を行う。<br>朝食は喫食時間が短く集中するが，夕食は喫食時間が一定でないなどの特徴をふまえ，調理・配膳の工夫が必要である。 | 昼食1回<br>宿泊時は朝食，昼食，夕食の3回 |

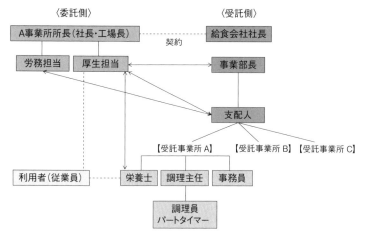

**図 10.19** 委託方式事業所給食の組織(例)

**表 10.28** 事業所給食における主な経営指標の推移

| 区 分 | | 指 標 | | | |
|---|---|---|---|---|---|
| | | 2005 年 | 13 年 | 14 年 | 15 年 |
| 経営形態 | 委託 | 96.0% | 97.4% | 96.6% | 97.3% |
| | 直営 | 4.0 | 2.6 | 3.4 | 2.7 |
| 委託給食の<br>契約方式 | 単価制 | 52.4% | 55.4% | 55.2% | 54.5% |
| | 単価制＋補助金 | 4.9 | 4.1 | 4.2 | 4.8 |
| | 管理費制 | 42.0 | 39.2 | 39.2 | 37.9 |
| | 施設賃貸のみ | 0.7 | 1.4 | 1.4 | 2.8 |
| 給食形態 | カフェテリア方式 | 43.3% | 45.0% | 46.6% | 47.3% |
| | 定食中心方式 | 52.0 | 49.7 | 49.3 | 47.3 |
| | 弁当給食 | 4.7 | 5.3 | 4.1 | 5.4 |
| 食堂従事員<br>数<br>(1日当たり<br>総供給数別) | 平均 | 23.3人 | 24.5人 | 23.9人 | 23.6人 |
| | 299 食以下 | 6.4 | 6.6 | 7.2 | 7.4 |
| | 300〜499 | 10.2 | 12.6 | 12.8 | 12.5 |
| | 500〜999 | 19.0 | 23.1 | 23.1 | 23.3 |
| | 1,000 食以上 | 41.8 | 44.3 | 44.7 | 43.7 |
| 食堂従事員<br>1 人当たり<br>持ち食数<br>(同上) | 平均 | 44.9食 | 44.6食 | 42.9食 | 40.9食 |
| | 299 食以下 | 27.6 | 26.5 | 28.8 | 26.0 |
| | 300〜499 | 37.4 | 31.0 | 30.2 | 30.0 |
| | 500〜999 | 38.1 | 31.6 | 30.7 | 35.8 |
| | 1,000 食以上 | 49.7 | 53.8 | 52.4 | 46.2 |
| 喫食率 (昼食数 / 利用者数) | | 58.7% | 55.4% | 52.6% | 53.5% |
| 回転率 (昼食数 / 席数) | | 2.0回 | 2.0回 | 1.9回 | 1.7回 |

注) 民間企業 148 事業所対象
出所) 労務研究所：旬刊福利厚生, 2186 (2015)

＊**給食委員会** 特定給食施設における給食運営
を適切かつ円滑に進めるための検討機関。栄養
委員会, 食堂委員会ともよばれる。検討される
内容は, 献立, 費用, 食事の品質, サービス
(食事回数, 提供時間等も含む), 行事, 健康,
栄養教育, 苦情処理, 給食システム全般にわた
る。事業所給食においては, 利用者の給食に対
するニーズを把握し, 給食の質的向上を目指す
ために, 委託側, 受託側が相互に意見を交わす
場として重要な役割をもつ。

も増加している。これらのことは,
従業員のエネルギー過剰摂取, 食
事時間の不規則化, ストレスや局
所疲労の増加などの新たな健康問
題を生み出している。事業所給食
は, 栄養・食事管理を通した支援
により, これらの問題に対処しな
ければならない。

### 10.6.3 栄養・食事管理

**図 10.20** に, 事業所給食におけ
る栄養・食事管理の進め方を示す。
栄養管理システムは, 業務運営の
ための条件と組織を明らかにした
上で, 利用者のアセスメント, 栄
養・食事・生産計画, 実施, 評価,
改善の一連の流れ (PDCA サイク
ル) に沿って組み立てる。委託方
式の事業所給食を例にとると, 栄
養管理システムを動かすのは, 給
食施設設置者 (委託側) と給食業
務受託事業者 (受託側) の双方で
あるが, それぞれが取り組むべき
業務内容を明確にして契約を交わ
し, 契約書によって常にその内容
を確認できるようにすることが必
要である。受託側の給食管理業務
は, ① 組織として行う業務 (全体
の管理業務, **給食委員会**＊の設置・運
営など), ② 利用者を中心に進め
る業務 (アセスメント, 栄養教育な

ど), ③ 提供する食事を中心に進める業務に分けられる。

栄養・食事管理の基本的な考え方は健康増進法施行規則第 9 条
の「栄養管理の基準」に拠るが, 医療機関や管理栄養士が複数配
置されている施設と異なり, 事業所給食施設において自ら単独で
利用者のアセスメントのための情報収集を行うことには限界があ
る。そこで, 施設として他部門, 他職種が収集した関連データを

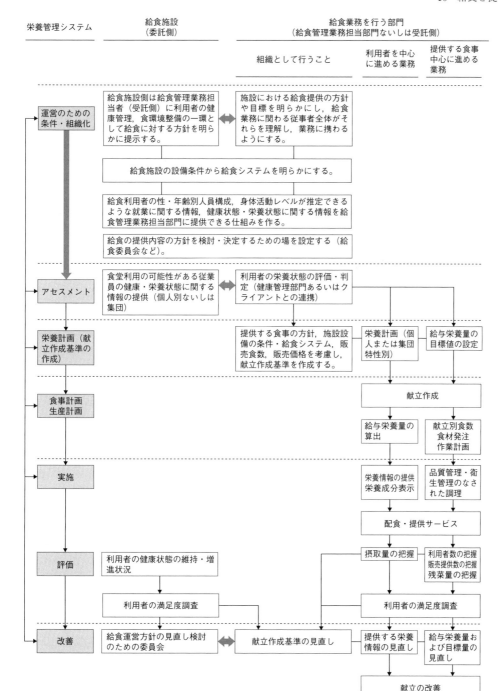

| 栄養管理システム | 給食施設<br>（委託側） | 給食業務を行う部門<br>（給食管理業務担当部門ないしは受託側） | | |
|---|---|---|---|---|
| | | 組織として行うこと | 利用者を中心<br>に進める業務 | 提供する食事<br>中心に進める<br>業務 |
| 運営のための<br>条件・組織化 | 給食施設側は給食管理業務担当者（受託側）に利用者の健康管理，食環境整備の一環として給食に対する方針を明らかに提示する。 | 施設における給食提供の方針や目標を明らかにし，給食業務に関わる従事者全体がそれらを理解し，業務に携わるようにする。 | | |
| | | 給食施設の設備条件から給食システムを明らかにする。 | | |
| | | 給食利用者の性・年齢別人員構成，身体活動レベルが推定できるような就業に関する情報，健康状態・栄養状態に関する情報を給食管理業務担当部門に提供できる仕組みを作る。 | | |
| | | 給食の提供内容の方針を検討・決定するための場を設定する（給食委員会など）。 | | |
| アセスメント | 食堂利用の可能性がある従業員の健康・栄養状態に関する情報の提供（個人別ないしは集団） | 利用者の栄養状態の評価・判定（健康管理部門あるいはクライアントとの連携） | | |
| 栄養計画（献立作成基準の作成） | | 提供する食事の方針，施設設備の条件・給食システム，販売食数，販売価格を考慮し，献立作成基準を作成する。 | 栄養計画（個人または集団特性別） | 給与栄養量の目標値の設定 |
| 食事計画<br>生産計画 | | | 献立作成 | |
| | | | 給与栄養量の算出 | 献立別食数<br>食材発注<br>作業計画 |
| 実施 | | | 栄養情報の提供<br>栄養成分表示 | 品質管理・衛生管理のなされた調理 |
| | | | 配食・提供サービス | |
| 評価 | 利用者の健康状態の維持・増進状況 | | 摂取量の把握 | 利用者数の把握<br>販売提供数の把握<br>残菜量の把握 |
| | 利用者の満足度調査 | | 利用者の満足度調査 | |
| 改善 | 給食運営方針の見直し検討のための委員会 | 献立作成基準の見直し | 提供する栄養情報の見直し | 給与栄養量および目標量の見直し |
| | | | 献立の改善 | |

出所）石田裕美ほか編著：特定給食施設における栄養管理の高度化ガイド・事例集，39，第一出版（2007）

**図 10.20**　事業所給食における栄養管理の進め方

適切に入手して給食に活用できるよう，施設長や他職種に働きかけ，情報を
共有できる体制を構築しておくことが必要である。職域の健診データを給食
に活用する仕組みの考え方を**図 10.21** に示す。

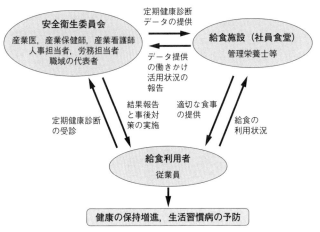

出所）図 10.20 と同じ，85

**図 10.21　職域における健診データの給食への活用**
　　　　（考え方の整理）

栄養計画における給与栄養目標量の設定については，「日本人の食事摂取基準（2005 年版以降）」において，特定給食施設における栄養管理計画に際し，集団を構成するすべての個人に対して望ましい食事を提供することが求められている。しかし，完全に個別対応した食事提供を行うことは現実的には不可能である。そこで，利用者の年齢，性別，身体状況，身体活動レベル，BMI の分布などの情報から，食事摂取基準をもとに個人の栄養必要量を算出したのち，推定エネルギー必要量をベースに適切な許容範囲内で 3 〜 5 段階の食種に集約して給与栄養目標量を設定する（3.3.1 参照）。

### 10.6.4　生産管理

事業所給食では，施設設置者および利用者から，高品質で安全，かつ低価格の食事を，決められた時間に提供することが求められている。効率的な生産システムの確立と適正なコスト管理が不可欠であるが，まず利用者に対してどのようなメニュー，サービスを提供するべきかといった理念・目標に併せて生産システムが組まれなければならない。

事業所給食の生産システムは，小規模施設では従来からのクックサーブ方式や，弁当方式が中心であるが，大規模施設では 1990 年代からクックチル方式やクックフリーズ方式も採用されるようになり，HACCP 認定の取得，厨房施設のドライ化，料理保存過程における品質管理の徹底に加え，メニューの多角化も進んだ。また，食材料ロスの軽減，調理工程の合理化などのコスト管理を容易にしながら食事の品質水準を維持する上で，半加工食品，カット野菜等や，加工食品の導入も有効である。

### 10.6.5　献立の特徴

利用者の年齢層，食習慣，嗜好の幅が広いため，多種多様なフードサービス，低価格での販売を展開して利用率の向上を図っている。施設の種類別の献立の特徴については**表 10.27** に示した。給食のほかに，一般の外食店，コンビニエンスストアや持ち帰り弁当等の中食も選択肢としてある中で，利用者を獲得するためにはマーケティング活動が必要である。定期的にアンケートや各種調査によりニーズを把握し，市場の動向と併せてメニュー内容・種類，食事環境，サービス面に反映させなければならない。メニューを選択する基準の優先順位は，利用者個々によって異なる。「見た目」「価格」「お得

感（ボリューム感）」「おいしさの保証（馴染みのあるメニュー）」等は常に上位に挙がるが，「エネルギー控えめ」「塩分控えめ」「野菜多め」等の健康へのニーズや，「待たずに済む」等のニーズもある。日替わりメニュー，定番の売れ筋メニュー，ヘルシーメニューなどを組み合せて，バラエティー豊かな献立とサービスを提供するよう努める（**表10.29**）。

　また，選択肢が多いことは利用者の満足度を高める大きな要素でもあることから，カフェテリア方式の採用率が高くなっているが，栄養教育を並行して行い，利用者の食事選択を望ましい内容に導くための支援が不可欠である。

　後述する特定健康診査および特定保健指導の義務付けにより，事業所における健康管理の重要性が急激に高まっている。給食においては，利用者の健康支援に直接結びつく，健康に配慮した献立（ヘルシーメニュー）の充実を図ることが社会的な要請にもなっている（**図10.22**）。

### 10.6.6　会計管理（給食の費用，材料費，人件費等）

　民間企業148事業所を対象とした2015年の調査において，昼食の総コストに占める直接費と間接費の割合は，直接費が47.8%，間接費は52.2%であった*。食費は福利厚生の一環であるため，事業所側が負担することがあるが，企業によりその割合は大きく異なる。また，総コストに占める本人負担の割合の平均は年々増加している。かつては直接費を本人が，間接費を会社が負担するのが原則であったが，間接費の一部も本人が負担しているケースが増えている。

＊労務研究所：旬刊福利厚生，2186（2015）

**表10.29　事業所給食における週間献立の例**

| カテゴリー | | 8/29（月） | 8/30（火） | 8/31（水） | 9/1（木） | 9/2（金） | 9/3（土） | 9/4（日） |
|---|---|---|---|---|---|---|---|---|
| A set | エネルギー<br>価格 | 牛肉と茄子のチーズ焼き<br>410kcal ¥510 | ヒレカツ<br>493kcal ¥500 | チーズエッグハンバーグ<br>527kcal ¥500 | 鶏唐揚げおろしポン酢<br>493kcal ¥500 | 海老のチリソースハムカツ付き<br>271kcal ¥500 | チキンカツ<br>519kcal ¥510 | 肉の生姜焼き<br>417kcal ¥510 |
| B set | エネルギー<br>価格 | 白身魚のピカタ<br>385kcal ¥450 | すずきのバター焼き<br>269kcal ¥460 | 鰯の蒲焼き<br>452kcal ¥460 | サワラの西京焼き<br>493kcal ¥500 | 鮭の野菜マヨネーズ焼き<br>256kcal ¥450 | 鯖の竜田揚げ<br>452kcal ¥450 | ブリの照焼き<br>250kcal ¥450 |
| C set | エネルギー<br>価格 | カニクリームコロッケ<br>402kcal ¥400 | 肉豆腐<br>332kcal ¥400 | 回鍋肉<br>392kcal ¥400 | 田舎風肉ジャガ<br>355kcal ¥410 | クリームシチュー<br>402kcal ¥410 | きくらげとニラの玉子とじ<br>272kcal ¥400 | 肉焼売<br>312kcal ¥400 |
| 丼物 | エネルギー<br>価格 | ビビンバ<br><br>671kcal ¥450 | チャーハン<br><br>569kcal ¥450 | カツ丼<br><br>717kcal ¥500 | なし | 五目炊き込み御飯コロッケ付き<br>652kcal ¥450 | なし | なし |
| 麺<br>大盛¥100増<br>ミニ丼¥100 | エネルギー<br>価格 | 鶏そぼろ和風中華<br>421kcal ¥400 | とんこつラーメン<br>527kcal ¥400 | 醤油ラーメン<br>470kcal ¥400 | かき揚天そば・うどん<br>447kcal ¥350 | 冷やし中華<br>490kcal ¥400 | 冷やしわかめそば・うどん<br>345kcal ¥350 | 冷・温たぬきそば・うどん<br>484kcal ¥350 |
| カレー | | 毎日提供 | 普通 ¥400<br>ご飯 252kcal<br>小鉢 38kcal | 大盛 ¥500<br>味噌汁 28kcal<br>漬物 23kcal | | | | |

出所）労務研究所：旬刊福利厚生，2090（2011）

出所）特定非営利活動法人 TABLE FOR TWO International（代表理事　木暮真久）http://www.tablefor2.org/

図 **10.22**　table for two（TFT）のポスター

給食の販売価格は，外食等の低価格メニューとの競合で食単価を上げることには限界がある。安易な値上げは利用者の不信感を招くため避けなければならない。給食費の原価のうち，もっとも高率なのは人件費である。経営効率を上げるため，パート雇用による人件費の抑制，提供食数の増加，物流コストの削減等の経営努力が行われている。特に委託方式の場合は給食受託会社が利益を上げる必要があるため，食材料の仕入れ，従業員の給与等で限度いっぱいの節減方法をとっている場合が多い。

### 10.6.7　給食と栄養教育の関係

1988 年より，労働安全衛生法等に基づく **THP**[*1]（total health promotion plan）を実施する企業においては，健康診断の結果に基づき，食生活に問題の認められた労働者に対する栄養教育が行われてきた。2008 年 4 月からは，**特定健康診査および特定保健指導**[*2] の実施が事業所に義務付けられ，医療保険者（事業所）が特定健康診査の結果をふまえ，受診者全員に対しての情報提供と，健康の保持に努める必要がある者に対して毎年度計画的に「動機づけ支援」または「積極的支援」を行うこととなった（**図 10.23**）。

事業所給食における栄養教育の具体的な方法としては，以下のような例が挙げられる。

① 献立の栄養成分表示

② バランスのよい料理の組合せ方のサンプル展示

③ レジ支払時の食事内容個別評価

④ 栄養知識に関する卓上メモ・ポスター・パネルの設置

＊1 THP（total health promotion plan）　労働安全衛生法第69条第1項および第70条の2第1項に基づいた，全労働者を対象とした「心とからだの健康づくり」運動。産業医を中心に，産業栄養指導担当者，心理相談担当者，運動指導担当者，産業保健指導担当者がそれぞれの役割を果たし，心身両面の総合的な健康の保持増進を目的として推進されている。

＊2 特定健康診査および特定保健指導　40歳以上の公的医療保険加入者全員を対象とした保健制度。事業主には内臓脂肪型肥満に着目した健診・保健指導が義務付けられている（厚生労働省令第157号第1条．平成20年4月施行，平成25年4月改定）。

⑤ 献立表，社内報，パンフレット・リーフレットなどを利用した健康・
栄養情報の提供

⑥ Web を利用した栄養診断・健康管理システム

⑦ 集団栄養教室・サロンの実施

　事業所給食の経営は委託方式が多く，栄養士・管理栄養士は給食事業のみ
に位置づけられている感がある。しかし，特定多数の者が繰り返し利用する
機会である給食には，食事を通して特定保健指導と連携した取組みを展開し，
従業員の食生活を望ましい方向に導き，それを定着させられる可能性が大い

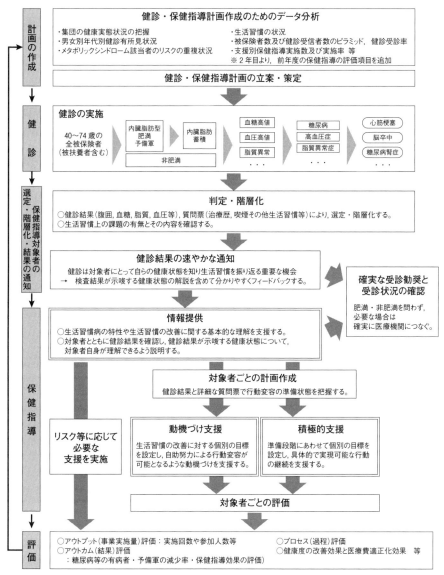

出所）厚生労働省健康局「標準的な健診・保健指導の在り方に関する検討会【改訂版】」(2013)

**図 10.23　標準的な健診・保健指導プログラムの流れ(イメージ)**

　　TFT（table for two,「2 人の食卓」）は，2007 年に NPO TABLE FOR TWO International がビジネスとして体制を整え，スタートさせた。日本を含む先進国が悩む過食による肥満・生活習慣病の問題を解決すると同時に，食料不足に苦しむ開発途上国の子ども達の給食を支援することを目的としたプログラムである。当 NPO が社員食堂をもつ企業や団体（大学等）と業務提携し，① 1 食のエネルギーが 730kcal 程度，②栄養バランスが適正，③野菜が多め，の 3 つのガイドラインを満たす特別メニュー（ヘルシーメニュー）を開発させる。その販売価格には 20 円が上乗せされているが，20 円は寄付金として TFT 事務局を通してアフリカ（ウガンダ，エチオピア，ルワンダ，ケニア，タンザニア，ミャンマー，フィリピン）に送られ，子ども達の学校の給食 1 食分に充てられる。2014 年時点で，国内の参加企業・団体は 650 を超えている。

にある。積極的に栄養教育活動の立案，実施と評価を行うべきである。


**【演習問題】**

　問 1　保育所の給食運営において，認められていない事項である。最も適当なのはどれか。1 つ選べ。　　　　　　　　　　　　　　　（2021 年国家試験）

　　（1）昼食とおやつ以外の食事の提供
　　（2）主食の提供
　　（3）献立作成業務の委託
　　（4）検食業務の委託
　　（5）3 歳児以上の食事の外部搬入
　　**解答**　（4）


　問 2　経口移行加算を算定できる児童福祉施設である。正しいのはどれか。1 つ選べ。　　　　　　　　　　　　　　　　　　　　（2017 年国家試験）

　　（1）乳児院
　　（2）保育所
　　（3）児童養護施設
　　（4）児童自立支援施設
　　（5）重症心身障害児施設
　　**解答**　（5）


　問 3　「学校給食法（平成 20 年改正）」における学校給食の目標に関する記述である。誤っているのはどれか。　　　　　　　　　（2011 年国家試験）

　　（1）適切な栄養の摂取により学力の維持・向上を図る。
　　（2）学校生活を豊かにし明るい社交性を養う。
　　（3）食料の生産，流通及び消費について正しい理解に導く。
　　（4）生命及び自然を尊重する精神を養う。
　　（5）優れた伝統的な食文化についての理解を深める。
　　**解答**　（1）

**問 4** 事業所における給食経営管理の評価指標に関する記述である。誤っているのはどれか。 (2009 年国家試験)

(1) 調理従事者の満足度
(2) インシデントレポートの件数
(3) 食堂の利用率
(4) 利用者の満足度
(5) 利用者の健診受診率

**解答** (5)

**問 5** 事業所給食を受託した事業者が，給食経営を考える際のマーケティングの 4P である。誤っているのはどれか。 (2011 年国家試験追試)

(1) 広告・販売の促進
(2) 献立の開発
(3) 食材料流通の効率化
(4) 競合会社の調査
(5) 販売価格の設定

**解答** (4)

**問 6** 食単価契約で運営している事業所給食施設において，売上高に伴って変動する費用である。正しいものの組合せはどれか。 (2011 年国家試験)

a 生鮮食品の購入費
b 在庫食品の購入費
c 水光熱費の基本料金
d 常勤従業員の給与

(1) a と b  (2) a と d  (3) a と c  (4) b と c  (5) c と d

**解答** (1)

**問 7** ポークソテーの検食時の品質の評価結果に問題が認められた。評価項目と見直すべき事柄との組合せである。最も適当なのはどれか。1 つ選べ。

(2021 年国家試験)

(1) 量 ——— 肉の産地
(2) 焼き色 ——— 肉の種類
(3) 固さ ——— 中心温度の測定回数
(4) 味 ——— 塩の調味濃度
(5) 温度 ——— 加熱機器の設定温度

**解答** (4)

**問 8** 給食で提供する米飯の品質管理について，生産・提供時の標準化に関する記述である。正しいのはどれか。2 つ選べ。 (2018 年国家試験)

(1) 米飯の品質基準は，炊き上がりの重量の倍率を用いる。
(2) 作業指示書に，米の単価を記載する。
(3) 炊飯調理の担当者は，特定の作業従事者とする。
(4) 米の浸漬時間は，米の重量により決定する。

（5）1人当たりの提供量は，盛り付け作業による損失率を考慮する。

**解答**　（1），（5）

**【参考文献】**

井川聡子，松月弘恵　編著：給食経営と管理の科学，理工図書（2011）

石田裕美ほか編著：特定給食施設における　栄養管理の高度化ガイド・事例集，第一出版（2007）

今井孝成，杉崎千鶴子，海老澤元宏：平成20年即時型食物アレルギー全国モニタリング調査，アレルギー，**58**（2009）

「学校給食法等の一部を改正する法律」の概要，栄養日本，**47**（8）（2004）

栄養法規研究会：給食・栄養管理の手引き，新日本法規（2012追補）

厚生労働省：授乳・離乳の支援ガイド［2019年改訂版］
　https://www.mhlw.go.jp/content/11908000/000496257.pdf（2022年1月20日）

厚生労働省：日本人の食事摂取基準［2020年版］，第一出版（2020）

厚生労働省：保育所におけるアレルギー対応ガイドライン［2019年改訂版］
　https://www.mhlw.go.jp/content/000511242.pdf（2022年1月20日）

厚生労働省雇用均等・児童家庭局：児童福祉施設における食事の提供ガイド―児童福祉施設における食事の提供及び栄養管理に関する研究会報告書―，
　http://www.mhlw.go.jp/shingi/2010/03/dl/s0331-10a-015.pdf（2015年12月24日）

食事摂取基準の実践・運用を考える会編：日本人の食事摂取基準［2020年版］の実践・運用　特定給食施設における栄養・食事管理，第一出版（2020）

東京都教育委員会：平成24年度東京都における学校給食実態，
　http://www.kyoiku.metro.tokyo.jp/buka/gakumu/kenkou/shoku/omotegaki.htm

特定非営利活動法人日本栄養改善学会監修，石田裕美，冨田教代編：給食経営管理論　給食の経営から給食経営管理への展開，医歯薬出版（2013）

日本給食経営管理学会監修：給食経営管理用語辞典，第一出版（2011）

文部科学省：学校給食実施基準の一部改正について，
　http://www.mext.go.jp/b_menu/hakusho/nc/1332086.htm

文部科学省：栄養教諭制度の概要，
　http://www.mext.go.jp/a_menu/shotou/eiyou/04111101/003.htm

文部科学省：平成22年度学校給食実施状況等調査，
　http://www.mext.go.jp/b_menu/houdou/24/04/1321112.htm

## 大量調理施設衛生管理マニュアル

（平 成 9 年 3 月 24 日 付 け 衛 食 第 85 号 別 添）
（最終改正：平成 29 年 6 月 16 日付け食安発 0616 第 1 号）

## Ⅰ　趣　旨

　本マニュアルは，集団給食施設等における食中毒を予防するために，HACCPの概念に基づき，調理過程における重要管理事項として，
- ①　原材料受入れ及び下処理段階における管理を徹底すること。
- ②　加熱調理食品については，中心部まで十分加熱し，食中毒菌等（ウイルスを含む。以下同じ。）を死滅させること。
- ③　加熱調理後の食品及び非加熱調理食品の二次汚染防止を徹底すること。
- ④　食中毒菌が付着した場合に菌の増殖を防ぐため，原材料及び調理後の食品の温度管理を徹底すること。

等を示したものである。

　集団給食施設等においては，衛生管理体制を確立し，これらの重要管理事項について，点検・記録を行うとともに，必要な改善措置を講じる必要がある。また，これを遵守するため，更なる衛生知識の普及啓発に努める必要がある。

　なお，本マニュアルは同一メニューを 1 回 300 食以上又は 1 日 750 食以上を提供する調理施設に適用する。

## Ⅱ　重　要　管　理　事　項

1．原材料の受入れ・下処理段階における管理
- （1）　原材料については，品名，仕入元の名称及び所在地，生産者（製造又は加工者を含む。）の名称及び所在地，ロットが確認可能な情報（年月日表示又はロット番号）並びに仕入れ年月日を記録し，1年間保管すること。
- （2）　原材料について納入業者が定期的に実施する微生物及び理化学検査の結果を提出させること。その結果については，保健所に相談するなどして，原材料として不適と判断した場合には，納入業者の変更等適切な措置を講じること。検査結果については，1年間保管すること。
- （3）　加熱せずに喫食する食品（牛乳，発酵乳，プリン等容器包装に入れられ，かつ，殺菌された食品を除く。）については，乾物や摂取量が少ない食品も含め，製造加工業者の衛生管理の体制について保健所の監視票，食品等事業者の自主管理記録票等により確認するとともに，製造加工業者が従事者の健康状態の確認等ノロウイルス対策を適切に行っているかを確認すること。
- （4）　原材料の納入に際しては調理従事者等が必ず立ち会い，検収場で品質，鮮度，品温（納入業者が運搬の際，別添1に従い，適切な温度管理を行っていたかどうかを含む。），異物の混入等につき，点検を行い，その結果を記録すること。
- （5）　原材料の納入に際しては，缶詰，乾物，調味料等常温保存可能なものを除き，食肉類，魚介類，野菜類等の生鮮食品については1回で使い切る量を調理当日に仕入れるようにすること。
- （6）　野菜及び果物を加熱せずに供する場合には，別添2に従い，流水（食品製造用水[注1]として用いるもの。以下同じ。）で十分洗浄し，必要に応じて次亜塩素酸ナトリウム等で殺菌[注2]した後，流水で十分すすぎ洗いを行うこと。特に高齢者，若齢者及び抵抗力の弱い者を対象とした食事を提供する施設で，加熱せずに供する場合（表皮を除去する場合を除く。）には，殺菌を行うこと。

注1：従前の「飲用適の水」に同じ。(「食品，添加物等の規格基準」(昭和34年厚生省告示第370号)の改正により用語のみ読み替えたもの。定義については同告示の「第1 食品 B 食品一般の製造，加工及び調理基準」を参照のこと。)

注2：次亜塩素酸ナトリウム溶液又はこれと同等の効果を有する亜塩素酸水 (きのこ類を除く。)，亜塩素酸ナトリウム溶液 (生食用野菜に限る。)，過酢酸製剤，次亜塩素酸水並びに食品添加物として使用できる有機酸溶液。これらを使用する場合，食品衛生法で規定する「食品，添加物等の規格基準」を遵守すること。

## 2．加熱調理食品の加熱温度管理

加熱調理食品は，別添2に従い，中心部温度計を用いるなどにより，中心部が75℃で1分間以上 (二枚貝等ノロウイルス汚染のおそれのある食品の場合は85〜90℃で90秒間以上) 又はこれと同等以上まで加熱されていることを確認するとともに，温度と時間の記録を行うこと。

## 3．二次汚染の防止

（1）　調理従事者等 (食品の盛付け・配膳等，食品に接触する可能性のある者及び臨時職員を含む。以下同じ。) は，次に定める場合には，別添2に従い，必ず流水・石けんによる手洗いによりしっかりと2回 (その他の時には丁寧に1回) 手指の洗浄及び消毒を行うこと。なお，使い捨て手袋を使用する場合にも，原則として次に定める場合に交換を行うこと。
　①　作業開始前及び用便後
　②　汚染作業区域から非汚染作業区域に移動する場合
　③　食品に直接触れる作業にあたる直前
　④　生の食肉類，魚介類，卵殻等微生物の汚染源となるおそれのある食品等に触れた後，他の食品や器具等に触れる場合
　⑤　配膳の前

（2）　原材料は，隔壁等で他の場所から区分された専用の保管場に保管設備を設け，食肉類，魚介類，野菜類等，食材の分類ごとに区分して保管すること。
　　　この場合，専用の衛生的なふた付き容器に入れ替えるなどにより，原材料の包装の汚染を保管設備に持ち込まないようにするとともに，原材料の相互汚染を防ぐこと。

（3）　下処理は汚染作業区域で確実に行い，非汚染作業区域を汚染しないようにすること。

（4）　包丁，まな板などの器具，容器等は用途別及び食品別 (下処理用にあっては，魚介類用，食肉類用，野菜類用の別，調理用にあっては，加熱調理済み食品用，生食野菜用，生食魚介類用の別) にそれぞれ専用のものを用意し，混同しないようにして使用すること。

（5）　器具，容器等の使用後は，別添2に従い，全面を流水で洗浄し，さらに80℃，5分間以上の加熱又はこれと同等の効果を有する方法[注3]で十分殺菌した後，乾燥させ，清潔な保管庫を用いるなどして衛生的に保管すること。
　　　なお，調理場内における器具，容器等の使用後の洗浄・殺菌は，原則として全ての食品が調理場から搬出された後に行うこと。
　　　また，器具，容器等の使用中も必要に応じ，同様の方法で熱湯殺菌を行うなど，衛生的に使用すること。この場合，洗浄水等が飛散しないように行うこと。なお，原材料用に使用した器具，容器等をそのまま調理後の食品用に使用するようなことは，けっして行わないこと。

（6）　まな板，ざる，木製の器具は汚染が残存する可能性が高いので，特に十分な殺菌[注4]に留意すること。なお，木製の器具は極力使用を控えることが望ましい。

（7）　フードカッター，野菜切り機等の調理機械は，最低1日1回以上，分解して洗浄・殺菌[注5]した後，乾燥させること。

（8）　シンクは原則として用途別に相互汚染しないように設置すること。特に，加熱調理用食材，非加熱調理用食材，器具の洗浄等に用いるシンクを必ず別に設置すること。また，二次汚染を防止するため，洗浄・殺菌[注5]し，清潔に保つこと。

（9）　食品並びに移動性の器具及び容器の取り扱いは，床面からの跳ね水等による汚染を防止するため，床面から60cm以上の場所で行うこと。ただし，跳ね水等からの直接汚染が防止できる食缶等で食品を取り扱

う場合には，30cm 以上の台にのせて行うこと。

(10)　　加熱調理後の食品の冷却，非加熱調理食品の下処理後における調理場等での一時保管等は，他からの二次汚染を防止するため，清潔な場所で行うこと。

(11)　　調理終了後の食品は衛生的な容器にふたをして保存し，他からの二次汚染を防止すること。

(12)　　使用水は食品製造用水を用いること。また，使用水は，色，濁り，におい，異物のほか，貯水槽を設置している場合や井戸水等を殺菌・ろ過して使用する場合には，遊離残留塩素が 0.1mg/ℓ 以上であることを始業前及び調理作業終了後に毎日検査し，記録すること。

　　　注3：塩素系消毒剤（次亜塩素酸ナトリウム，亜塩素酸水，次亜塩素酸水等）やエタノール系消毒剤には，ノロウイルスに対する不活化効果を期待できるものがある。使用する場合，濃度・方法等，製品の指示を守って使用すること。浸漬により使用することが望ましいが，浸漬が困難な場合にあっては，不織布等に十分浸み込ませて清拭すること。

　　　（参考文献）「平成 27 年度ノロウイルスの不活化条件に関する調査報告書」

　　　（http://www.mhlw.go.jp/file/06-Seisakujouhou-11130500-Shokuhinanzenbu/0000125854.pdf）

　　　注4：大型のまな板やざる等，十分な洗浄が困難な器具については，亜塩素酸水又は次亜塩素酸ナトリウム等の塩素系消毒剤に浸漬するなどして消毒を行うこと。

　　　注5：80℃で 5 分間以上の加熱又はこれと同等の効果を有する方法（注 3 参照）。


4．原材料及び調理済み食品の温度管理

（1）　　原材料は，別添 1 に従い，戸棚，冷凍又は冷蔵設備に適切な温度で保存すること。また，原材料搬入時の時刻，室温及び冷凍又は冷蔵設備内温度を記録すること。

（2）　　冷凍又は冷蔵設備から出した原材料は，速やかに下処理，調理を行うこと。非加熱で供される食品については，下処理後速やかに調理に移行すること。

（3）　　調理後直ちに提供される食品以外の食品は，食中毒菌の増殖を抑制するために，10℃以下又は 65℃以上で管理することが必要である。（別添 3 参照）

　①　加熱調理後，食品を冷却する場合には，食中毒菌の発育至適温度帯（約 20℃～50℃）の時間を可能な限り短くするため，冷却機を用いたり，清潔な場所で衛生的な容器に小分けするなどして，30 分以内に中心温度を 20℃付近（又は 60 分以内に中心温度を 10℃付近）まで下げるよう工夫すること。

　　　この場合，冷却開始時刻，冷却終了時刻を記録すること。

　②　調理が終了した食品は速やかに提供できるよう工夫すること。

　　　調理終了後 30 分以内に提供できるものについては，調理終了時刻を記録すること。また，調理終了後提供まで 30 分以上を要する場合は次のア及びイによること。

　　ア　温かい状態で提供される食品については，調理終了後速やかに保温食缶等に移し保存すること。この場合，食缶等へ移し替えた時刻を記録すること。

　　イ　その他の食品については，調理終了後提供まで 10℃以下で保存すること。

　　　この場合，保冷設備への搬入時刻，保冷設備内温度及び保冷設備からの搬出時刻を記録すること。

　③　配送過程においては保冷又は保温設備のある運搬車を用いるなど，10℃以下又は 65℃以上の適切な温度管理を行い配送し，配送時刻の記録を行うこと。

　　　また，65℃以上で提供される食品以外の食品については，保冷設備への搬入時刻及び保冷設備内温度の記録を行うこと。

　④　共同調理施設等で調理された食品を受け入れ，提供する施設においても，温かい状態で提供される食品以外の食品であって，提供まで 30 分以上を要する場合は提供まで 10℃以下で保存すること。

　　　この場合，保冷設備への搬入時刻，保冷設備内温度及び保冷設備からの搬出時刻を記録すること。

（4）　　調理後の食品は，調理終了後から 2 時間以内に喫食することが望ましい。


5．その他

（1）　　施設設備の構造

　①　隔壁等により，汚水溜，動物飼育場，廃棄物集積場等不潔な場所から完全に区別されていること。

　②　施設の出入口及び窓は極力閉めておくとともに，外部に開放される部分には網戸，エアカーテン，自動

ドア等を設置し，ねずみや昆虫の侵入を防止すること。

③　食品の各調理過程ごとに，汚染作業区域（検収場，原材料の保管場，下処理場），非汚染作業区域（さらに準清潔作業区域（調理場）と清潔作業区域（放冷・調製場，製品の保管場）に区分される。）を明確に区別すること。なお，各区域を固定し，それぞれを壁で区画する，床面を色別する，境界にテープをはる等により明確に区画することが望ましい。

④　手洗い設備，履き物の消毒設備（履き物の交換が困難な場合に限る。）は，各作業区域の入り口手前に設置すること。

　　なお，手洗い設備は，感知式の設備等で，コック，ハンドル等を直接手で操作しない構造のものが望ましい。

⑤　器具，容器等は，作業動線を考慮し，予め適切な場所に適切な数を配置しておくこと。

⑥　床面に水を使用する部分にあっては，適当な勾配（100分の2程度）及び排水溝（100分の2から4程度の勾配を有するもの）を設けるなど排水が容易に行える構造であること。

⑦　シンク等の排水口は排水が飛散しない構造であること。

⑧　全ての移動性の器具，容器等を衛生的に保管するため，外部から汚染されない構造の保管設備を設けること。

⑨　便所等

　ア　便所，休憩室及び更衣室は，隔壁により食品を取り扱う場所と必ず区分されていること。なお，調理場等から3m以上離れた場所に設けられていることが望ましい。

　イ　便所には，専用の手洗い設備，専用の履き物が備えられていること。また，便所は，調理従事者等専用のものが設けられていることが望ましい。

⑩　その他

　　施設は，ドライシステム化を積極的に図ることが望ましい。

（2）　施設設備の管理

①　施設・設備は必要に応じて補修を行い，施設の床面（排水溝を含む。），内壁のうち床面から1mまでの部分及び手指の触れる場所は1日に1回以上，施設の天井及び内壁のうち床面から1m以上の部分は1月に1回以上清掃し，必要に応じて，洗浄・消毒を行うこと。施設の清掃は全ての食品が調理場内から完全に搬出された後に行うこと。

②　施設におけるねずみ，昆虫等の発生状況を1月に1回以上巡回点検するとともに，ねずみ，昆虫の駆除を半年に1回以上（発生を確認した時にはその都度）実施し，その実施記録を1年間保管すること。また，施設及びその周囲は，維持管理を適切に行うことにより，常に良好な状態に保ち，ねずみや昆虫の繁殖場所の排除に努めること。

　　なお，殺そ剤又は殺虫剤を使用する場合には，食品を汚染しないようその取扱いに十分注意すること。

③　施設は，衛生的な管理に努め，みだりに部外者を立ち入らせたり，調理作業に不必要な物品等を置いたりしないこと。

④　原材料を配送用包装のまま非汚染作業区域に持ち込まないこと。

⑤　施設は十分な換気を行い，高温多湿を避けること。調理場は湿度80％以下，温度は25℃以下に保つことが望ましい。

⑥　手洗い設備には，手洗いに適当な石けん，爪ブラシ，ペーパータオル，殺菌液等を定期的に補充し，常に使用できる状態にしておくこと。

⑦　水道事業により供給される水以外の井戸水等の水を使用する場合には，公的検査機関，厚生労働大臣の登録検査機関等に依頼して，年2回以上水質検査を行うこと。検査の結果，飲用不適とされた場合は，直ちに保健所長の指示を受け，適切な措置を講じること。なお，検査結果は1年間保管すること。

⑧　貯水槽は清潔を保持するため，専門の業者に委託して，年1回以上清掃すること。

　　なお，清掃した証明書は1年間保管すること。

⑨　便所については，業務開始前，業務中及び業務終了後等定期的に清掃及び消毒剤による消毒を行って衛生的に保つこと注6。

⑩　施設（客席等の飲食施設，ロビー等の共用施設を含む。）において利用者等が嘔吐した場合には，消毒

202

剤を用いて迅速かつ適切に嘔吐物の処理を行うこと注6により，利用者及び調理従事者等へのノロウイル
ス感染及び施設の汚染防止に努めること。

注6：「ノロウイルスに関するQ&A」（厚生労働省）を参照のこと。

（3）　検食の保存

　　検食は，原材料及び調理済み食品を食品ごとに50g程度ずつ清潔な容器（ビニール袋等）に入れ，密封し，
－20℃以下で2週間以上保存すること。

　　なお，原材料は，特に，洗浄・殺菌等を行わず，購入した状態で，調理済み食品は配膳後の状態で保存す
ること。

（4）　調理従事者等の衛生管理

①　調理従事者等は，便所及び風呂等における衛生的な生活環境を確保すること。また，ノロウイルスの流
　行期には十分に加熱された食品を摂取する等により感染防止に努め，徹底した手洗いの励行を行うなど自
　らが施設や食品の汚染の原因とならないように措置するとともに，体調に留意し，健康な状態を保つよう
　に努めること。

②　調理従事者等は，毎日作業開始前に，自らの健康状態を衛生管理者に報告し，衛生管理者はその結果を
　記録すること。

③　調理従事者等は臨時職員も含め，定期的な健康診断及び月に1回以上の検便を受けること。検便検査注7
　には，腸管出血性大腸菌の検査を含めることとし，10月から3月までの間には月に1回以上又は必要に
　応じて注8ノロウイルスの検便検査に努めること。

④　ノロウイルスの無症状病原体保有者であることが判明した調理従事者等は，検便検査においてノロウイ
　ルスを保有していないことが確認されるまでの間，食品に直接触れる調理作業を控えるなど適切な措置を
　とることが望ましいこと。

⑤　調理従事者等は下痢，嘔吐，発熱などの症状があった時，手指等に化膿創があった時は調理作業に従事
　しないこと。

⑥　下痢又は嘔吐等の症状がある調理従事者等については，直ちに医療機関を受診し，感染性疾患の有無を
　確認すること。ノロウイルスを原因とする感染性疾患による症状と診断された調理従事者等は，検便検査
　においてノロウイルスを保有していないことが確認されるまでの間，食品に直接触れる調理作業を控える
　など適切な処置をとることが望ましいこと。

⑦　調理従事者等が着用する帽子，外衣は毎日専用で清潔なものに交換すること。

⑧　下処理場から調理場への移動の際には，外衣，履き物の交換等を行うこと。（履き物の交換が困難な場
　合には履き物の消毒を必ず行うこと。）

⑨　便所には，調理作業時に着用する外衣，帽子，履き物のまま入らないこと。

⑩　調理，点検に従事しない者が，やむを得ず，調理施設に立ち入る場合には，専用の清潔な帽子，外衣及
　び履き物を着用させ，手洗い及び手指の消毒を行わせること。

⑪　食中毒が発生した時の原因究明を確実に行うため，原則として，調理従事者等は当該施設で調理された
　食品を喫食しないこと。

　　ただし，原因究明に支障を来さないための措置が講じられている場合はこの限りでない。（試食担当者を
限定すること等）

注7：ノロウイルスの検査に当たっては，遺伝子型によらず，概ね便1g当たり$10^5$オーダーのノロウイルスを検
　　出できる検査法を用いることが望ましい。ただし，検査結果が陰性であっても検査感度によりノロウイルス
　　を保有している可能性を踏まえた衛生管理が必要である。

注8：ノロウイルスの検便検査の実施に当たっては，調理従事者の健康確認の補完手段とする場合，家族等に感染
　　性胃腸炎が疑われる有症者がいる場合，病原微生物検出情報においてノロウイルスの検出状況が増加してい
　　る場合などの各食品等事業者の事情に応じ判断すること。

（5）　その他

①　加熱調理食品にトッピングする非加熱調理食品は，直接喫食する非加熱調理食品と同様の衛生管理を行
　い，トッピングする時期は提供までの時間が極力短くなるようにすること。

②　廃棄物（調理施設内で生じた廃棄物及び返却された残渣をいう。）の管理は，次のように行うこと。

　ア　廃棄物容器は，汚臭，汚液がもれないように管理するとともに，作業終了後は速やかに清掃し，衛生

上支障のないように保持すること。
  イ　返却された残渣は非汚染作業区域に持ち込まないこと。
  ウ　廃棄物は，適宜集積場に搬出し，作業場に放置しないこと。
  エ　廃棄物集積場は，廃棄物の搬出後清掃するなど，周囲の環境に悪影響を及ぼさないよう管理すること。

## Ⅲ　衛　生　管　理　体　制

1．衛生管理体制の確立
（1）　調理施設の経営者又は学校長等施設の運営管理責任者（以下「責任者」という。）は，施設の衛生管理に関する責任者（以下「衛生管理者」という。）を指名すること。
　　　　なお，共同調理施設等で調理された食品を受け入れ，提供する施設においても，衛生管理者を指名すること。
（2）　責任者は，日頃から食材の納入業者についての情報の収集に努め，品質管理の確かな業者から食材を購入すること。また，継続的に購入する場合は，配送中の保存温度の徹底を指示するほか，納入業者が定期的に行う原材料の微生物検査等の結果の提出を求めること。
（3）　責任者は，衛生管理者に別紙点検表に基づく点検作業を行わせるとともに，そのつど点検結果を報告させ，適切に点検が行われたことを確認すること。点検結果については，1年間保管すること。
（4）　責任者は，点検の結果，衛生管理者から改善不能な異常の発生の報告を受けた場合，食材の返品，メニューの一部削除，調理済み食品の回収等必要な措置を講ずること。
（5）　責任者は，点検の結果，改善に時間を要する事態が生じた場合，必要な応急処置を講じるとともに，計画的に改善を行うこと。
（6）　責任者は，衛生管理者及び調理従事者等に対して衛生管理及び食中毒防止に関する研修に参加させるなど必要な知識・技術の周知徹底を図ること。
（7）　責任者は，調理従事者等を含め職員の健康管理及び健康状態の確認を組織的・継続的に行い，調理従事者等の感染及び調理従事者等からの施設汚染の防止に努めること。
（8）　責任者は，衛生管理者に毎日作業開始前に，各調理従事者等の健康状態を確認させ，その結果を記録させること。
（9）　責任者は，調理従事者等に定期的な健康診断及び月に1回以上の検便を受けさせること。検便検査には，腸管出血性大腸菌の検査を含めることとし，10月から3月の間には月に1回以上又は必要に応じてノロウイルスの検便検査を受けさせるよう努めること。
（10）　責任者は，ノロウイルスの無症状病原体保有者であることが判明した調理従事者等を，検便検査においてノロウイルスを保有していないことが確認されるまでの間，食品に直接触れる調理作業を控えさせるなど適切な措置をとることが望ましいこと。
（11）　責任者は，調理従事者等が下痢，嘔吐，発熱などの症状があった時，手指等に化膿創があった時は調理作業に従事させないこと。
（12）　責任者は，下痢又は嘔吐等の症状がある調理従事者等について，直ちに医療機関を受診させ，感染性疾患の有無を確認すること。ノロウイルスを原因とする感染性疾患による症状と診断された調理従事者等は，検便検査においてノロウイルスを保有していないことが確認されるまでの間，食品に直接触れる調理作業を控えさせるなど適切な処置をとることが望ましいこと。
（13）　責任者は，調理従事者等について，ノロウイルスにより発症した調理従事者等と一緒に感染の原因と考えられる食事を喫食するなど，同一の感染機会があった可能性がある調理従事者等について速やかにノロウイルスの検便検査を実施し，検査の結果ノロウイルスを保有していないことが確認されるまでの間，調理に直接従事することを控えさせる等の手段を講じることが望ましいこと。
（14）　献立の作成に当たっては，施設の人員等の能力に余裕を持った献立作成を行うこと。
（15）　献立ごとの調理工程表の作成に当たっては，次の事項に留意すること。
　　ア　調理従事者等の汚染作業区域から非汚染作業区域への移動を極力行わないようにすること。
　　イ　調理従事者等の一日ごとの作業の分業化を図ることが望ましいこと。

ウ　調理終了後速やかに喫食されるよう工夫すること。

また，衛生管理者は調理工程表に基づき，調理従事者等と作業分担等について事前に十分な打合せを行うこと。

(16)　施設の衛生管理全般について，専門的な知識を有する者から定期的な指導，助言を受けることが望ましい。また，従事者の健康管理については，労働安全衛生法等関係法令に基づき産業医等から定期的な指導，助言を受けること。

(17)　高齢者や乳幼児が利用する施設等においては，平常時から施設長を責任者とする危機管理体制を整備し，感染拡大防止のための組織対応を文書化するとともに，具体的な対応訓練を行っておくことが望ましいこと。また，従業員あるいは利用者において下痢・嘔吐症の発生を迅速に把握するために，定常的に有症状者数を調査・監視することが望ましいこと。

（別添1）原材料，製品等の保存温度

| 食 品 名 | 保 存 温 度 |
|---|---|
| 穀類加工品（小麦粉，デンプン） | 室　温 |
| 砂　　糖 | 室　温 |
| 食　肉　・　鯨　肉 | 10℃以下 |
| 細切した食肉・鯨肉を凍結したものを容器包装に入れたもの | −15℃以下 |
| 食　肉　製　品 | 10℃以下 |
| 鯨　肉　製　品 | 10℃以下 |
| 冷　凍　食　肉　製　品 | −15℃以下 |
| 冷　凍　鯨　肉　製　品 | −15℃以下 |
| ゆ　で　だ　こ | 10℃以下 |
| 冷　凍　ゆ　で　だ　こ | −15℃以下 |
| 生　食　用　か　き | 10℃以下 |
| 生　食　用　冷　凍　か　き | −15℃以下 |
| 冷　凍　食　品 | −15℃以下 |
| 魚肉ソーセージ，魚肉ハム及び特殊包装かまぼこ | 10℃以下 |
| 冷　凍　魚　肉　ね　り　製　品 | −15℃以下 |
| 液　状　油　脂 | 室　温 |
| 固　形　油　脂<br>（ラード，マーガリン，ショートニング，カカオ脂） | 10℃以下 |
| 殻　付　卵 | 10℃以下 |
| 液　卵 | 8℃以下 |
| 凍　結　卵 | −18℃以下 |
| 乾　燥　卵 | 室　温 |
| ナ　ッ　ツ　類 | 15℃以下 |
| チ　ョ　コ　レ　ー　ト | 15℃以下 |
| 生　鮮　果　実　・　野　菜 | 10℃前後 |
| 生鮮魚介類（生食用鮮魚介類を含む。） | 5℃以下 |
| 乳　・　濃　縮　乳 | |
| 脱　脂　乳 | 10℃以下 |
| ク　リ　ー　ム | |
| バ　タ　ー | |
| チ　ー　ズ | 15℃以下 |
| 練　乳 | |
| 清　涼　飲　料　水<br>（食品衛生法の食品，添加物等の規格基準に規定のあるものについては，当該保存基準に従うこと。） | 室　温 |

（別添2）標 準 作 業 書

（手洗いマニュアル）
 1．水で手をぬらし石けんをつける。
 2．指，腕を洗う。特に，指の間，指先をよく洗う。（30秒程度）
 3．石けんをよく洗い流す。（20秒程度）
 4．使い捨てペーパータオル等でふく。（タオル等の共用はしないこと。）
 5．消毒用のアルコールをかけて手指によくすりこむ。
（本文のⅡ3(1)で定める場合には，1から3までの手順を2回実施する。）


（器具等の洗浄・殺菌マニュアル）
 1．調理機械
  ①　機械本体・部品を分解する。なお，分解した部品は床にじか置きしないようにする。
  ②　食品製造用水（40℃程度の微温水が望ましい。）で3回水洗いする。
  ③　スポンジタワシに中性洗剤又は弱アルカリ性洗剤をつけてよく洗浄する。
  ④　食品製造用水（40℃程度の微温水が望ましい。）でよく洗剤を洗い流す。
  ⑤　部品は80℃で5分間以上の加熱又はこれと同等の効果を有する方法[注1]で殺菌を行う。
  ⑥　よく乾燥させる。
  ⑦　機械本体・部品を組み立てる。
  ⑧　作業開始前に70％アルコール噴霧又はこれと同等の効果を有する方法で殺菌を行う。
 2．調理台
  ①　調理台周辺の片づけを行う。
  ②　食品製造用水（40℃程度の微温水が望ましい。）で3回水洗いする。
  ③　スポンジタワシに中性洗剤又は弱アルカリ性洗剤をつけてよく洗浄する。
  ④　食品製造用水（40℃程度の微温水が望ましい。）でよく洗剤を洗い流す。
  ⑤　よく乾燥させる。
  ⑥　70％アルコール噴霧又はこれと同等の効果を有する方法[注1]で殺菌を行う。
  ⑦　作業開始前に⑥と同様の方法で殺菌を行う。
 3．まな板，包丁，へら等
  ①　食品製造用水（40℃程度の微温水が望ましい。）で3回水洗いする。
  ②　スポンジタワシに中性洗剤又は弱アルカリ性洗剤をつけてよく洗浄する。
  ③　食品製造用水（40℃程度の微温水が望ましい。）でよく洗剤を洗い流す。
  ④　80℃で5分間以上の加熱又はこれと同等の効果を有する方法[注2]で殺菌を行う。
  ⑤　よく乾燥させる。
  ⑥　清潔な保管庫にて保管する。
 4．ふきん，タオル等
  ①　食品製造用水（40℃程度の微温水が望ましい。）で3回水洗いする。
  ②　中性洗剤又は弱アルカリ性洗剤をつけてよく洗浄する。
  ③　食品製造用水（40℃程度の微温水が望ましい。）でよく洗剤を洗い流す。
  ④　100℃で5分間以上煮沸殺菌を行う。
  ⑤　清潔な場所で乾燥，保管する。
   注1：塩素系消毒剤（次亜塩素酸ナトリウム，亜塩素酸水，次亜塩素酸水等）やエタノール系消毒剤には，ノロウ
      イルスに対する不活化効果を期待できるものがある。使用する場合，濃度・方法等，製品の指示を守って使
      用すること。浸漬により使用することが望ましいが，浸漬が困難な場合にあっては，不織布等に十分浸み込
      ませて清拭すること。
      （参考文献）「平成27年度ノロウイルスの不活化条件に関する調査報告書」
      （http://www.mhlw.go.jp/file/06-Seisakujouhou-11130500-Shokuhinanzenbu/0000125854.pdf）
   注2：大型のまな板やざる等，十分な洗浄が困難な器具については，亜塩素酸水又は次亜塩素酸ナトリウム等の塩

素系消毒剤に浸漬するなどして消毒を行うこと。

（原材料等の保管管理マニュアル）

1．野菜・果物[注3]
①　衛生害虫，異物混入，腐敗・異臭等がないか点検する。異常品は返品又は使用禁止とする。
②　各材料ごとに，50g程度ずつ清潔な容器（ビニール袋等）に密封して入れ，－20℃以下で2週間以上保存する。（検食用）
③　専用の清潔な容器に入れ替えるなどして，10℃前後で保存する（冷凍野菜は－15℃以下）
④　流水で3回以上水洗いする。
⑤　中性洗剤で洗う。
⑥　流水で十分すすぎ洗いする。
⑦　必要に応じて，次亜塩素酸ナトリウム等[注4]で殺菌[注5]した後，流水で十分すすぎ洗いする。
⑧　水切りする。
⑨　専用のまな板，包丁でカットする。
⑩　清潔な容器に入れる。
⑪　清潔なシートで覆い（容器がふた付きの場合を除く），調理まで30分以上を要する場合には，10℃以下で冷蔵保存する。
注3：表面の汚れが除去され，分割・細切されずに皮付きで提供されるみかん等の果物にあっては，③から⑧までを省略して差し支えない。
注4：次亜塩素酸ナトリウム溶液（200mg/ℓで5分間又は100mg/ℓで10分間）又はこれと同等の効果を有する亜塩素酸水（きのこ類を除く。），亜塩素酸ナトリウム溶液（生食用野菜に限る。），過酢酸製剤，次亜塩素酸水並びに食品添加物として使用できる有機酸溶液。これらを使用する場合，食品衛生法で規定する「食品，添加物等の規格基準」を遵守すること。
注5：高齢者，若齢者及び抵抗力の弱い者を対象とした食事を提供する施設で，加熱せずに供する場合（表皮を除去する場合を除く。）には，殺菌を行うこと。

2．魚介類，食肉類
①　衛生害虫，異物混入，腐敗・異臭等がないか点検する。異常品は返品又は使用禁止とする。
②　各材料ごとに，50g程度ずつ清潔な容器（ビニール袋等）に密封して入れ，－20℃以下で2週間以上保存する。（検食用）
③　専用の清潔な容器に入れ替えるなどして，食肉類については10℃以下，魚介類については5℃以下で保存する（冷凍で保存するものは－15℃以下）。
④　必要に応じて，次亜塩素酸ナトリウム等[注6]で殺菌した後，流水で十分すすぎ洗いする。
⑤　専用のまな板，包丁でカットする。
⑥　速やかに調理へ移行させる。
注6：次亜塩素酸ナトリウム溶液（200mg/ℓで5分間又は100mg/ℓで10分間）又はこれと同等の効果を有する亜塩素酸水，亜塩素酸ナトリウム溶液（魚介類を除く。），過酢酸製剤（魚介類を除く。），次亜塩素酸水，次亜臭素酸水（魚介類を除く。）並びに食品添加物として使用できる有機酸溶液。これらを使用する場合，食品衛生法で規定する「食品，添加物等の規格基準」を遵守すること。

（加熱調理食品の中心温度及び加熱時間の記録マニュアル）

1．揚げ物
①　油温が設定した温度以上になったことを確認する。
②　調理を開始した時間を記録する。
③　調理の途中で適当な時間を見はからって食品の中心温度を校正された温度計で3点以上測定し，全ての点において75℃以上に達していた場合には，それぞれの中心温度を記録するとともに，その時点からさらに1分以上加熱を続ける（二枚貝等ノロウイルス汚染のおそれのある食品の場合は85～90℃で90秒間以上）。
④　最終的な加熱処理時間を記録する。
⑤　なお，複数回同一の作業を繰り返す場合には，油温が設定した温度以上であることを確認・記録し，①

〜④で設定した条件に基づき，加熱処理を行う。油温が設定した温度以上に達していない場合には，油温を上昇させるため必要な措置を講ずる。

2．焼き物及び蒸し物

①　調理を開始した時間を記録する。

②　調理の途中で適当な時間を見はからって食品の中心温度を校正された温度計で3点以上測定し，全ての点において75℃以上に達していた場合には，それぞれの中心温度を記録するとともに，その時点からさらに1分以上加熱を続ける（二枚貝等ノロウイルス汚染のおそれのある食品の場合は85〜90℃で90秒間以上）。

③　最終的な加熱処理時間を記録する。

④　なお，複数回同一の作業を繰り返す場合には，①〜③で設定した条件に基づき，加熱処理を行う。この場合，中心温度の測定は，最も熱が通りにくいと考えられる場所の一点のみでもよい。

3．煮物及び炒め物

調理の順序は食肉類の加熱を優先すること。食肉類，魚介類，野菜類の冷凍品を使用する場合には，十分解凍してから調理を行うこと。

①　調理の途中で適当な時間を見はからって，最も熱が通りにくい具材を選び，食品の中心温度を校正された温度計で3点以上（煮物の場合は1点以上）測定し，全ての点において75℃以上に達していた場合には，それぞれの中心温度を記録するとともに，その時点からさらに1分以上加熱を続ける（二枚貝等ノロウイルス汚染のおそれのある食品の場合は85〜90℃で90秒間以上）。

なお，中心温度を測定できるような具材がない場合には，調理釜の中心付近の温度を3点以上（煮物の場合は1点以上）測定する。

②　複数回同一の作業を繰り返す場合にも，同様に点検・記録を行う。

（別添3）

調理後の食品の温度管理に係る記録の取り方について
（調理終了後提供まで30分以上を要する場合）

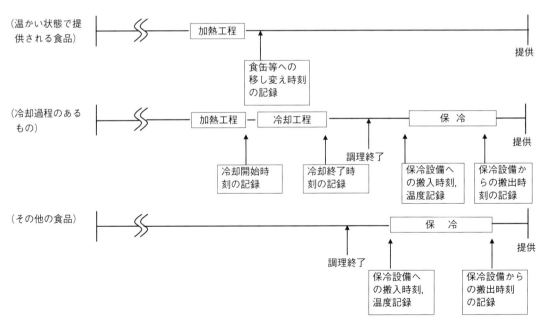

（別紙）

## 調理施設の点検表

令和　　年　　月　　日

| 責任者 | 衛生管理者 |
|---|---|
|  |  |

### 1．毎日点検

| | 点　検　項　目 | 点検結果 |
|---|---|---|
| 1 | 施設へのねずみや昆虫の侵入を防止するための設備に不備はありませんか。 |  |
| 2 | 施設の清掃は，全ての食品が調理場内から完全に搬出された後，適切に実施されましたか。（床面，内壁のうち床面から１m以内の部分及び手指の触れる場所） |  |
| 3 | 施設に部外者が入ったり，調理作業に不必要な物品が置かれていたりしませんか。 |  |
| 4 | 施設は十分な換気が行われ，高温多湿が避けられていますか。 |  |
| 5 | 手洗い設備の石けん，爪ブラシ，ペーパータオル，殺菌液は適切ですか。 |  |

### 2．1 カ月ごとの点検

| | | |
|---|---|---|
| 1 | 巡回点検の結果，ねずみや昆虫の発生はありませんか。 |  |
| 2 | ねずみや昆虫の駆除は半年以内に実施され，その記録が１年以上保存されていますか。 |  |
| 3 | 汚染作業区域と非汚染作業区域が明確に区別されていますか。 |  |
| 4 | 各作業区域の入り口手前に手洗い設備，履き物の消毒設備（履き物の交換が困難な場合に限る。）が設置されていますか。 |  |
| 5 | シンクは用途別に相互汚染しないように設置されていますか。加熱調理用食材，非加熱調理用食材，器具の洗浄等を行うシンクは別に設置されていますか。 |  |
| 6 | シンク等の排水口は排水が飛散しない構造になっていますか。 |  |
| 7 | 全ての移動性の器具，容器等を衛生的に保管するための設備が設けられていますか。 |  |
| 8 | 便所には，専用の手洗い設備，専用の履き物が備えられていますか。 |  |
| 9 | 施設の清掃は，全ての食品が調理場内から完全に排出された後，適切に実施されましたか。（天井，内壁のうち床面から１m以上の部分） |  |

### 3．3 ヵ月ごとの点検

| | | |
|---|---|---|
| 1 | 施設は隔壁等により，不潔な場所から完全に区別されていますか。 |  |
| 2 | 施設の床面は排水が容易に行える構造になっていますか。 |  |
| 3 | 便所，休憩室及び更衣室は，隔壁により食品を取り扱う場所と区分されていますか。 |  |

〈改善を行った点〉

〈計画的に改善すべき点〉

# 従事者等の衛生管理点検表

令和　年　月　日

| 責任者 | 衛生管理者 |
|---|---|
|  |  |

| 氏　　名 | 下痢 | 嘔吐 | 発熱等 | 化膿創 | 服装 | 帽子 | 毛髪 | 履物 | 爪 | 指輪等 | 手洗い |
|---|---|---|---|---|---|---|---|---|---|---|---|
|  |  |  |  |  |  |  |  |  |  |  |  |
|  |  |  |  |  |  |  |  |  |  |  |  |
|  |  |  |  |  |  |  |  |  |  |  |  |
|  |  |  |  |  |  |  |  |  |  |  |  |
|  |  |  |  |  |  |  |  |  |  |  |  |

| | 点　検　項　目 | 点検結果 |
|---|---|---|
| 1 | 健康診断，検便検査の結果に異常はありませんか。 |  |
| 2 | 下痢，嘔吐，発熱などの症状はありませんか。 |  |
| 3 | 手指や顔面に化膿創がありませんか。 |  |
| 4 | 着用する外衣，帽子は毎日専用で清潔のものに交換されていますか。 |  |
| 5 | 毛髪が帽子から出ていませんか。 |  |
| 6 | 作業場専用の履物を使っていますか。 |  |
| 7 | 爪は短く切っていますか。 |  |
| 8 | 指輪やマニキュアをしていませんか。 |  |
| 9 | 手洗いを適切な時期に適切な方法で行っていますか。 |  |
| 10 | 下処理から調理場への移動の際には外衣，履き物の交換（履き物の交換が困難な場合には，履物の消毒）が行われていますか。 |  |
| 11 | 便所には，調理作業時に着用する外衣，帽子，履き物のまま入らないようにしていますか。 |  |

| 12 | 調理，点検に従事しない者が，やむを得ず，調理施設に立ち入る場合には，専用の清潔な帽子，外衣及び履き物を着用させ，手洗い及び手指の消毒を行わせましたか。 | 立ち入った者 | 点検結果 |
|---|---|---|---|
|  |  |  |  |
|  |  |  |  |
|  |  |  |  |

〈改善を行った点〉

〈計画的に改善すべき点〉

# 原材料の取扱い等点検表

令和　　年　　月　　日

| 責任者 | 衛生管理者 |
|---|---|
|  |  |

① 原材料の取扱い（毎日点検）

| | 点 検 項 目 | 点検結果 |
|---|---|---|
| 1 | 原材料の納入に際しては調理従事者等が立ち会いましたか。 | |
| | 検収場で原材料の品質，鮮度，品温，異物の混入等について点検を行いましたか。 | |
| 2 | 原材料の納入に際し，生鮮食品については，1回で使い切る量を調理当日に仕入れましたか。 | |
| 3 | 原材料は分類ごとに区分して，原材料専用の保管場に保管設備を設け，適切な温度で保管されていますか。 | |
| | 原材料の搬入時の時刻及び温度の記録がされていますか。 | |
| 4 | 原材料の包装の汚染を保管設備に持ち込まないようにしていますか。 | |
| | 保管設備内での原材料の相互汚染が防がれていますか。 | |
| 5 | 原材料を配送用包装のまま非汚染作業区域に持ち込んでいませんか。 | |

② 原材料の取扱い（月1回点検）

| 点 検 項 目 | 点検結果 |
|---|---|
| 原材料について納入業者が定期的に実施する検査結果の提出が最近1か月以内にありましたか。 | |
| 検査結果は1年間保管されていますか。 | |

③ 検食の保存

| 点 検 項 目 | 点検結果 |
|---|---|
| 検食は，原材料（購入した状態のもの）及び調理済み食品を食品ごとに50g程度ずつ清潔な容器に密封して入れ，−20℃以下で2週間以上保存されていますか。 | |

〈改善を行った点〉

〈計画的に改善すべき点〉

211

# 検収の記録簿

令和　　年　　月　　日

| 責任者 | 衛生管理者 |
|---|---|
|  |  |

| 納品の<br>時　刻 | 納入業者名 | 品目名 | 生産地 | 期限<br>表示 | 数量 | 鮮度 | 包装 | 品温 | 異物 |
|---|---|---|---|---|---|---|---|---|---|
| ： |  |  |  |  |  |  |  |  |  |
| ： |  |  |  |  |  |  |  |  |  |
| ： |  |  |  |  |  |  |  |  |  |
| ： |  |  |  |  |  |  |  |  |  |
| ： |  |  |  |  |  |  |  |  |  |
| ： |  |  |  |  |  |  |  |  |  |
| ： |  |  |  |  |  |  |  |  |  |
| ： |  |  |  |  |  |  |  |  |  |
| ： |  |  |  |  |  |  |  |  |  |
| ： |  |  |  |  |  |  |  |  |  |
| ： |  |  |  |  |  |  |  |  |  |

〈進言事項〉

# 調理器具等及び使用水の点検表

令和　　年　　月　　日

| 責任者 | 衛生管理者 |
|---|---|
|  |  |

① 調理器具，容器等の点検表

| | 点　検　項　目 | 点検結果 |
|---|---|---|
| 1 | 包丁，まな板等の調理器具は用途別及び食品別に用意し，混同しないように使用されていますか。 | |
| 2 | 調理器具，容器等は作業動線を考慮し，予め適切な場所に適切な数が配置されていますか。 | |
| 3 | 調理器具，容器等は使用後（必要に応じて使用中）に洗浄・殺菌し，乾燥されていますか。 | |
| 4 | 調理場内における器具，容器等の洗浄・殺菌は，全ての食品が調理場から搬出された後，行っていますか。（使用中等やむをえない場合は，洗浄水等が飛散しないように行うこと。） | |
| 5 | 調理機械は，最低１日１回以上，分解して洗浄・消毒し，乾燥されていますか。 | |
| 6 | 全ての調理器具，容器等は衛生的に保管されていますか。 | |

② 使用水の点検表

| 採取場所 | 採取時期 | 色 | 濁り | 臭い | 異物 | 残留塩素濃度 |
|---|---|---|---|---|---|---|
| | | | | | | mg／ℓ |
| | | | | | | mg／ℓ |
| | | | | | | mg／ℓ |
| | | | | | | mg／ℓ |

③ 井戸水，貯水槽の点検表（月１回点検）

| | 点　検　項　目 | 点検結果 |
|---|---|---|
| 1 | 水道事業により供給される水以外の井戸水等の水を使用している場合には，半年以内に水質検査が実施されていますか。 | |
| | 検査結果は１年間保管されていますか。 | |
| 2 | 貯水槽は清潔を保持するため，１年以内に清掃が実施されていますか。 | |
| | 清掃した証明書は１年間保管されていますか。 | |

〈改善を行った点〉

〈計画的に改善すべき点〉

## 調理等における点検表

| 責任者 | 衛生管理者 |
|---|---|
|  |  |

① 下処理・調理中の取扱い

| | 点　検　項　目 | 点検結果 |
|---|---|---|
| 1 | 非汚染作業区域内に汚染を持ち込まないよう，下処理を確実に実施していますか。 | |
| 2 | 冷凍又は冷凍設備から出した原材料は速やかに下処理，調理に移行させていますか。非加熱で供される食品は下処理後速やかに調理に移行していますか。 | |
| 3 | 野菜及び果物を加熱せずに供する場合には，適切な洗浄（必要に応じて殺菌）を実施していますか。 | |
| 4 | 加熱調理食品は中心部が十分（75℃で1分間以上（二枚貝等ノロウイルス汚染のおそれのある食品の場合は85～90℃で90秒間以上）等）加熱されていますか。 | |
| 5 | 食品及び移動性の調理器具並びに容器の取扱いは床面から60cm以上の場所で行われていますか。（ただし，跳ね水等からの直接汚染が防止できる食缶等で食品を取り扱う場合には，30cm以上の台にのせて行うこと。） | |
| 6 | 加熱調理後の食品の冷却，非加熱調理食品の下処理後における調理場等での一時保管等は清潔な場所で行われていますか。 | |
| 7 | 加熱調理食品にトッピングする非加熱調理食品は，直接喫食する非加熱調理食品と同様の衛生管理を行い，トッピングする時期は提供までの時間が極力短くなるようにしていますか。 | |

② 調理後の取扱い

| | 点　検　項　目 | 点検結果 |
|---|---|---|
| 1 | 加熱調理後，食品を冷却する場合には，速やかに中心温度を下げる工夫がされていますか。 | |
| 2 | 調理後の食品は他からの二次汚染を防止するため，衛生的な容器にふたをして保存していますか。 | |
| 3 | 調理後の食品が適切に温度管理（冷却過程の温度管理を含む。）を行い，必要な時刻及び温度が記録されていますか。 | |
| 4 | 配送過程があるものは保冷又は保温設備のある運搬車を用いるなどにより，適切な温度管理を行い，必要な時間及び温度等が記録されていますか。 | |
| 5 | 調理後の食品は2時間以内に喫食されていますか。 | |

③ 廃棄物の取扱い

| | 点　検　項　目 | 点検結果 |
|---|---|---|
| 1 | 廃棄物容器は，汚臭，汚液がもれないように管理するとともに，作業終了後は速やかに清掃し，衛生上支障のないように保持されていますか。 | |
| 2 | 返却された残渣は，非汚染作業区域に持ち込まれていませんか。 | |
| 3 | 廃棄物は，適宜集積場に搬出し，作業場に放置されていませんか。 | |
| 4 | 廃棄物集積場は，廃棄物の搬出後清掃するなど，周囲の環境に悪影響を及ぼさないよう管理されていますか。 | |

〈改善を行った点〉

〈計画的に改善すべき点〉

## 食品保管時の記録簿

令和　年　月　日

| 責任者 | 衛生管理者 |
|---|---|
|  |  |

① 原材料保管時

| 品目名 | 搬入時刻 | 搬入時設備内<br>(室内)温度 | 品目名 | 搬入時刻 | 搬入時設備内<br>(室内)温度 |
|---|---|---|---|---|---|
|  |  |  |  |  |  |
|  |  |  |  |  |  |
|  |  |  |  |  |  |

② 調理終了後30分以内に提供される食品

| 品目名 | 調理終了時刻 | 品目名 | 調理終了時刻 |
|---|---|---|---|
|  |  |  |  |
|  |  |  |  |

③ 調理終了後30分以上に提供される食品

ア　温かい状態で提供される食品

| 品目名 | 食缶等への移し替え時刻 |
|---|---|
|  |  |
|  |  |

イ　加熱後冷却する食品

| 品目名 | 冷却開<br>始時刻 | 冷却終<br>了時刻 | 保冷設備へ<br>の搬入時刻 | 保冷設備<br>内温度 | 保冷設備から<br>の搬出時刻 |
|---|---|---|---|---|---|
|  |  |  |  |  |  |
|  |  |  |  |  |  |

ウ　その他の食品

| 品目名 | 保冷設備への<br>搬入時刻 | 保冷設備内温度 | 保冷設備から<br>の搬出時刻 |
|---|---|---|---|
|  |  |  |  |
|  |  |  |  |

〈進言事項〉

# 食品の加熱加工の記録簿

令和　年　月　日

| 責任者 | 衛生管理者 |
|---|---|
|  |  |

| 品目名 | No. 1 | | | No.2（No.1で設定した条件に基づき実施） | |
|---|---|---|---|---|---|
| （揚げ物） | ①油温 | | ℃ | 油温 | ℃ |
| | ②調理開始時刻 | : | | No.3（No.1で設定した条件に基づき実施） | |
| | ③確認時の中心温度 | サンプルA | ℃ | 油温 | ℃ |
| | | B | ℃ | No.4（No.1で設定した条件に基づき実施） | |
| | | C | ℃ | 油温 | ℃ |
| | ④③確認後の加熱時間 | | | No.5（No.1で設定した条件に基づき実施） | |
| | ⑤全加熱処理時間 | | | 油温 | ℃ |

| 品目名 | No. 1 | | | No.2（No.1で設定した条件に基づき実施） | |
|---|---|---|---|---|---|
| （焼き物，蒸し物） | ①調理開始時刻 | : | | 確認時の中心温度 | ℃ |
| | ②確認時の中心温度 | サンプルA | ℃ | No.3（No.1で設定した条件に基づき実施） | |
| | | B | ℃ | 確認時の中心温度 | ℃ |
| | | C | ℃ | No.4（No.1で設定した条件に基づき実施） | |
| | ③②確認後の加熱時間 | | | 確認時の中心温度 | ℃ |
| | ④全加熱処理時間 | | | | |

| 品目名 | No.1 | | | No.2 | | |
|---|---|---|---|---|---|---|
| （煮物） | ①確認時の中心温度 | サンプル | ℃ | ①確認時の中心温度 | サンプル | ℃ |
| | ②①確認後の加熱時間 | | | ②①確認後の加熱時間 | | |
| （炒め物） | ①確認時の中心温度 | サンプルA | ℃ | ①確認時の中心温度 | サンプルA | ℃ |
| | | B | ℃ | | B | ℃ |
| | | C | ℃ | | C | ℃ |
| | ②①確認後の加熱時間 | | | ②①確認後の加熱時間 | | |

〈改善を行った点〉

〈計画的に改善すべき点〉

216

## 配送先記録簿

令和　年　月　日

| 責任者 | 記録者 |
|---|---|
|  |  |

| 出発時刻 |  |
|---|---|

➡

| 帰り時刻 |  |
|---|---|

保冷設備への搬入時刻　（　　：　　）

保冷設備内温度　　　　（　　　　　）

| 配送先 | 配送先所在地 | 品目名 | 数量 | 配送時刻 |
|---|---|---|---|---|
|  |  |  |  | ： |
|  |  |  |  | ： |
|  |  |  |  | ： |
|  |  |  |  | ： |
|  |  |  |  | ： |
|  |  |  |  | ： |
|  |  |  |  | ： |
|  |  |  |  | ： |
|  |  |  |  | ： |
|  |  |  |  | ： |

〈進言事項〉

## 関連法規

関連法規については，下記 URL を参照していただきたい。

健康増進法
https://elaws.e-gov.go.jp/document?lawid=414AC0000000103

健康増進法施行規則
https://elaws.e-gov.go.jp/document?lawid=415M60000100086

医療法
https://elaws.e-gov.go.jp/document?lawid=323AC0000000205

児童福祉法
https://elaws.e-gov.go.jp/document?lawid=322AC0000000164

児童福祉施設の設備及び運営に関する基準
https://elaws.e-gov.go.jp/document?lawid=323M4000100063

老人福祉法
https://elaws.e-gov.go.jp/document?lawid=338AC0000000133_20210401_502AC0000000052

介護保険法
https://elaws.e-gov.go.jp/document?lawid=409AC0000000123

障害者自立支援法
https://elaws.e-gov.go.jp/document?lawid=418CO0000000010_20210331_503CO0000000098

学校給食法
https://elaws.e-gov.go.jp/document?lawid=329AC0000000160

学校給食実施基準
https://www.mext.go.jp/a_menu/sports/syokuiku/1407704.htm

学校給食実施基準の一部改正について
https://www.mext.go.jp/a_menu/sports/syokuiku/1407704.htm

事業附属寄宿舎規程
https://elaws.e-gov.go.jp/document?lawid=342M500020000027

入院時食事療養費に係る食事療養及び入院時生活療養費に係る生活療養の実施上の留意事項について
https://www.mhlw.go.jp/web/t_doc?dataId=00tc4907&dataType=1&pageNo=1

# 執筆者紹介

| | | |
|---|---|---|
| ＊＊吉田　勉 | 元東京都立短期大学名誉教授 | |
| ＊名倉　秀子 | 十文字学園女子大学人間生活学部健康栄養学科教授 | （1，9） |
| 辻　ひろみ | 東洋大学食環境科学部健康栄養学科教授 | （2，10.2） |
| 市川　陽子 | 静岡県立大学食品栄養科学部栄養生命科学科教授 | （3，10.6） |
| 佐野　文美 | 常葉大学健康プロデュース学部健康栄養学科講師 | （3，10.3） |
| 小山　ゆう | 日本大学短期大学部食物栄養学科助教 | （4，10.4） |
| 藤井　恵子 | 日本女子大学家政学部食物学科教授 | （5，10.5） |
| 森本　修三 | 東京医療保健大学医療保健学部医療栄養学科教授 | （6，7，10.1） |
| 木村　靖子 | 十文字学園女子大学人間生活学部健康栄養学科教授 | （8） |
| 山形　純子 | 大妻女子大学家政学部食物学科講師 | （9） |

（執筆順，＊＊監修者，＊編者）

食物と栄養学基礎シリーズ12　給食経営管理論〈第三版〉

| | |
|---|---|
| 2013年11月30日　第一版第一刷発行 | ◎検印省略 |
| 2016年 4 月10日　第二版第一刷発行 | |
| 2017年 9 月30日　第二版第二刷発行 | |
| 2022年 4 月 1 日　第三版第一刷発行 | |

監修者　吉田　勉
編著者　名倉秀子

発行所　株式会社　学文社　　郵便番号　　　　153-0064
発行者　田中千津子　　　　東京都目黒区下目黒3-6-1
電　話　03(3715)1501(代)
https://www.gakubunsha.com

©2022 NAGURA Hideko & T. YOSHIDA　　　Printed in Japan
乱丁・落丁の場合は本社でお取替します。　　印刷所　新灯印刷株式会社
定価は売上カード，カバーに表示。

ISBN 978-4-7620-3146-5